서울 도시계획 이야기 1

서울 격동의 50년과 나의 증언

손정목 지음

서울 도시계획 이야기 1

차례

서울 격동의 50년과 나의 증언

일제가 남기고 간 유산

조선총독부가 이른바 '경성부 시가지계획'이라는 것을 수립한 것은 1936년이었다. 그때 그들은 이 계획의 목표연도를 30년 뒤인 1965년으로 잡고 계획인구를 110만 명으로 추산했다. 이 계획을 수립했던 1936년의 서울 인구는 70만 명을 약간 넘고 있었다. 즉 그들은 1936년 이후의 30년간 약 40만의 인구가 더 늘어날 것으로 보고 이를 수용할 택지의 조성 계획, 토지이용 계획, 가로망 계획, 공원녹지 계획을 수립했던 것이다.

만약 그들이 계획한 대로 모두 이루어졌다면 광복·정부수립·한국전쟁이 이어지며 인구가 격증하는 1960~70년대를 좀더 여유 있게 맞이하고 숨을 제대로 쉬어가면서 도로도 넓히고 주택도 건설할 수 있었을 것이다. 그러나 현실은 그렇지 않았다.

1936년의 시가지계획이라는 것이 처음부터 계획내용을 모두 수립해서 발표한 것이 아니었다. 우선 1936년 3월 26일에는 계획구역과 목표

인구만이 발표되었고, 12월 26일에 가서야 가로망 계획과 토지구획 정리지구가 발표되었다. 상업·주거지역 등 토지이용 계획은 당초의 발표에서 3년 반이나 지난 1939년 9월 18일에야 발표되었고 공원계획은 그로부터 또 6개월이 지난 1940년 3월 12일에 발표되었다.

그 성격상 일체로 성안되고 발표되어야 할 경성부 시가지계획은 이렇게 토막으로 잘려 성안·발표되어나가는 과정을 거치면서 현실의 사태는 전혀 엉뚱하게 전개되었다. 즉 1937년 7월 7일에 중일전쟁이 일어났고 1941년 12월 8일에는 태평양전쟁이 일어났던 것이다.

일을 할 사람은 모두 전쟁터나 군수공장으로 끌려가고 모든 물자는 탄환으로 대포로, 광산의 받침목으로 동원되어 심각한 물자난에 허덕이고 있었다. 도로공사를 하고 싶어도 노동력을 구할 수 없었고 집을 짓고 싶어도 못(釘)도 목재도 시멘트도 구할 수 없었다.

1945년 8월 15일에 광복을 맞이했다. 조선총독부와 경성부청을 차지하고 있던 일본인들은 그해 겨울이 오기 전에 모두 떠나버렸다. 그들이 떠날 때까지 이룩해놓고 간 것은 겨우 돈암·영등포·대현 등 3개 지구 구획정리사업뿐이었고 그 밖에 서울 도심부 여러 곳에 이른바 '소개도로'라는 것이 흉하게 개설되어 있었다. 소개도로라는 것은 밀집된 시가지에 적의 폭격기가 내습하여 소이탄 같은 것을 투하할 경우 온 시가지가 불바다가 되는 것을 막기 위해 넓이 30~50m 정도의 대상공지(帶狀空地)를 확보해두는 것이었다. 오늘날 세운상가가 들어서 있는 종묘에서 필동까지 넓이 50m 도로가 그 대표적인 예이다.

1945년 5월에서 6월에 걸쳐 워낙 급하게 서둘러 마련된 도로라 가옥이 헐린 자리는 들쭉날쭉한 채로 방치되어 있었고 도로 양쪽에는 하수도가 없었음은 물론이고 포장 같은 것은 애초부터 고려하지도 않았으니 눈비가 오면 길은 진창이 되었다. 도시계획이라는 측면에서 판단한다면 일제가 남기고 간 서울의 모습은 겨우 70~80만 명 정도가 거주하기에 적당한 그런 공간이었다.

격동의 반세기

미국 군사정부의 통치행위가 시작된 것은 광복이 되고 한 달이 더 지난 1945년 9월 19일이었다. 미군정이 3년 동안 한 것이라곤 겨우 질서유지와 한국인이 굶어서 죽지 않을 정도의 식량정책뿐이었다. 그들의 입장에서는 서울의 도시계획 같은 것은 안중에도 없었다. 그리하여 시가지계획상 도로용지에 저촉된 일본인의 가옥·점포도 귀속재산이라는 이름으로 헐값으로 처분되어 미군정의 재정에 충당되었다.

1948년 8월 15일 대한민국 정부가 수립되었지만 사정은 마찬가지였다. 38선을 사이에 두고 북한과 첨예하게 대립하고 있었을 뿐 아니라 아직도 수많은 적색분자들이 우글거리는 상태였으니 치안과 국방, 기본적인 법령체계를 갖추는 것으로 만족할 수밖에 없었다. 당시의 1인당 국민소득이 50달러도 되지 않았으니 '도로를 넓히고 주택을 짓고' 하는 것은 한갓 꿈일 수밖에 없었던 것이다.

1950년 6월 25일 새벽에 일어난 한국전쟁은 나라 안 곳곳을 잿더미로 만들었지만 그 중에서도 서울의 피해는 엄청났다.

한국전쟁이 일어나기 전, 서울의 인구수는 170만 명, 주택은 약 3만 동의 무허가건물까지 합해서 모두 19만 동 정도를 헤아리고 있었다. 이 19만 동의 주택 중 전쟁으로 완전히 잿더미가 된 것이 3만 5천 동, 반이 불에 타 개축하지 않으면 사람이 거주할 수 없는 것이 2만 동이 넘었다. 공공건물의 경우는 그 정도가 훨씬 더 심했다.

서울역은 내부가 완전히 불타버렸고 용산역과 철도국, 청량리역은 형체조차 찾아볼 수 없었으며, 충무로 입구에 위치한 중앙우체국은 벽면만 남아 있었다. 각급 학교교실 4,500개가 불탔고 온전하게 남은 파출소는 거의 없었다. 561개의 공장이 파괴되어 운행이 중단되었고 한강 인도교를 비롯하여 48개의 교량이 파괴되어 교통은 거의 마비되었다. 폐허라는 말로밖에는 다른 표현을 할 수 없게 된 거리에는 수많은 전쟁고아가 방치되어 있었고 수천의 여인이 몸을 팔아 생계를 유지하고 있었다.

1953년 휴전이 되자 부산에 내려가 있던 중앙정부도, 대구에 내려가 있던 육군본부도 서울로 돌아왔다. 1955년 10월 1일에 실시한 국세조사 결과 서울의 인구수는 157만 명으로 집계되었다. 서울은 이런 상태에서 새로운 시작을 했다.

서울에 사람이 모여든 이유는 여러 가지였다. 처음에는 이북에서 피난 내려와 부산·대구·포항 등지에 산재해 있던 사람들이 주로 서울로 몰려들었고, 곧이어 군대생활을 통해 도시의 자유로운 공기를 마셔본 젊은층이 서울로 모였고, 광복 후 우후죽순처럼 생겨난 중·고등학교 졸업생들도 농촌이나 지방도시의 암울함을 견디지 못해 서울로 모여들었다.

1960년대 들어 한국경제의 고도성장이 시작되자 직장을 구하기 위해서, 또 공부하기 위해서, 농업노동력이 남아돌아서, 교통이 편리해져서 모이고 또 모였다. 형이 올라왔으니 동생도 따라 올라왔고 남편이 왔으니 처자식이 뒤따랐다. 혈연과 학연에 이끌려서 올라왔고 지연에 이끌려 올라왔다. 한번 이루어진 연고가 새로운 연고를 만들었고 그들 연고와 연고의 폭은 점점 더 크게, 또 복잡하게 확대되었으며 마침내 그칠 줄을 모르게 되었다.

1959년에 2백만 명을 넘은 서울의 인구는 1963년에 3백만 명을 넘었고 1968년에는 4백만 명을 넘었다. 그리고 2년 후인 1970년 인구센서스에서는 540만 명이 되어 있었다. 1972년에 6백만, 1975년에 690만,

1980년에 836만. 이러한 인구증가는 이 지구상에서 통계가 제대로 잡힌 이후로 전무후무한, 실로 특례 중의 특례였다. 문자 그대로 '광적인 집중'이었다.

1966~80년의 15년 동안 서울에는 정확히 489만 3,499명의 인구가 늘었다. 15년 동안 하루 평균 894명의 인구가 새롭게 늘었다는 계산이다. 토요일도 일요일도 없이 매일 894명씩 인구가 늘면 매일 224동의 주택을 새로 지어야 하고, 50명씩 타는 버스가 18대씩 늘어나야 하고, 매일 268톤의 수돗물이 더 생산 공급되어야 하고, 매일 1,340킬로그램의 쓰레기가 더 증가한다는 계산이 나온다.

정확히 말하면 김현옥이 서울시장으로 부임한 1966년 4월 4일 이후부터 제4공화국이 끝나는 1979년 10월 말일까지 서울시 간부들에게는 토요일·일요일이란 것이 없었다. 하루하루가 전쟁이었기 때문이다.

개발독재시대의 서울시정 — 대통령 분부사항

'개발독재시대'라는 말도 있고 '한강변의 기적'이라는 말도 있다. 그러나 '개발독재시대'란 언제부터 언제까지를 말하는가에 관한 객관적인 정의를 접한 바는 없다. 나의 생각으로는 아마 5·16군사쿠데타가 일어난 1961년 5월 16일부터 서울올림픽이 끝나는 1988년 10월 2일까지이거나, 아니면 더 연장해서 이른바 '율곡비리'라는 것이 자행되고 분당·일산·평촌·산본 등지에 신시가지가 건설된 제6공화국의 마지막까지를 지칭하는 말일 것이다.

'한강변의 기적'이라는 것은 제1차 경제개발 5개년계획이 시작된 1962년 1월 이후 약 20년간에 걸친 한국경제의 고도성장을 가리키는 말이다. 그러나 이 말에는 분명히 '한강의 좌우, 즉 이 나라 수도 서울의 눈부신 공간적 변화'가 큰 비중을 차지하고 있다고 생각한다.

이른바 개발독재시대에 개발이 집중된 서울에서는 과연 어떤 일이 벌어지고 있었던가. 어떻게 결정이 이루어지고 어떻게 진행되었는가. 한강변의 공간적 기적은 어떻게 이룩되었는가.

1967년 5월 3일에 실시된 제6대 대통령 선거에는 모두 7개 정당에서 7명의 대표가 입후보했는데, 여당인 민주공화당의 박정희 후보와 제일 야당이었던 신민당 윤보선 후보가 대결하는 구도였다. 4월 1일부터 시작된 선거전은 4월 15일경에는 최고조에 달했다. 4월 17일부터는 박정희 후보가 직접 각 지방 대도시와 서울에서 대대적인 선거유세를 할 계획이었다. 이 대도시 직접유세의 출발에 앞서 4월 15일 아침 6시 50분부터 7시까지 10분간, 박정희 후보는 중앙방송국(KBS)을 통해 제1회 선거연설을 한 바 있다. 대통령 선거 입후보에 즈음한 첫번째 공식적인 의지표명이었다. 「자립에의 의지」라는 제목이 달린 이 연설에는 다음과 같은 내용이 있었다.

내가 국민 여러분의 신임을 다시 얻어 앞으로 4년 동안 국정을 맡게 된다면 (……) 나는 일하는 대통령이 될 것을 국민 앞에 약속합니다. 도시건설도 내가 직접 살필 것이며, 농촌의 경지정리도 내가 직접 나가서 지도할 것입니다. 산간의 조림에도 내가 앞장설 것이며, 전천후 농토조성에도 내 힘을 아끼지 않을 것입니다. 어업 전진기지나 공장 건설에도 더욱 부지런히 찾아다녀, 그 진도를 독려할 것이며, 기공·준공식에는 쉬지 않고 참석할 것입니다. 그리하여 '민족자립'에 도움이 되는 일이라면 무슨 일이든지 착수하여 자립의 길을 단축시켜나갈 것입니다..

이 연설에서 그는 그가 하고 있고 또 앞으로도 해나갈 개발독재의 의지를 분명히 밝히고 있다.

사실상 제3·4공화국 당시 박정희 대통령이 직간접으로 관여하지 않은 국정은 단 하나도 없었다. 모든 것이 그의 지시에 의해서, 또는 그의 결재(재가)에 의해서 이루어졌다. 서울시 행정 또한 예외는 아니었다. "도시건설도 내가 직접 살필 것"을 국민 앞에 약속한 그대로 모든 서울시정이 그의 지시에 따라 움직였고 그에게 보고하여 이른바 '재가'를 받은 후에야 발표 추진되었다.

서울시내 도처에 파여 있는 지하도도 그에게 보고된 후에 굴착되었고 그 숱한 도로의 신설·확장 또한 모두 그에게 보고된 후에 착수되었으며, 세운상가도 한강건설도 강남개발도 그에게 보고된 후에 착수되었다. 여의도광장이나 잠실개발, 도심부재개발, 소공동 롯데타운 등도 그의 직접 지시에 따라 이루어졌다. 지하철 종로선도 그의 지시에 따라 건설된 것이고 지하철 2호선은 그의 재가를 받은 후에 노선 자체가 변경·추진되었다. 능동에 있는 어린이대공원은 그의 지시에 따라 이루어졌고 과천에 있는 서울대공원도 그가 깊숙이 관여했다. 경부·경인고속도로도 과천 신도시 건설도 개발제한구역(그린벨트)도 행정수도도 모두 그의 지시에 따라 이루어졌다. 이것들은 그 누군가가 건의한 것이 아니라 박정희 대통령이 직접 착상한 것이었다.

큰 것만이 아니었다. 모든 것을 빠짐없이 살피고 챙겼으니 아무리 작은 것이라도 놓치지 않았다. 헬리콥터를 타고 서울상공을 돌다가 시장실에 무선전화를 걸어 "지금 정릉 뒷산에 무허가건물 두 채가 지어지고 있어. 빨리 철거하도록 하시오"라는 지시를 내렸다. 시장이 성북구청장에게 전화로 알리고는 황급히 현장에 달려가는 것을 본 일이 있다. 여의도의 시유지 중 일부(약 3,700평)를 동아일보사에 매각할 때는 시장이 직접 청와대에 가서 재가를 받았다. 심지어 자신이 잘 다니는 간선도로변에 세워지는 건물의 높낮이까지도 관심사항이었으니 청와대에서 시장을 부른다는 전갈이 오면 무슨 일인지 몰라 한 보따리나 되는 '미니차트'를 챙겨 들고 갈 정도였다.

그때에는 대통령의 지시를 '분부'라고 표현했다. 그런데 이 분부는 시도 때도 없었고 그 형식도 여러 가지였다. 직접 전화를 걸어서, 시장을 청와대로 불러서, 기공식·준공식을 안내하고 있는 시장을 향해, 수행하고 있던 경호실장을 통해, 때로는 밀서형식의 문서로도 시달되었다.

대통령은 해마다 1월 중순에서 2월 중순에 걸쳐 중앙 각 부처와 지방 시·도를 순시했다. 각 부처·지방청은 한 달 이상씩 이에 대한 준비에 몰두했다. 장관이나 시장·도지사는 겨우 2년 정도면 바뀌는데 대통령은 20년 가까이 재직했을 뿐 아니라 각종 정보기관을 통해 온갖 정보가 상달되고 있었으니 국정 전반에 걸쳐 모르는 것이 없었다. 대통령으로부터 어떤 질문이 나올지, 어떤 지시가 내려질지 알 수 없었으니, 세밀한 부분까지 연구한 끝에 1년간의 계획을 세우고 그 계획을 요약하여 차트를 만들었다. 차트는 제일 큰 종이 즉 4×6 전지(가로 788mm, 세로 1,091mm)를 썼다.

마침 1975년 3월 4일 구자춘 서울시장이 박 대통령에게 보고한 차트의 내용이 있어 그 목차를 소개해본다. 이해에는 마침 2월 12일에 유신헌법의 찬반을 묻는 국민투표가 실시되어 대통령 연두순시가 늦어졌다.

분부사항 처리현황
·74 주요실적
·75 시정 기본목표
·중점시책
   1. 도시 기간시설의 촉진
   2. 서민주택 건립의 증대
   3. 생활환경 시설의 확충
   4. 시민생활의 보호
   5. 시민총화의 구현

6. 불량지구 재개발과 경관조성
7. 도시 새마을운동의 약진
8. 일선행정의 강화
9. 민방위 및 소방태세의 확립

차트의 목차는 14행으로 되어 있는데, 한 면에 14행을 넘으면 조밀해 보이고 12행이나 13행이면 엉성해 보이므로 되도록이면 14행으로 맞추었다. 그리고 맨 위에 '분부사항 처리현황'이 있었다. 즉 지난 1년간 어떤 분부가 있었고 그 중 무엇이 처리완료되었고 무엇이 현재 처리중인가를 보고한 것이다.

차트내용의 설명은 장관(시장·지사)이 미리 만들어진 시나리오를 낭독했고 그 시나리오를 따라 기획관리실장이 막대기로 항목을 짚어나갔다. 차트 한 장을 설명하는 데 걸리는 시간은 1분이 원칙이고 차트의 매수는 총 40장이 관례였다. 보고시간이 40분이 안 되면 성의가 없어 보였고 40분이 넘으면 지루해지기 때문이었다.

박정희 대통령은 실로 거대한 권력자였다. 전지전능이라고 표현해도 지나치지 않을 정도였다. 그 당시 고위관료들의 대화에는 '각하에 대한 충성심'이니 '충성도'니 하는 말이 공공연히 오갔다. 나는 최근에 국회 속기록을 뒤지다가 내 눈을 의심해야 할 글귀 하나를 볼 수 있었다. 어떤 여당 국회의원의 국회 본회의 대정부 질문 가운데 "대통령각하에 대한 불충(不忠)이라고 생각하는데 이 점에 대해서 내무부장관이 답변해주기 바랍니다"라는 내용이었다. 실제로야 어떻든 간에 표면적으로는 민주주의를 표방하는 나라의 국회 본회의 발언에서 '대통령 각하에 대한' 충성이니 불충이니 하는 말이 공공연히 쓰일 수 있었으니 당시의 박정희 대통령은 바로 '신성불가침'의 절대자였던 것이다.

서울시의 하부구조, 주택지·도로·상수도·하수도·지하철 등의 기본구

조는 이른바 개발독재가 전성기에 있었던 1966~80년의 15년간에 거의 갖추어졌다고 생각한다. 그리고 이 당시의 서울시장 김현옥·양택식·구자춘의 별명은 각각 불도저, 호마이카, 그리고 황야의 무법자였다. 김현옥 시장의 불도저, 구자춘 시장의 황야의 무법자라는 별명에서 당시 서울시 행정의 모습을 추측하고 남음이 있다. 오늘날에는 도저히 상상도 할 수 없는 일들의 연속이었다. 과감하다고 할까, 대담하고 무모하다고 할까. 나쁘게 말하면 '폭력'이라고 표현할 수도 있고 '해괴'한 일이라고도 표현할 수도 있을 일들이 아주 자연스럽게 진행되었다.

한국의 정부자료, 서울시 자료

현재 한국사를 연구하는 학자가 몇 명이나 될까. 전문대학 이상에서 한국사를 강의하는 사람은 아마 1천 명은 될 것이라 추측한다. 그 밖에 토목사·교통통신사·목축사 등등 이른바 특수사를 연구하는 사람까지 합하면 그 수는 엄청날 것이다. 그런데 그 중 적어도 50% 이상은 조선왕조시대사, 그 중에서도 조선시대 후기를 주 전공으로 하고 있다. 그 이유는 아주 간단하다. 이 시대의 사료가 가장 잘 갖추어져 있기 때문이다.

누구나 다 아는 『조선왕조실록』이 있을 뿐 아니라 『비변사등록』 『승정원일기』 『일성록』 등의 자료가 거의 완전에 가깝게 보존되고 출판되어 있다. 이 네 개의 기본사료에다가 규장각도서관에 가면 몇 만 권에 달하는 각종 자료가 정비되어 있다. 지도도 있고 문집도 있다. 그 문집에는 수필도 있고 만록(慢錄)도 있으며 소설류도 있다.

대형서점에 가면 『조선왕조실록』 원본과 한글번역본을 자유롭게 살 수 있고 유형원·박지원·박제가·정약용 등 실학자들의 문집과 그 한글번역본까지 쉽게 구할 수 있다. 한국사 연구자들이 이 시대에 몰리는 것은 당연한 일이다. 손쉽게 성과를 얻을 수 있기 때문이다.

나는 병자년(1876) 개국 후 1910년까지, 이른바 개항기에 관한 연구를 해서 두 권의 책을 출판했고 일제시대를 연구해서 네 권의 책을 출판한 바 있다. 나의 체험을 통해서 볼 때 개항기·일제강점기도 여러 가지 형태로 흩어져 있기는 하나 사료 자체가 부족해서 연구를 못할 정도는 결코 아니다. 그럼에도 불구하고 이 시대의 연구자 수가 아주 적은 게 현실이다. 아마도 한문과 일본어에 통달해야 할 뿐 아니라 영어 독해력도 갖추어야 하고, 워낙 여러 가지 형태로 흩어져 있는 자료를 수집하기 어려운 점에 그 원인이 있을 것이다.

그러나 우리나라가 광복이 된 1945년 8월부터 지금까지 50여 년 간의 역사를 쓰려면 너나할것없이 사료결핍이라는 벽에 부딪히고 만다. 1960년대 이전의 사료는 거의 없다고 해서 지나친 표현이 아니다. 1970년대 이후의 사료는 있기는 하되 진실을 알기에는 엄청나게 힘드는 사료들만이 남아 있는 실정이다.

우리 겨레의 역사에서 한국전쟁만큼 중대한 사건은 없다. 굳이 견준다면 임진왜란뿐일 것이다. 1950~53년에 벌어진 한국전쟁으로 우리나라가 입은 피해가 얼마나 대단한 것이었는가를 알려주는 종합자료는 대한민국 정부 어느 곳에서도 찾을 수 없다. 정부기록보존소에도 없고 통계청에 가도 없다.

한국전쟁이 일어난 지 20여 일이 지난 7월 16일에 미국공군에 의한 용산폭격이 있었다. 오후 2시가 지나 시작된 이 폭격은 한 시간 가량이나 계속되었고, 후암동에서 한강로에 이르는 일대는 문자 그대로 폐허가 되었다. 수없는 사람이 죽고 부상을 입었다. 이 폭격이 있고 나서 서울거리 곳곳에서는 많은 전쟁고아들이 허기에 지쳐 주저앉아 있거나 떼를 지어 방황하는 모습이 눈에 띄었다. 엄청나게 큰 폭격이었다. 국방부 정훈국에서 1951년 8월에 발간한 『한국전란 1년지』라는 방대한 책자에서는 이 날의 폭격을 단 한 줄로 기록하고 있다.

"B-29 50기 이상 서울조차장 폭격."

당시 하늘의 요새라고 불리던 B-29 대형폭격기 50대 이상이 용산역 뒤에 있는 서울철도공작창을 폭격했다는 뜻일 것이다. 용산폭격을 시작으로 다음해인 1951년 3~4월까지 서울일대는 처절한 전란을 겪었다. 연일 되풀이되는 미군기의 폭격, 서울 수복 당시의 서벽(西壁)전투, 치열한 시가전. 대포에 의한 피해도 있었고 총격에 의한 피해도 있었다. 적군에 의한 방화도 있었고 아군에 의한 방화도 있었다. 그러나 그에 관한 일체의 자료가 없다. 무슨 건물이 며칠 폭격으로 파괴되었는지, 인민군의 방화로 소실되었는지 등의 자료가 전혀 남아 있지 않다. 숫제 그 누구에 의해서도 기록되지 않았던 것이다.

지방도시의 경우는 더더욱 막막하다. 최근에 각 지방에서 시사(市史)·도사(道史)·군사(郡史) 류가 엄청나게 많이 발간되고 있다. 마치 경쟁을 하고 있는 것 같다. 그런데 이들 지방사를 보면 '한국전쟁기'는 거의가 공백으로 처리되고 있다. 몇 월 며칠에 얼마나 많은 수의 인민군이 들어와서 무슨 짓을 어떻게 했는가, 어느 정도 규모의 미군기 폭격이 있었으며 상호간에 어떤 전투가 전개되었고 얼마나 많은 피해를 입었는가, 그리고 며칠 몇 시에 인민군이 철수해 평화를 되찾았는가, 이 전쟁으로 얼마나 많은 민간인이 어떤 이유로 죽었고 부상당했는가, 북으로 납치되어간 숫자는 얼마이며 그 중에는 어떤 인물들이 포함되어 있는가, 자진해서 월북한 자는 얼마나 되며 그들의 성격은 무엇이었던가. 이러한 류의 기록들이 완전히 무시되고 있다. 처음부터 그 누구도 기록해두지 않았으니 자료라는 것이 없는 것이다.

1960년대 중반의 어느 해에 나는 금융기관연합회에서 공모한 경제관계 현상논문 모집에 당선되어 그 상금을 생활비의 일부로 충당한 일이 있다. 이 현상논문을 쓰기 위해 중앙정부 여러 곳을 다니면서 자료를 찾았다. 그런데 이상하게도 광복 이후 1950년대 말까지의 자료를 전혀 구할 수가 없었다. 실로 어이없는 일이었다. 그런데 그때 한 부처의 간부로부터 정말 다음과 같은 해괴한 이야기를 들었다.

> 6·25전쟁 이전의 자료는 전란을 통해서 거의 없어졌다. 부산 피난중의 자료는 정부가 서울로 되돌아올 때 법령상의 영구보존문서를 제외하고는 모두 폐기하고 돌아왔다. 1961년 5월 16일에 군사쿠데타가 일어난 직후, 당시의 군사정부가 각 부처·기관·단체를 시켜 '폐지수집운동'을 벌였다. 그때 각 부처가 가지고 있던 거의 모든 자료가 '폐지'로 공출되었다.

5·16군사쿠데타가 일어났던 1961년 당시의 1인당 국민소득은 약 80달러 정도였다. 종이원료인 펄프를 전량 수입에 의존하고 있었으니 그로 인한 외화지출도 적지 않은 액수였다. 가 정부기관·단체가 쓸데없이 보유하고 있는 지난날의 공문서 뭉치를 일제히 수집하여 제지공장에 갖다 주면 그만큼 외화를 절약할 수 있다는 것이 당시의 순진한 청년 장교들의 애국적 발상이었던 것이다.

지금은 상상도 할 수 없는 일이지만, 1960년대의 공문서류는 거의가 질이 나쁜 신문용지였고 백상지니 모조지니 하는 것은 구경조차 할 수 없었다. 그리고 그 당시의 책자류, 즉 어떤 중앙기관이 각 지방 도·시·군에 내려보내는 책자류는 등사물이었다. 등사판이라는 도구에 잉크를 묻혀 손으로 밀어서 글자를 찍은 것이다. 타이프(타자)라는 것이 행정부에 등장한 것은 5·16군사정부가 수립된 후, 군인들이 가지고온 이른바 군사문화의 하나였다. 워드프로세서라는 것이 우리나라에 도입된 것은 1970년대 후반이었고, 한글·한문이 병용되는 컴퓨터 소프트웨어가 처음으로 개발된 것은 1980년 8월이었다.

신문용지에 등사를 한 책자류와 공문서류 뭉치들, 그 중에는 「6·25사변 종합피해조사표」(4286. 7. 27 현재, 공보처 통계국)와 같은 중요자료도 포함되어 있었으니 나머지는 추측하고도 남음이 있다.

이 폐지수집운동은 각 기관·단체간에 경쟁을 불러일으켰다. 어느 부처가 몇 트럭분을 수집했으니 우리는 더 많은 분량을 수집해야 된다는 분위기였다는 것이다. 이 운동이 끝나자 각 부처·기관의 문서창고는 물론이고 각 국·과의 문서보관함은 모두 깨끗해졌다. 그리고 그 과정에서 1950년대의 '역사적 자료'는 깨끗이 사라져버렸다.

1960년대에 들어서도 종이를 구할 수 없고 인쇄물을 만들 예산이 없는 사정은 마찬가지였다. 서울시에서 『시정개요』라는 것을 발간한 것은 1960년대에 들어서였다. 그런데 김현옥 시장 재임기간에는 1966년의 것이 『시정연사(市政年史)』라는 제목으로 한 번 발간되었을 뿐이고 1967~1969년에는 발간되지 않았다. 건설비 예산 짜기에 몰려 시정을 소개하는 책자는 만들 수가 없었다는 것이다.

역대의 국회속기록은 국회도서관에 정리·보관되어 있다. 그런데 이상하게도 1960년대 중반까지는 각 분과위원회별 속기록은 찾을 수가 없다. 돈이 없어서 속기록을 발간하지 못했던 것이다. 1960년대 후반부터는 약간의 결락은 있지만 분과위원회 속기록이 발간되었다. 그러나 등사본인데다 잉크의 질이 나빠서 판독하기 여간 힘들지 않다. 국회속기록이 제대로 갖추어지기는 1970년대 후반부터이다.

현재 중앙·지방의 각 기관이 어떤 연대의 어떤 자료를 어떻게 관리하고 있는지는 잘 알지 못한다. 아마 문서분류규정상 영구보존 문서류가 모아져서 총무처 산하의 정부기록보존소에 수집 보관되고 있는 정도가 고작일 것이다. 그런데 이 정부기록보존소가 보관하고 있는 이른바 정부

기록들이 얼마나 허술하고 조잡한가는 한번이라도 그곳을 찾은 사람이라면 피부로 느꼈을 것이다. 그곳에 가서 목적한 자료를 찾은 사람은 몇몇에 불과할 것이다.

내가 서울시 기획관리실장(당시는 기획관리관)으로 부임한 것은 1970년 7월 10일이었다. 기획·예산·통계·법제 등이 나의 주 임무였다. 기획을 하려면 지난날의 발자취를 알아야 했다. 그런데 과거의 자료를 찾을 수가 없었다. 전혀 없지는 않지만 한자리에 모여 있지 않았다. 목마른 자가 샘을 판다는 말 그대로 각 국·과에서 가지고 있는 각종 자료, 서적· 법령집·용역보고서를 모두 반강제로 수집하여 '자료실'이라는 것을 만들었다. 이것이 서울시 재직 7년간 내가 한 일들 중 '공적 제1호'라고 생각한다.

지금 서울시 종합자료실에 가보면 그래도 1970년대부터의 공식자료들은 많이 갖추어져 있다. 자료실을 만든 나의 발상이 이런 모습으로 결실을 이룬 것이다. 그런데 종합자료실에 공식자료들이 있기는 하되 이른바 '알맹이 자료'는 찾을 수가 없다. 즉 '어떤 일이 어떻게 해서 이루어지고, 어떤 과정을 거쳐 종결되었는가'를 알려주는 자료가 없다. 이른바 '차트행정' 때문이다.

군사문화 제1호 - 차트행정

5·16군사쿠데타가 행정부에 몰고온 군사문화는 실로 엄청난 것이었다. 제2차세계대전을 치르면서 미국군대는 경영학 이론을 대담하게 도입함으로써 군대의 조직·운영 일체를 크게 합리화할 수 있었다. 미국군대에 도입된 이 이론들은 다시 미국 행정부에도 도입됨으로써 이른바 '행정학'이라는 학문체계를 탄생시켰다.

군사문화가 행정에 도입된 것으로 대표적인 몇 가지를 들면, 서기년호

의 사용, 한글전용, 정원과 조직관리, 근무평정제도, 인사고과제도, 계급
정년제도, 기획조정관제도(기획관리실) 등이 있다. 그러나 그 모든 것에
앞선 군사문화 제1호는 '차트행정'이었다.

차트가 도입되기 이전에는 모든 행정은 정해진 공문서 서식에 의해
처리되었다.

> 장관·차관·국장·과장·계장
> 제목: ……에 관한 건
> 머리의 건에 관하여 ○○사유로 다음과 같이 시행코자 하오니 품신합니다.
>   사 유
> ① ……
> ② ……
> ③ ……

담당자가 이와 같은 결재서류를 작성하여 계장·과장에게 가져다주면
계장·과장은 차관·장관에게까지 가서 일일이 내용을 설명하고 결재를
받았다. 이 결재과정이 끝나면 다시 시행공문이라는 것을 만들어 문서과
에 가서 직인을 찍어 관계기관·하부기관에 시달했다.

사유가 간단한 것은 국장선에서 전결 처리되었다. 국장결재로 시행되
는 것이다. 장관까지 올라가는 서류는 예외없이 사유가 복잡하고 많은
부속문서가 부착되게 마련이다. 외부인사의 방문이라든가 외부행사 참
석이라든가 국회출석 등으로 바쁜 자리인 장·차관이 일일이 공문서를
검토할 시간이 없었으므로 국·과장이 설명을 들어보고 도장을 찍었다.
일본사람들의 표현에 따르면 '매꾸라방(盲判)'이라는 것이었다. 내용을
읽지도 않고 눈감은 채 도장만 찍는다는 것이었다.

미국군인이 전쟁을 치를 때 계급에 따라 도장을 찍어갈 시간이 없었

을 것이다. 사령관이 상황을 숙지하고 "좌로 가라, 우로 가라"의 판단을 내릴 수 있게 하자면 내용을 되도록 간략 명료하게 간추려 큰 종이 위에 큰 글씨로 써서 여러 장을 묶어 매달아놓고 여러 계급자를 한자리에 모이게 하여 지휘봉으로 짚어가면서 설명하는 방법이 가장 효과적이었을 것이다.

이 차트를 미군이 한국군대에 도입했고 쿠데타로 정권을 잡은 군인들이 행정부에 도입했다. 한번 이용해본 사람은 누구나 그 능률성·효과성에 놀라지 않을 수 없었다. 그런데 장관·차관 한두 사람 앞에서 또는 장관이 대통령 한 사람 앞에서 설명하는 데는 큰 차트가 오히려 번거롭다는 것을 알게 되었다. 그래서 미니차트라는 것이 고안되었다. 내용이 좀 복잡한 것은 학생들이 쓰는 스케치북이 이용되었다. 내용이 비교적 간략한 것은 몇 장을 병풍처럼 접어서 넘기면서 설명을 하는 것이 효과적이었다. 장관·국무총리·대통령의 결재를 받기도 미니차트가 더 편리했다.

1960년대부터 1990년대에 이르기까지 정부기관은 물론이고 민간기업체에서도 이 미니차트는 널리 이용되었다. 어떤 정책을 새로 수립할 때, 이제까지의 정책내용을 개정하려 할 때, 어떤 안건의 처리 또는 종결의 결심을 받고자 할 때 이 미니차트를 통하여 결재를 받았다. 이 결재를 받고 나면 문서규정에 있는 정식 결재서류는 기계적으로 처리될 수 있다. 미니 차트로 미리 결재를 받아두었으니 정식공문서에의 결재과정은 한갓 요식행위에 불과했다.

만약 모든 기관에서 이 미니차트만 차곡차곡 보관 관리해두었다면, 그리고 그것이 각 기관 종합자료실 같은 곳에 비치되어 있다면 모든 기관의 역사편찬은 땅 짚고 헤엄치기만큼 쉬웠을 것이다.

그런데 이 미니차트는 정식 문서결재를 받기 위한 수단일 뿐이지 결코 법적 효력을 가지는 공문서가 아니다. 보존할 필요가 없는 것이다. 우선은 각과 문서함에 보관되었지만 문서함이 비좁아지면 폐기되었다. 청사마다 공간에 여유가 없었고 기구개편 또한 잦았으니 방을 옮기는 일이 적지 않았다. 방을 옮길 때마다 불필요한 서류는 버리고 갔다. 이때 그동안 모아졌던 미니차트는 제1차로 없어졌던 것이다.

사료가 없어진 과정은 이것만이 아니었으니 그 사례 한두 가지를 들어본다. 종묘 앞에서 필동까지 세로로 지어진 건물군을 세운상가라고 한다. 이 세운상가에 관한 자료를 찾다가 지친 나는 마침내 당시 서울시 주택과에서 이 일을 담당했던 직원을 수소문한 끝에 만나서 자료의 소재를 물었다. "종전의 토지 소유자들 중 몇 사람이 청와대·감사원 등에 투서를 해서 여러 차례 감사를 받았습니다. 서류만 없애버리면 감사에 시달릴 필요도 없다고 생각해서 그간에 있었던 모든 사실을 정리해서 미니차트를 만들어 부시장까지 결재를 받았습니다. 그리고는 관계서류 일체를 폐기해버렸습니다. 그때 만든 미니차트는 주택행정과 문서함에 남아 있을 것이니 찾아보십시오." 주택행정과 문서함을 구석구석 뒤져봐도 문제의 미니차트는 찾을 수 없었다.

중구 퇴계로에 있는 대연각호텔(현재 프레지덴트 호텔)에 화재가 나서 160명이나 불에 타서 죽고 추락해서도 죽은, 세계 호텔 역사상 최악의 참사가 일어난 것은 1971년 크리스마스였다. 이 건물은 1968년부터 건축되기 시작해서 이듬해인 1969년에 준공되었다. 이 화재가 있은 후 건축허가·개축·준공당시에 재직했던 서울시 건축과 관계자 4~5명이 구속되어 형사처벌을 받았다. 설계도면이니 준공검사 관계서류만 없었다면 검찰에서도 건축상 하자에 관한 확증을 잡을 수 없었을 것이다.

이 사건 이후 주요건물의 건축에 관한 도면 같은 것은 보존연한이 지나면 재빨리 없애버리는 관례가 생겨났다. 1995년에 삼풍백화점이 무너져 510명이 사망했는데 이 건물의 설계와 준공검사 당시의 관계자는 문책되지 않았다. 서류가 없었기 때문이다. 결국 준공검사 후, 개축에 관계한 담당자만 형사처벌을 받았다.

이 책을 쓰는 이유

1960년 3월 15일에 치러진 정·부통령 선거를 '3·15부정선거'라고 부른다. 이 3·15선거 당시 경상북도 선거담당과장이었다는 이유로 공민권이 제한되고 3년간이나 실직생활을 해야 했던 내가 다시 직장을 얻어 상경하기는 1963년 3월이었다.

고등고시를 합격했다 할지라도 도도한 정치세력들의 틈에 끼일 때는 아무런 신분보장도 받지 못했다. 나는 무엇인가 전문지식을 지니지 않은 상태에서 실직하면 처자식을 굶주리게 할 수도 있다는 것을 3년간의 실직생활을 통해 뼈저리게 체험했다.

서울에서 새로 얻게 된 근무처, '중앙공무원교육원 교수부'라는 자리는 전문지식을 얻고자 했던 나에게는 기가 막힐 정도로 알맞은 자리였다.

지금까지의 우리나라는 농업 중심 사회였지만 바야흐로 도시시대를 맞이하고 있네. 도시행정이니 도시계획이니 하는 것이 크게 요구되는 사회가 다가오고 있어. 그런데 이것을 연구하는 사람이 없어. 자네가 한번 시작해보지.

이런 충고를 해준 것은 나의 고등고시 동기이자 당시는 내무부 행정과장이었던 김보현이었다. 훗날 전남지사·농림부장관 등의 요직을 맡은 인물이니 앞날에 대한 통찰력이 정말 정확했던 것이다. 오랜만에 만났으니 막걸리나 한잔 하자고 명동 어귀를 걸으면서 그가 해준 이 말이 나의 운명을 결정했다. 1963년 2월 초순, 그의 추천에 의해 나의 제2의 직장이 내정된 날 저녁이었다.

그때부터 나의 도시 공부가 시작되었다. '책' 같은 것이 있을 리 없었다. 일본에서도 겨우 도시사회학에 관한 개설서 한두 권이 나와 있을 때였다. 당시 나의 근무처였던 중앙공무원교육원에는 규모가 큰 도서관이 있었고 일본신문 세 종이 비치되고 있었다. 일본에서도 1960년대에 들어서 여러 가지 도시문제가 심각하게 대두되고 있었다. 그들 신문마다 토지·주택·교통·쓰레기·환경오염 등의 문제를 20회 정도의 시리즈로 다루고 있었다.

다행히 나의 동료들은 거의가 미국 유학파들이라서 일본 신문은 나 혼자만 보게 되었다. 그리고 1년치를 보관하면 폐기처분하였으니 토지문제·교통문제 시리즈는 스크랩을 할 수 있었다.

도시의 인구·주택·땅값·교통·환경 등을 다룬 나의 글을 잡지에 싣기 시작한 것은 1965년부터였다. 특히 1966년 9월에 잡지 ≪도시문제≫가 발간되고부터는 나의 글이 게재되지 않은 달이 없었다. 나의 연보(年譜)를 보니 가장 많이 발표되었던 달은 1967년 6월과 1969년 11월에 각각 네 편씩이고, 매월 평균 두 편 이상씩 여러 잡지에 나의 글이 발표되었다.

내가 역사를 공부하게 된 것은 근무처를 서울시청으로 옮긴 1970년 8월 이후의 일이다. 스스로가 현실문제를 다루는 서울시 간부가 되었으니 주택이나 교통 같은 현실문제를 글로 쓸 수 없게 된 것이 첫째 이유였다. 한 도시가 걸어온 역사를 어느 정도 알지 못하고는 그 도시의 계획을 제대로 수립할 수 없다는 것을 알게 된 것이 역사연구의 두번째 이유였다.

내가 이제까지 발간한 저서는 모두 우리나라 도시의 역사를 정면에서 다룬 역사책들이다. 역사를 연구하면서 뼈저리게 느꼈던 것은 "진실은 진실 그대로 전해져야 한다. 결코 첨가와 삭제가 있어서는 안되며 하물며 분칠이 있어서는 더더욱 안 된다"는 것이다.

자료수집은 나에게는 하나의 숙명이었고 그것은 1960년 전반, 정확히 말하면 1964년경부터의 일이다.

나는 6·25한국전쟁이 일어난 다음해인 1951년에 제2회 고등고시 행정과에 합격했다. 관운을 타고나지 않아 큰 벼슬은 하지 못했지만 그래도 25세부터 50세까지 관물을 먹었다. 50세에 대학으로 자리를 옮긴 후에도 꾸준히 무엇인가 공적 직함을 지니고 다녔다. 그런 경력 때문에 많은 임명장·위촉장·감사장을 받을 수 있었다. 준 사람들에게는 미안한 이야기지만 거의 다 받는 즉시로 없애버렸다. 받은 것들을 모두 모아둘 자리가 없었기 때문이다. 그러면서 아직 버리지 못하고 있는 두 개의 감사패가 있다.

그 첫째는 1986년 9월에 내무부장관에게서 받은 것으로 20년간이나 잡지 《도시문제》 편집위원을 맡아온 데 대한 것이다. 《도시문제》라는 잡지는 1966년 여름에 당시 내무부 지방국 행정과장으로 있던 김수학과 내가 수의하여 내무부장관 엄민영의 결재 아래 '지방행정공제회'라는 기관에서 발간한 것인데, 이것은 23년 후인 1989년 9월호, 통권 277호로 1차 폐간되었다. 편집위원회는 4~5명으로 구성되는데 매월 한 번씩 만나서 두 달 후에 발간될 잡지의 내용을 무엇으로 정하느냐, 누구에게 원고집필을 의뢰하느냐 등을 논의 결정했다. 통권 277호를 발간하는 동안 편집위원은 수없이 교체되었는데 유독 나 혼자만은 23년간 한 번도 거르지 않고 그 자리를 지켰다. 아마도 내가 창간공로자라는 데 그 첫째 이유가 있었겠지만 타고난 큰 목소리 때문에 함부로 바꾸어버리기가 힘들었다는 데 더 큰 이유가 있었을 것이다.

1966년부터 1989년까지, 한국의 사회 전반이 격동·격변기에 있을 때 도시문제를 다루는 잡지편집에 깊숙이, 그리고 빠짐없이 관여했다는 것은 나 개인의 연구생활에 큰 도움이 되었다. 수도 서울은 물론이고 하루가 다르게 변해가는 전국 각 도시에서 일어나는 여러 사건들, 사회적 여건들에 관한 풍부한 정보가 제공되고 교환되었기 때문이다.

그 다음 또 하나의 감사패는 1990년 6월, 건설부장관에게서 받은 것인데, 그 내용인즉 '도시화가 급속히 진행되기 시작한 1960년대 후반기(1968년 4월)부터 도시화가 성숙된 1990년 6월까지 중앙도시계획위원으로 재직한 공적'을 기리는 것이었다.

중앙도시계획위원회 위원은 1970년대 말까지는 임기제가 아니었는데 1980년대부터는 임기가 2년으로 정해졌고 2년이 지나면 새로 임명하는 형식을 취했다. 그 기능이 엄청나게 크고 무거운 자리인데 같은 사람이 너무 오래하면 부작용도 생기고 잡음도 따를 수 있기 때문에 임기제로 바뀐 것이다. 그런데 이 감사패 내용대로라면 나는 장장 22년 3개월간이나 이 막중한 자리에 있었던 셈이다. 그러나 실상은 다르다. 즉 1968년 4월에 위원이 되고 정확히 2년 반이 지난 1970년 10월에 그 자리를 물러났다. 1970년 7월 10일부터 내가 '서울시 간부'가 되었고, 교수·변호사 등 민간인으로 위촉하는 자리에 서울시 현직간부를 그대로 둘 수 없다는 이유에서였다.

내가 다시 중앙도시계획위원이 된 것은 1977년 7월에 서울시를 그만두고 대학으로 자리를 옮긴 다음해인 1978년 봄의 일이었다. 그러므로 나의 중앙도시계획위원 재임기간은 정확히 따져서 1968년 4월부터 1970년 10월까지와 1978년 3월부터 1990년 6월까지 전후 15년 10개월간이었다.

우리나라에는 중앙·지방을 가릴 것 없이 엄청나게 많은 자문기관이 있다. 나 역시 현재에도 서울시 시사편찬위원이니 지명(地名)위원이니 하는 것을 맡고 있다. 그런데 그 많은 기관들 중에서 법에서 미리 정해진

기관일 뿐 아니라 그 심의 자체가 법적 절차로 되어 있는 기관은 두 개밖에 없다고 알고 있다. 한국은행법에서 정한 '금융통화운영위원회'가 그 첫째이고 도시계획법이 정한 '중앙도시계획위원회'가 그 둘째이다.

그 성격상 '의결'과 다름이 없는 중앙도시계획위원회의 '심의'는 위원 전원의 합의가 관례이다. 즉 한두 위원이 적극적으로 반대하면 다른 위원들 모두가 찬성하더라도 보류 또는 부결되는 것이 원칙이다. 그러므로 여기에 상정되는 의안은 모든 의문이 처음부터 해결되어야 한다. 거짓이나 숨김이 있으면 통과되지 않기 때문이다. 중앙도시계획위원 16년간의 경력은 나에게 엄청나게 많은 사실을 알게 해주었다.

현재 나는 내가 거주하는 35평 아파트에 딸린 토지 이외에 나와 나의 가족이름으로 된 단 한 평의 토지도 소유하고 있지 않다. 중앙도시계획위원을 하면서 대한민국 내 어느 지방 어느 도시의 어떤 토지가 어떻게 개발 발전된다는 정보를 일반사람보다 빠르면 2년, 늦어도 6개월 앞서 알 수 있으니 미리 그 토지를 사서 1~2년 후에 되팔아버리는 짓을 할 수가 없었기 때문이다. 만약 내가 그런 방법으로 돈을 벌었다면 나는 틀림없이 방대한 재력을 갖출 수 있었을 것이다. 그러나 그렇게 했다면 그렇게 오랜 기간, 그 자리에 있지 못했을 것이고 아마도 하늘은 나에게 어떤 형태로든 큰 벌을 내렸을 것이다.

서울시의 공간구조에 큰 변화가 일어난 것은 1966년부터 1980년까지의 15년간이었다. 그리고 내가 서울시에서 근무한 것은 1970년 7월부터 1977년 7월까지 만 7년간이었으니 서울시가 격변하는 시기의 한가운데 있었던 셈이다. 특히 1970년 7월부터 1975년 9월까지의 만 6년간, 나는 서울시의 기획관리실장·도시계획국장·내무국장을 역임했다. 바로 서울시 기본정책 수립·집행의 중요 구성원이었던 것이다.

1960년대 전반에 도시문제 연구를 시작하면서 신문기사 스크랩을 시작한 나의 습성은 지금까지도 이어지고 있다. 40년간에 걸친 기나긴 자료수집이다. 1970년대에 들어서면서 시작한 나의 역사연구는 나에게 강한 '지적 호기심'을 심어주었다. 그렇게 결정한 진짜 이유는 무엇이냐, 누구의 지시냐, 그 배경은 무엇이냐, 무리가 따르지 않느냐, 그 후의 과정은 어떻게 전개되었는가 등에 관한 끊임없는 탐구심이었다.

한국에 급격한 도시화가 시작되는 1960년대 초에 도시연구를 시작해서 그것이 성숙기에 도달하는 1990년까지 30년간 잡지 ≪도시문제≫ 편집위원, 중앙도시계획위원, 그리고 서울시 간부의 자리에 있었다는 것을 나는 우연이라고 생각하지 않는다. 하늘이 나에게 사명을 부여한 것으로 믿고 싶은 것이다.

1960년대 초에서 1990년까지의 30년간, 한국사회에서 전개된 도시화만큼 급격한 사례는 이 지구상에서 찾을 수가 없다. 지난날에는 물론이고 앞으로도 없다고 확신한다. 하늘은 이 시대사의 충실한 기록자로 나를 택했다고 생각한다.

일본에서 도시계획사를 전공하는 고시자와 아키라(越澤 明)가 『도쿄의 도시계획』이라는 문고판 책자를 발간한 것은 1991년 12월이었다. 이와나미(岩波) 신서로 발간된 『도쿄의 도시계획』은 관동대지진이 일어난 1923년부터 시작하여 도쿄올림픽이 치러진 1964년까지 40년간에 걸친 도시계획의 역사를 다룬 책이다.

그가 이 책을 발간한 지 약 반 년 후에 서울에 와서 하루저녁을 같이 지냈다. 그때 그의 저서 『도쿄의 도시계획』이 발간된 지 6개월 만에 4만 5천 권이 팔렸다는 이야기를 들었다. 많이 팔릴 책이라고 예상은 했지만 6개월 동안 4만 5천 권이라는 것은 미처 상상하지 못했던 것이다. 그 책은 약간의 대담함, 약간의 참신함이 느껴지는 대목이 있기는 하나 대체적으로는 차분한 저술이다. 말하자면 바람기가 전혀 없는 날의 남해바다를 지나는 기분으로 읽을 수 있는 책이다.

도쿄의 도시계획 120년의 역사에는 항상 상식이 통하고 있었다. 권력의 난무도 없었고 정치자금의 창출도 없었으며 이권의 개입도 없었다. 개인의 재산권이 무참히 짓밟히거나 탈취되는 사건도 없었다. 하물며 도시계획을 통해서 재벌이 탄생되고 육성된 과정도 없었다. 그쪽의 도시계획을 '바람기가 전혀 없는 날의 남해바다'로 비유한다면 이쪽의 도시계획은 '태풍을 맞은 목포 앞바다'라고 표현할 수 있을 것 같다.

지금 써야 하는 이유

큰아들이 6년간 미국에 유학하여 건축학 박사가 되어서 돌아왔다. 어느 날 아침식사 때였다. 아들이 내게 말했다.

"아버지, 저 있잖아요, 서울시청 맞은편에 있는 프라자호텔, 그 건물 지을 때 아버지는 서울시의 무슨 자리에 계셨어요?"
"왜, 그 건물에 문제가 있나?"
"그 건물이 병풍처럼 휘어 있어요. 그래서 서소문 쪽에서 들어가다보면 시청 앞 광장의 모습이 막혀버립니다. 시청 앞에서 보면 남산까지의 확 트인 시야를 그 건물이 막아버렸어요."

실로 기가 막히는 말이었다. 바로 그 건물은 내가 도시계획국장으로 있을 때 나의 책임하에 지어진 것이다.

1985년에 김형국·권태준·강홍빈 등이 함께 쓴 『사람의 도시』라는 책이 발간되었다. 사람이 사람답게 사는 도시공간이 갖추어야 할 환경은 어떤 것이어야 하는가를 차분하게 생각하게 하는 책이다. 세 사람 중에서 강홍빈은 건축전공이기 때문에 이야기가 매우 구체적이다. 그리고 그의 양심에 따른 아낌없는 평가가 내려지고 있다. 내가 가장 흥미를 가지고 읽은 대목은 여의도에 있는 광장에 관한 것이었다. 몇 구절만 소개해본다.

(……) 넓되 너무 넓으면 광장이 아니다. 운동장을 운동장이라고 하지 광장이라고 하지 않는 것과 같다. 사실 광장이라고 하기에 5·16광장은 너무나 넓고 너무나 형체가 없다. 이것은 차라리 '연병장'이라고 해야 마땅할 정도이다. (……) 분명 5·16광장은 '세계 최고' '동양 최고'에 약한 우리의 마음을 달래줄 수 있는 규모를 갖고 있다. (……) 그러나 문제는 바로 이 엄청난 규모에서부터 비롯된다. 국가정신의 표상(表象)이고, 한 시대의 얼굴이며, 시민생활의 구심점이어야 할 중심광장이 생기에 찬 '마당'이 아니라 삭막한 공간으로 나타나는 데 문제가 있는 것이다. (……) 여의도광장은 이런 '좋은 광장'과는 거리가 너무나 멀다. 생활을 풍요롭게 하기보다는 (……) 오히려 생활을 삭막하게 하는 데 큰 기여를 한다. 버스와 트럭으로 동원하지 않으면 사람이 결코 채워질 수 없도록 광활한 광장은 사람을 위축시키고, 그 바닥을 메운 아스팔트의 바다는 몸을 피곤하게 하고 마음을 메마르게 한다.

이 여의도광장을 만들었을 때의 서울시 도시계획국장은 '나'였다. 그리고 이 형편없는 광장 만들기에도 설계는 있었다. 나와의 우정 때문에 이 광장을 무료로 설계해준 사람은 당시 이 나라 최고의 도시계획가였던 박병주였다. 그러나 이 광장에 관해서는 당시의 도시계획국장이나 설계자의 명예는 묻지 않아도 된다. 이 광장을 굳이 그 위치에, 그런 크기로, 또 그렇게 멋없게 만들라고 지시한 박정희 대통령의 명예를 위해 우선 한마디 해두어야겠다.

이 광장은 광장이기 이전에 '비상시의 군용비행장'으로 만든 공간이었다. 이 광장이 만들어진 같은 시기에 이루어진 경부고속도로에도 여러 개의 '비행장 구간'이 있다. 한국국군의 월남파병이 계속되고 있을 때였으며 라오스·캄보디아 등도 공산화되어가고 있었다. 미국대통령은 한국 주둔 미군 감축을 되풀이 발표하고 있었고 청와대 대통령집무실이 미국 CIA 한국지부에 의해 도청되고 있을 때였다. '싸우면서 건설하자'라는 구호를 서울시내 여러 건설현장에서 흔히 볼 수 있는 시대였다. 이 나라 최고의 학벌을 가진 강홍빈의 혜지도 이 광장을 '연병장 같다'라고는 느꼈지만 그 본질이 비행장이었음을 상상할 수 없었다는 것이 오히려 이상할 정도이다.

여의도광장의 길이는 1,300m, 폭은 구간에 따라서 다르나 대체로 280m를 넘는다. 아시아나항공 소속의 여객기가 기상악화로 목포비행장 이 아닌 인근 야산에 추락하여 66명의 사망자를 낸 사건을 많이들 기억 할 것이다. 1993년 7월 26일 오후에 일어난 사건이었다. 그리고 이때 사고의 원인이 된 목포비행장 활주로의 길이는 1,500m로 여의도광장보 다 약간 길고 폭은 30m로 여의도광장의 8분의 1밖에 되지 않는다. 여의 도광장은 양쪽의 교량을 보조활주로로 이용하지 않더라도 군용비행기 수십 대가 동시에 뜨고 내리고 할 수 있는, 바로 '전시대비용 비행장시 설'인 것이다.

그동안 우리 국민은 너무나 할 일이 많고 바빠서 어제를 돌이켜볼 겨를 이 없었다. 우선 오늘 살아야 하고 내일은 좀더 잘살아야 했다. 당면한 현 실과 가까운 미래만이 전부였다. 그러면서도 정치를 좋아하는 국민성을 지녀 TV드라마를 보면 온통 정치사에 관한 것뿐이다. 수양대군과 사육신, 연산군·광해군 이야기, 개항기의 정치사, 5·16군사쿠데타와 제3·4 공화국 등. 아마 앞으로는 제5·6공화국에 얽힌 이야기도 엄청나게 드라마화될 것이다. 그러면서 생활사에는 아주 무관심하다. 우선 자료가 없으며 설 령 자료가 있다 하더라도 그 내용 중에는 폭력도 없고 사람이 죽지도 않기 때문에 별로 흥미를 느끼지 않는 것 같다.

그러나 소득수준이 1만 달러를 넘어 2만 달러를 향해 가고 있으니 머지 않아 우리의 생활사를 간절하게 찾게 될 날이 오리라고 생각한다. 1995년에 광복 50년, 1994년에 서울정도 600년이어서 서울에 관한 학술세미나가 많이 개최되었고 나도 여러 군데 나가서 발표도 하고 질문도 받았다. 그런데 여러 자리에서 정말로 엉뚱한 질문을 받기도 했고 예리한 질문도 받아서 놀라기도 하고 어안이 벙벙해지기도 했다. 예를 들면 "6·25 때 서울이 완전히 폐허가 되었다. 그때 왜 이상적인 도시계획을 하지 못했는가" 하는 식의 질문이었다. 여기저기에서 받은 질문들을 요약해보면 다음과 같다.

> 서울의 도시계획은 왜 이렇게 엉망인가.
> 왜 그 자리에 그런 건물이 서게 되었는가.
> 강남개발은 왜 좀 멋지게 할 수 없었는가.
> 여의도는 왜 저렇게 형성되었는가.
> 올림픽시설이 왜 잠실에 집중되었는가.
> 소공동과 잠실에 대형 롯데타운이 형성된 이유는 무엇인가.
> 광주대단지는 왜 그렇게 성의 없이 조성되었는가.
> 서울대공원은 왜 과천에 위치하게 되었는가.
> 서울의 노면전차는 왜 없어졌는가.
> 지하철 2호선은 왜 순환선으로 계획되었는가.
> 개포·목동·고덕·상계동에 있는 대형 아파트단지를 어떻게 생각하는가.

1979년인가 1980년인가 확실치 않으나 폐결핵으로 약 반 년간 약을 먹었다. 의사의 지시를 충실히 따랐기 때문에 6개월 후에는 완치되었지만 이 체험은 내게 하나의 충격이었다. 나도 별수없는 허약한 인간이라는 인식이었다. 그때부터 밤 작업, 즉 야간에 원고를 쓰는 일은 그만두었다. 또 그후 내가 한결 겸손해졌다는 것을 내 스스로가 느낄 정도로 변하고 있었다.

1988년 가을에 나는 회갑을 맞았다. 당시의 대학교수들이 흔히 하는 관례에 따라 나도 기념논문집을 내고 축하연을 가졌다. 그리고 2주일 후에 대장암이라는 선고를 받았다.

나의 일제시대사 연구는 1982년부터 시작하고 있었고 암수술을 받던 1988년 겨울에는 약 3분의 1 정도가 진척되고 있었다. 수술을 받고 병상에 누운 나의 가슴은 일제시대사 연구를 완결짓지 못하고 저 세상으로 가는 아쉬움으로 가득 차 있었다. 병원에서 퇴원하자 나의 연구는 그 속도를 더 빨리했고 한 대목씩이 완결되면 바로 출판을 서둘렀다. 『일제강점기 도시계획연구』가 1991년 1월에 간행되었고, 『한국지방제도·자치사연구』(상·하)는 1992년 4월에 간행되었다.

그리고 이 시기, 이 세 권의 책 발간을 준비한 1989~91년의 3년간, 나는 처절한 사생관의 갈등을 겪었다. 즉 "암(癌)은 불치의 병이다. 암에 걸린 사람은 모두 죽는다. 나도 얼마 안 가서 죽는다. 재발하면 끝장이다. 죽으면 어떻게 되는가. 죽음의 순간을 어떻게 맞이하는가. 말기암의 고통은 대단하다는데 어떤 형태로 나를 괴롭힐 것인가. 할 일이 아직은 많이 남았는데, 죽으면 안 되는데……" 하는 식의 갈등을 3년 정도 계속했다.

그 기간에 보통사람은 상상도 할 수 없을 만큼 많은 글을 썼다. 한가로운 시간이면 갈등이 생겼고 갈등이 생기지 않게 하려고 미친 사람처럼 글쓰는 일에 몰두했던 것이다.

돈과는 전혀 인연이 없는 인생으로 생각해왔는데 돈이 생기는 일을 하게 되었다. 구지(區誌) 편찬·발간 의뢰가 집중되었던 것이다. 1990년 여름에서 1994년 여름까지 만 5년간의 작업이었다. 발간된 순서대로 나열을 해보면 영등포·서대문·성북·용산·동대문·성동·강남·송파·종로·

중구이다. 구지라는 것이 구의 안내책자 같은 것이 아니다. 그 구의 5천년간의 발자취, 현재의 모습, 미래상을 집대성하는 작업이다. 따라서 종로구지 같은 경우는 상·하권 합해 2,400쪽에 이르고 아무리 작은 구지라도 700~800쪽에 달한다.

이 구지편찬 작업을 하는 5년은 순식간에 흘러갔다. 매일매일이 시간과의 싸움이었다. 그리고 이 작업은 나의 일방적인 선언으로 끝을 맺었다. "다른 구지는 내가 만들지 않겠다. 중심부는 모두 다 끝났다. 남은 곳은 새로 생긴 구뿐이니 굳이 내가 맡아 쓸 필요가 없다. 무엇보다도 나의 건강이 계속될 수 없다"는 이유였다.

10개의 구지를 편찬 발간하는 과정에서 나는 몇 가지를 얻고 몇 가지를 버렸다. 첫째는 사생관의 갈등에서 벗어났다는 것이다. 납품기일에 쫓기는 혹독한 시간과의 싸움을 계속하는 동안 '죽고 살고를 걱정할' 겨를을 없애버린 것이다. 둘째는 죽을 때까지 쓸 용돈이 생겼다는 것이다. 덕택에 앞으로는 원고료를 위한 원고를 쓰지 않아도 된다. 셋째는 결코 적지 않은 양의 새 자료가 생겼다. 이 구지편찬 과정에서 '서울 이야기 시리즈'를 써야 할 필요성을 통절하게 느꼈다. 마지막으로 나는 오랜 공직생활·교수생활에 종지부를 찍었다. 1994년 2월 말에 정년퇴직을 한 것이다. 그리고 퇴직금과 약간의 예금 등 일체를 안식구의 생활비로 제공함으로써 가족에 대한 나의 경제적 의무감에서 해방되었다.

나는 1995년 5월의 어느 날 오전에 일어난 일을 잊을 수가 없다. 나의 가슴부분 CT사진의 전문의 소견을 읽고 있던 주치의의 표정이 갑자기 굳으면서 입에서 뱉어낸 말, "오른쪽 가슴 윗부분에 작은 결절. 아닌데 그럴 리가 없어." 그로부터 약 한 달 동안 정밀검사가 계속되었고 결국은 별것이 아니라는 결론이 내려졌다. 그러나 이 일을 계기로 나는 서울 이야기를 하루빨리 쓰기로 결심했다.

내가 앞으로 써내려갈 이야기들, 이른바 '서울 이야기 시리즈'의 내용은 결코 비화(秘話)나 이면사(裏面史)가 아니다. 단편적으로는 거의가 신문·잡지 등 매스컴에 보도되었고 사사(社史)·구지(區誌)·서울특별시사(市史) 등에 기재되었으며 국회의 본회의·분과위원회·국정감사에서 지적되고 논의되었던 내용들이다. 다만 그것이 종합되고 체계화된 모습으로 발표된 일이 없었기 때문에 일반인들은 물론이고 그 일에 종사했던 서울시 간부들도 잘 모르고 지내온 그런 이야기들이다. 거기에다 약간의 숨은 이야기가 섞여 하나의 이야기가 완성된다.

내가 죽어버리면 현재 내 머릿속에 정리되지 않은 채 뒤섞여 있는 그 숱한 이야기들은 모두가 그 진실을 숨긴 채 역사의 뒤안길로 깊이깊이 숨어버린다. 우리의 자손들은 물론이고 오늘에 사는 나의 가까운 친척·친구들까지도 무엇이 어떻게 된 것인지도 모르고 저 세상으로 가버리게 된다.

내가 죽어버리면 그동안 내가 모았던 그 많은 자료들, 수천 장의 신문조각, 용역보고서, 국회속기록, 재판소 판결문 등등은 모두 휴지통으로 사라질 것이다. 이 노인이 왜 무엇 때문에 이런 고리타분한 신문조각을 모아두었는가를 알 사람은 없을 것이며, 설령 안다고 한들 그것을 이용할 방법을 알지 못할 것이다.

내가 엮어갈 이 기록들은 현실의 이야기들이기 때문에 대단히 많은 인물들이 실명으로 등장한다. 읽기에 따라서는 별로 기분이 좋지 않을 이야기들도 적지 않게 섞여 있다. 어떤 분은 "덮어두면 잊혀질 것을! 벌써 기억하는 사람도 거의 없어졌는데 지금 와서 무엇 때문에 이렇게 까발릴 필요가 있는가"라는 불쾌감을 표시할 수도 있다.

그러나 나는 이 이야기들에서 결코 누구의 공적을 높이거나 허물을 따지거나 비판하거나 할 생각이 없다. 하물며 부정을 폭로한다든가 고발한다든가 할 생각은 더욱더 없다. 이 내용 중에는 내 스스로가 잘못한 것도 있고 잘못 판단한 것도 들어 있을 것이다. 나는 오직 귀중한 역사이기 때문에 충실하게 후세에 전하겠다는 순수한 생각만을 지니면서 써내려가기로 한다.

원래 역사라는 것은 한 세대가 지난 후에 쓰는 것이 원칙이다. 외교문서도 30년이 지나야 공개하도록 되어 있다. 그러나 그것은 정확한 기록이 남아 있을 때만 통하는 논리라고 생각한다. 우리나라의 대다수 부처에서처럼, 자료가 거의 남아 있지 않거나 단편적으로 남아 있더라도 전혀 체계화되어 있지 않을 때는 누군가 체계화해서 그 옳고 그름이 검증되어야 한다.

그러므로 이 이야기가 발표되어 내용 중 잘못된 부분이 지적되면 검증의 절차를 거친 후에 수정되어야 할 것이다. 그런 의미에서 이 책은 그 당사자들이 아직도 건강하게 살아 있을 때 발표되어야 한다고 생각한다. 이 이야기는 나의 증언일 뿐 아니라 '유서'의 성격을 지닌다. 그리고 이야기의 형식을 빌려 비교적 재미있게 써내려갈 생각이기는 하나 그 본질은 어디까지나 학술논문임을 밝혀둔다.

호랑이 그리려다가 고양이밖에 그리지 못할지, 용머리를 그려놓고 뱀의 꼬리로 끝날지 알 수 없기는 하나 여하튼 나의 기나긴 이야기는 지금부터 시작된다. 이야기가 끝날 때까지 건강하기를 빌고 또 빌 뿐이다.

한국전쟁과 서울의 피해

1. 7월 16일 용산폭격과 김용주 공사

단장의 미아리고개

1950년 6월 25일 새벽 4시, 폭풍이라는 암호를 신호로 기습공격을 감행하면서 일어난 3년간의 한국전쟁. 그것은 이 겨레의 역사에서 과연 무엇이었던가.

나는 임진왜란사나 병자호란사를 읽으면서도 민족의 어리석음에 치를 떨지만 6·25한국전쟁사를 대할 때마다 밀려오는 분격을 참을 수가 없다. 그것은 우리 동족끼리의 싸움이었기 때문이다.

북쪽은 2년여에 걸친 충분한 사전준비가 있었다. 장병은 훈련이 잘되어 있었을 뿐 아니라 그 수도 월등하게 많았다. 장비에서도 북쪽은 소련제 전차와 비행기를 갖추고 있었지만 남쪽은 대포뿐이었다. 그 대포조차 성능이 약해 아무리 쏘아도 전차를 멈추게 할 수가 없었다. 순식간에 밀리고 또 밀렸다.

개성에 이어 의정부가 함락되고 적군이 창동·우이동을 거쳐 미아리에 접근하고 있던 중에도 대한민국 중앙방송은 "적을 격퇴하고 있다. 싸움에 이기고 있다. 서울시민은 조금도 동요하지 말라"는 말을 되풀이했다.

이승만 대통령 내외가 비서관 하나와 함께 특별열차로 서울역을 떠난 것은 6월 27일 새벽 3시였다. 그날 새벽 4시에 국회가 긴급 소집되었지만 전체 210명 국회의원 중 연락이 되어 모일 수 있었던 것은 약 100여 명이었다.

이 국회에 참석한 국방부장관 신성모, 참모총장 채병덕도 정확한 전황을 설명하지 않았다. 소란한 함성·욕설 등이 오가는 가운데 "국회의원 전원은 100만 애국시민과 더불어 수도를 사수한다"는 것을 결의했다. 이 결의문을 전달하기 위해 의장 신익희, 부의장 조봉암을 앞세운 몇몇 대표가 대통령 관저인 경무대로 갔으나 훨씬 앞서 주인이 떠나버린 빈 경무대를 한두 명의 경찰관이 지키고 있을 뿐이었다. 이 보고를 들은 국회의원들은 소리없이 흩어질 수밖에 없었다.

한강인도교와 3개의 철도교량이 파괴된 것은 6월 28일 오전 2시 15분이었다. 그리하여 서울특별시 한강 이북지역에는 100만 명에 가까운 시민이 남게 되었다.

공보처 통계국이 1953년 7월 27일 현재로 집계한 『6·25사변 종합피해 조사표』라는 등사판 책자가 나의 책꽂이에 꽂혀 있게 된 것을 하나의 기적이고 숙명이라고 생각한다. 이 자료는 현재 공보처의 후신인 문화관광부에도 없고 통계청에도 없기 때문이다.

이 책자의 제2표 「민간인 인명피해상황표」에 의하면 전투요원인 군인·경찰관이 아닌 순민간인이 전국적으로 76만 명 이상, 서울에서만 9만 5천 명 이상 사망·학살·납치·행방불명되었다. 서울의 경우 보통의 사망이 2만 9,628명, 학살이 8,800명, 납치가 2만 738명으로 집계되어 있다.

'학살'을 보통의 사망에 포함시키지 않고 별도 집계한 점에서 이 전쟁의 잔학상을 추측하게 해준다.

나는 여러 구(區)의 구지를 만들면서 대한적십자사가 가지고 있는 피납자 명부를 되풀이 보아야 했다. 그리고 그 숱한 이름 중에서 수천 명을 헤아리는 대학교수·의사·변호사·판사·검사·기업가·언론인의 이름을 발견할 수 있었고 그 이름들을 통해 한국전쟁이 끼친 이 나라의 인재(人材) 손실의 크기를 실감할 수 있었다.

한 예로 종로구의 경우를 보면, 김규식 박사를 비롯하여 제헌국회의원 이상의 정치인 17명, 서울대학교 총장(崔奎東)·고려대학교 총장(玄相允)을 비롯하여 중·고등학교 교장 이상 교육자 11명, 신문사 편집국장·주필 이상 언론인 6명, 이 나라를 대표하는 문필가 3명(춘원 李光洙, 수필가 金晋燮, 평론가 柳子厚), 현직 판사·검사 17명, 변호사 32명, 의사 11명, 양주삼(梁柱三) 등 저명한 목사 4명, 중앙청 과장급 이상 고위공직자 34명, 3·1운동 33인 중 1인인 최린(崔麟)을 비롯하여 중추원참의 이상의 친일파 7명이 있었다.

전국을 통해 변호사 총수가 겨우 100명을 넘을까말까 한 시대에 32명의 변호사가 종로구에서만 납치되어갔다는 사실에 치가 떨리는 아픔을 느낄 수밖에 없었다.

사망자 중에는 공습으로 혹은 시가전 때 유탄을 맞아 억울하게 죽은 사람도 많았겠지만 서울에서만 3만 명의 민간인 사망자가 집계되었으니 실로 놀라운 숫자이다. 그와는 별도로 문자 그대로 '학살'을 당한 자가 8,800명이나 집계되고 있다. 검사·경찰관·형무관, 군장교로 부대에서 낙오된 자, 우익청년단장과 대원, 그리고 동회장과 동회직원들도 학살되었다. '인민에 대한 적'이라는 죄명이었다.

공산군 점령 초기에는 시내 이곳저곳에서 이른바 '인민재판'이라는 것이 열렸고 이 재판에 회부된 피고인은 예외없이 "옳소"라는 강요된 구호와 박수에 의해 군중이 보는 앞에서 총살되었다.

행방불명자 중에는 인민위원회에 붙어 그 심부름을 하다가 월북한 자도 있었고 인민군(의용군)으로 강제 연행되어간 자도 있었다. 그러나 나는 그들 사망자, 행방불명자보다 강제로 납치되어간 사람들에게 더 많은 관심을 가진다. 그 중에 잘 아는 이름들이 적지 않게 포함되어 있기 때문이다.[1]

1950년 7월 16일의 용산폭격

대한민국 정부가 수원을 거쳐 대전으로 옮겨간 것은 전쟁이 일어난 이틀 후인 6월 27일 오후의 일이었다. 28일 새벽 인민군이 탱크를 앞세워 서울시내에 들어왔고 그때부터 서울시청 건물은 '서울시 인민위원회'로 그 간판이 바뀌었다. 각 구청은 각 구 인민위원회가 되고 각 동사무소에도 ○○동 인민위원회라고 쓴 흰 종이가 나붙었다.

전쟁이 일어날 당시의 서울인구는 150만이 조금 넘었고 그 중 10분의 1인 15만 명은 한강 남쪽(영등포구)에 살고 있었다. 한강 북쪽에 살고 있던 140만 명 중 한강을 건너 피난을 간 사람은 약 40만 명이었다고 하며

---

1) 일제시대에 특히 외과수술로 유명했던 백인제(白麟濟)는 친아우인 변호사 백붕제(白鵬濟)와 함께 납치되어갔으며 그 뒤의 소식은 전혀 알 수가 없다. 백인제는 인제대학 부속 백병원의 창립자였고 백붕제는 외아들로 영문학자인 동시에 '창작과 비평' 발행인 백낙청을 남겼다. 1940년대 초부터 1950년 한국전쟁이 일어날 때까지 서울변호사회 회장으로 있던 서광설(徐光卨)은 같은 변호사로 있던 아들(재원)과 함께 납치되었다. 백병원 형제나 서 변호사 부자는 북으로 끌려가서 어떻게 되었는지, 그리고 그 많은 피납자들 자제는 지금 어디서 무엇을 하고 지내는지 궁금해진다. 그러나 이 자리는 도시계획을 이야기하는 자리이니 쓸데없는 감상은 제쳐두고 한국전쟁 당시 서울의 물리적·공간적 피해에 대한 내용을 중점적으로 고찰한다.

그 중 80%는 광복 후 월남자들이었고 나머지 20%, 약 8만 명은 고급공무원, 자본가, 우익계 정치인, 군인·경찰관 가족이었다.

광복 후 월남자의 수가 많았던 것은 그들이 공산정권의 실태를 이미 충분히 체험함으로써 '도망가지 않고 서울에 남아 있다가는 죽는다'는 것을 알고 있었기 때문이었다. 결국 공산정권 90일간을 체험하게 된 서울시민은 약 100만 명 정도였고 그들 대다수는 '설마 생존이야 위협을 받을라고' 하는 생각이었다.

인민군에 의하여 점령되고 인민위원회 통치 아래 들어간 서울은 당장에 빨간색으로 변했다. 중심부와 변두리를 가릴 것 없이 거리의 모든 벽면은 공산주의를 찬양하는 붉은 벽보로 채워졌다. '인민해방군 만세!' '김일성 장군 만세!' '김책 장군 만세!' '서울인민위원회 위원장 이승엽 동무 환영 만세!' 등의 벽보였다.

삼삼오오 떼를 지어 다니는 인민군 장교들, 특히 여자군인들의 늠름한 모습이 기억에 남는다. 간혹 오산 등지에서 잡혀온 미군포로들의 행렬, 그리고 신부·수녀들 특히 서양인 신부·수녀들이 잡혀와 떼를 지어 끌려가는 것을 본 일도 있었다. 그러나 서울거리에 오가는 사람의 수는 눈에 띄게 줄었다. 젊은 사람들은 남녀 가릴 것 없이 집안에 꼭꼭 숨어버렸고 극도의 식량부족 때문에 보행도 삼갈 수밖에 없었다. 특별히 오가야 할 볼일도 없었을 것이다.

7월 1일에서 10일을 전후해서 전선은 수원·오산·평택을 거쳐 대전으로 내려가고 있었다. 그러나 표면상의 평온 속에서도 서울시내 한 곳에서만은 부산한 전투가 계속되고 있었다. 한강 위에 걸린 철도교량이었다. 용산과 노량진을 잇는 철도교량은 복선 1개, 단선 2개로 3개가 있었는데, 3개 모두 한강인도교가 파괴된 6월 28일 오전 2시 15분에 동시에 파괴되었다. 그런데 인민군 사령부는 파괴된 3개 철교의 수리를 시작하여 7월 3일 아침에는 수리가 완료되어 있었다. 철교의 수리가 끝나자 인민군은 100여 대의 전차를 화차에 싣고 한강다리를 건널 수 있었다. 문제는 이때부터였다.

아침이면 미군폭격기가 날아와서 철교의 일부를 파괴해버리고 떠나버리면 그때부터 다시 긴급 복구작업이 신속하게 전개되어 물자를 수송하는 일이 약 10일 정도 되풀이되다가, 7월 10일경에는 아예 인민군 곡사포부대가 효창공원 언덕에 주둔하기 시작했다. 이때부터 한강철교 파괴를 위한 미군비행기는 곡사포의 사격을 받았고 따라서 저공비행을 더 이상 못하게 되었다. 당시 용산구의 한강변 거주자들에게는 '미군이 습격, 곡사포 응사, 미군 추락 또는 폭격성공 귀환'의 장면은 매우 흥미있는 구경거리였다고 한다.

7월 1일부터 약 2주일간, 나는 신당동 친척집 비밀 지하실에 숨어 홍명희의 소설 『임꺽정(林巨正)』을 독파했다.

어둠 속에서의 독서에도 지쳐 그날은 아침부터 남산에 올랐다. 당시의 남산은 차량으로 넘나들 수 없었고 사람 한둘이 지나칠 수 있는 오솔길이 나 있었으며 산 전체는 울창한 솔밭이었다. 그날 7월 16일, 남산을 넘어 용산 어귀 후암동까지 왕복하는 동안 내가 만났던 사람은 단 몇 사람뿐이었고 남산은 문자 그대로 무인지경이었다.

당시 후암동에는 나의 은사 한 분이 살고 계셨다. 고려대학교 경제학과 교수 김삼수 선생이었다. 김 선생의 외삼촌은 개전 당시 대한민국 정부 국무총리 서리 겸 국방부장관 신성모였으므로 무엇인가 정보가 있을까 해서 방문한 것이다. 그 댁에서 점심을 대접받고 일찌감치 떠나서 지금의 해방촌 언덕을 걸어 남산 능선에 올라선 찰나였다.

비행기의 요란한 굉음에 놀라 뒤돌아봤더니 남쪽 하늘 일대가 대형 폭격기로 뒤덮여 있었다. 나는 너무나 놀라서 그 자리에 풀썩 주저앉았고 되풀이되는 폭격장면을 처음부터 끝까지 구경할 수 있었다. 나의 한 평생에서 가장 무서웠던 체험 중 하나로 기억되고 있다.

이 날 대형폭격기 약 50대로 용산일대를 쑥대밭이 되게 한 데는 몇 가지 이유가 있었다.

첫째가 용산의 철도시설 조차장·공작창을 완전히 파괴해버리는 것이 었다. 인민군의 보급로를 원천 봉쇄해버린다는 계산이었다. 한강철교를 아침에 와서 파괴해놓고 가더라도 긴급복구되어 밤이면 군수물자를 싣고 한강철교를 건너는 상황이 되풀이되는 것에 미공군당국이 지쳐버렸던 것이다.

두번째는 조선서적인쇄주식회사 공장을 파괴하는 일이었다. 한국전쟁 당시에 통용되고 있던 지폐는 100원권·50원권·10원권·1원권 등 4종류였으며 모두 조선은행 발행이었다.

1948년 8월 15일에 대한민국 정부가 수립되면서 지난날의 조선은행은 한국은행으로 바뀌었지만 6·25 때까지는 아직 한국은행권이라는 지폐를 발행하지 않았고 여전히 조선은행권이 발행·통용되고 있었다. 광복 후인 1945년 9월부터 이 조선은행권의 인쇄·발행을 전담해온 것은 용산구 용문동 38번지에 있었던 '조선서적인쇄주식회사' 공장이었다. 원래 이 회사는 1923년 2월에 설립된 조선총독부 직할 인쇄공장으로 관보·수입인지·우표 등을 인쇄하는 시설이었다. 그리고 광복 후인 1945년 9월부터는 조선은행권도 여기서 인쇄하게 되었고, 대한민국 정부가 수립된 후는 재무부 직할 인쇄공장이 됨으로써 은행권 전문 인쇄공장이 되었다. 바로 오늘날의 조폐공사 인쇄공장과 같은 시설이었다.

한국전쟁이 워낙 갑자기 일어났고 급격히 진행된 전쟁이었기에 질서를 찾을 수 없었던 것은 금융계도 마찬가지였다. 다행히 한국은행이 보유하고 있던 금괴 1.5톤, 은괴 2.5톤은 384개의 나무상자에 넣어 부산지점까지 무사히 피난시킬 수 있었다. 국방부 제3국장 김일환 대령이 한국은행 총재를 찾아가 사태의 위급함을 전하고 홍구표 대위 지휘하에 15명의 장병에게 금·은괴 후송을 전담케 한 결과였다.

문제는 지폐였다. 한국은행 본점은 물론이고 각 시중은행 본점·지점이 갖고 있던 일체의 지폐가 조선인민군 총사령부의 수중에 들어가버렸던 것이다. 인민군은 이 지폐로 식량과 마필을 조달했고 그 밖의 여러 가지 용도로 요긴하게 쓰고 있었다.

인민군 당국 그리고 서울시 인민위원회 위원장(이승엽)에게 지극히 다행했던 것은 각 중앙은행 본·지점이 남기고 간 지폐뭉치만이 아니었다. 무진장의 지폐를 찍어낼 수 있는 시설 일체를 완전한 모습으로 남겨놓고 간 일이었다. 물론 인민군 치하에서도 이 인쇄시설은 밤낮없이 가동되고 있었으니 서울시내의 인플레는 날이 갈수록 심해질 수밖에 없었다.

한국정부의 입장에서는 전쟁이 끝난 후의 경제복구를 위해서도 지나친 인플레현상은 막아야 했다. 그러기 위해서는 무엇보다도 먼저 조선서적인쇄주식회사 인쇄공장이 파괴되어야 했던 것이다.

세번째 이유는 효창공원 언덕에 설치되어 있던 곡사포진지의 파괴였으니 미군측으로 봐서는 당연한 공격목표였다.

한국전쟁에 미군이 개입한 초기, 7월 1~20일의 기간에 가장 문제가 되었던 것이 미공군 및 오스트레일리아 비행기에 의한 오폭 또는 오격이었다. 엉뚱한 곳을 폭격하고 인민군을 공격한다는 것이 한국군 행렬을 향해 기총소사를 퍼붓는 일이었다. 당시의 기록에는 그와 같은 오폭·오격의 사례가 여러 차례 보고되어 있다. 태평양전쟁이 끝나고 만 5년간의 공백이 있었다. 태평양 상공을 날았던 숙련된 공군장병 거의가 제대하고 군복을 새로 입은 장병들로 교체되어 있었다. 용산폭격은 그들로서는 처음 시도해보는 대규모 폭격이었다.

마포·용산일대에는 조선서적 인쇄공장을 닮은 대규모 건물군이 너무나 많았다. 따라서 마포에 있던 서울형무소 건물과 형무소 벽돌공장, 청파동 3가에 있는 선린상업학교, 효창동에 있던 철도관사 등의 건물군을 향해 대형폭탄이 마구 퍼부어졌다. 건물을 바로 맞힌 폭탄보다도 이웃한 개인집에 떨어진 폭탄이 더 많았다.

국방부 정훈국 전사편찬회가 1951년 10월에 발행한 『한국동란 1년지』 일지편, 그리고 국방부 전사편찬위원회가 1979년에 발행한 『한국전쟁사』 2권에 실린 연표에도 1950년 7월 16일란에 "B-29 편대 50기 이상 서울 조차장 폭격"이라고 짤막하게 기술되어 있다. B-29라면 1945년 8월에 일본의 히로시마와 나가사키에 원자폭탄을 투하한 보잉 B-29이며 1940년대 초부터 1959년까지 미공군이 보유했던 대형 전략폭격기였다. 좌우 날개의 길이가 70m에 달했고 항속거리도 굉장히 길어 당시는 이 폭격기를 가리켜 '하늘의 요새' '나는 항공모함'이라고 불렀을 정도로 대형 고성능의 폭격기였다.

이 폭격은 당시 용산에 거주했던 모든 주민은 물론이고 서울시내 거주자 모두에게 잊을 수 없는 것이었다. 폭격개시 시각은 오후 2시경, 폭격시간은 아마 40분에서 1시간 이상이었을 것이다. 그리고 그 피해지역은 이촌동에서 후암동까지, 서쪽으로는 원효로를 지나 마포구 도화동·공덕동까지 이르렀다. 일제시대 대표적 건물의 하나였던 용산역사 건물, 용산에 있던 철도국, 용산·마포의 두 개 구청도 모두 이때의 폭격으로 소실되었다. 아마 이 폭격 당시 용산·마포에 거주했던 사람은 모두가 죽음을 각오했을 것이다. 수많은 건물이 파괴되었고 많은 사망자를 낸 대폭격이었다.

이 7월 16일의 폭격으로 용산역 구내의 철도시설 중 많은 부분이 철저히 파괴되었다. 그러나 이 폭격이 있고 난 후에도 그 수가 훨씬 줄기는 했지만 군수물자를 실은 화물열차는 여전히 용산역을 출발하여 한강철교를 건넜다.

국방부 정훈국이 1953년에 발행한 『한국동란 1년지』 제4부 통계편에서는 한국전쟁 당시 미군폭격 때문에 사망한 서울시민은 4,250명, 부상자는 2,413명이었다고 집계하고 있다. 그리고 구별내역을 보면 용산구의 사망자가 1,587명으로 37.3%, 부상자가 842명으로 34.9%를 차지하고 있다. 용산구의 사망자 1,587명, 부상자 842명의 거의 전원은 바로 7월 16일 오후에 있었던 대폭격의 결과였던 것이다.

그러고도 한 달 정도 더 서울에 머물러 있었던 나는 이 용산폭격이 있은 뒤에 적지 않은 전쟁고아가 거리를 방황하는 것을 보았으며 거지의 모습도 눈에 띄게 많아졌음을 생생히 기억하고 있다. 지금도 간혹 이때의 폭격을 이야기하는 노인들을 만날 수 있다. 이 폭격으로 가족을 잃었다느니 가산을 탕진했다느니 하는 체험담을 들을 때마다 깊은 감회를 느끼는 것이다.

주일대표부 김용주 공사와 서울폭격

7월 16일의 용산폭격이 있고 나서 약 한 달 반 동안 서울시내에는 유엔군 공군기에 의한 폭격은 거의 없었던 거나 마찬가지였다. 서울근교를 오가는 화물트럭이 미군기에 의해 습격되기도 했고 청량리역에 정거하고 있던 철도차량이 폭격을 맞기도 했지만 여하튼 8월 말까지의 서울 하늘은 몇 대의 정찰기가 수시로 떠다닐 뿐 평온한 나날이었다.

1948년 8월 15일에 새 정부가 수립된 대한민국은 일본과는 국교가 없었다. 당시의 일본은 태평양전쟁에서 승리한 연합국의 점령 아래 있었고 국정 전반이 연합국 최고사령관 총사령부의 통제 아래 있었다.

일본이 연합국의 점령에서 해제되어 완전 독립국이 된 것은 미국과의 사이에 평화조약이 효력을 발생하는 1952년 4월 28일 이후의 일이었다. 그리고 대한민국과 일본이 국교가 정상화되는 것은 한·일 기본조약이 체결되는 1965년 6월 22일 이후의 일이었다.

그러나 이렇게 국교가 정상화되기 전에도 한국과 일본 간에는 여러 가지 외교문제가 사실상 존재했고 그 비중은 대단히 컸다. 일본에 거주하는 70만 교민의 보호와 영사관계, 전신·전화문제, 어업권 분쟁 등이 그것이었다. 연합국 최고사령부와의 교섭이라든가 일본과의 사실상 외교문제의 처리 등을 위한 기구로 대한민국을 대표하는 외교기구인 '주일대표부'라는 것이 도쿄에 설치된 것은 1949년 1월 14일이었다. 그리고 대한해운공사 사장이었던 김용주가 주일대표부 전권공사로 임명된 것은 한국전쟁이 일어나기 20일 전인 1950년 6월 6일이었다.

당시의 한국은 아직도 세계 여러 나라들과 외교관계를 맺고 있지 않았고 겨우 주미대사, 주영공사, 주프랑스공사 등을 파견하고 있었다. 주미대사는 훗날 제2공화국 내각수반이 되는 장면, 주영공사는 초대 외무장관 장택상, 주프랑스공사는 초대내무장관 윤치영이었으니 주일대표부 전권공사라는 직책은 대단히 큰 비중을 지닌 자리였다. 일제시대 때 5년제인 부산상업학교를 나온 학력에다가 경북도의회 의원 경력밖에 지니지 않았던 김용주가 해운공사 사장을 겸직한 채 주일대표부공사가 된 것은 정말 파격적인 인사였다. 이승만 대통령이 김용주를 이렇게 높이 평가했던 이유를 알 수가 없다.

김용주가 80세 되는 해인 1984년에 발간한 『나의 회고록, 풍설시대 80년』이란 책자에 한국전쟁 당시의 비화를 다음과 같이 기록하고 있다. 약간 장황할지 모르나 미군 비행기의 서울폭격과 관련해서 대단히 중요한 사료이므로 다음에 소개해본다.

폭격을 모면한 서울 문화재

1950년 9월로 접어들면서 동경 항간에선 미군반격 상륙작전 박두설이 파다하게 떠돌기 시작했다. (……) 전략상으로나 지리상으로 장차 미군이 택할 대규모 상륙지점은 인천이나 군산지방이 아닐까 싶었다. 그리하여 미군은 군산이나 인천에서 서울로 일로 진격할 것이다.

인천이라면 그것은 수도 서울과는 근거리의 지역이다. 그러므로, 자군의 희생을 최소한으로 줄이기 위해서 우선 점령에 앞서 그 점령목적지에 치열한 공폭을 가하는 미군의 재래전략에 비추어 이번에도 미공군은 필시 상륙작전 개시에 앞서, 수도 서울에 산재한 모든 북괴군 진지에 대해 전략적 대 폭격을 가할 것이고 (……) 서울시내 모든 것을 완전 파괴·소각하는 전법을 쓸 것이다.

불바다의 서울! 페허의 서울! 사태가 이렇게 번지면…….

나는 머릿속에 한 줄기의 우려가 짚였다. 즉 미공군의 전면폭격 바람에 수도 서울에 담긴 귀중한 우리 고유문화재와 사적들이 모조리 파괴될 것 같아서였다. 나는 이 문제가 너무도 심각하게 느껴져 SCAP에 맥아더 장군 면회를 요청했다.

(……)

나는 맥아더 장군에게 인사를 건넨 후, 유엔군 반격에 따른 서울시 수복전략에 대해 의견을 말씀하려고 왔다는 말을 전제하고 서울시 공략에 있어서는 비록 시일이 걸리고 어느 정도 희생이 나더라도 전면폭격 같은 것은 하지 않도록 해달라고 강조했다.

맥아더 장군은 성급한 내 말에 선뜻 납득이 안 가는 모양인지 "왜요? 폭격에 의해 서울거리가 잿더미로 화하는 것이 안타깝다는 뜻인가요?" 하고, 도리어 이렇게 반문을 했다.

"네, 한마디로 말해서 그렇습니다."

"그렇다면 김 공사, 그 점은 걱정 마시오. 원래 도시란 천재 또는 전화(戰禍) 등을 한 번 겪고 나면 그전에 비해 몇 갑절 더 크고 좋은 새 도시로 부흥되게 마련이오. 더욱이 이번 한국의 경우에 있어서는 전후 우리 미국이 책임을 지고 재건을 도울 것이니 따라서 서울은 앞으로 이상적인 현대도시로 탈바꿈 할 것이오."

(……) 그러나 나는 나대로 다시 다음과 같은 의견을 제시했다.

"그것은 나도 짐작합니다. 물론, 서울시가 전후에 훌륭한 신도시로 복구되는 것은 좋은 일입니다만 그러나 나는 서울에 있는 우리 문화재와 사적이 타 없어지는 것을 가장 가슴 아프게 생각합니다. 우리 한국은 장구한 역사와 고유문화를 가진 나라입니다. 그러나 유감스럽게도 과거 몇 차례에 걸친 외적의 침략으로 찬란한 문화재와 사적들은 그때마다 불타버렸거나 또는 파괴·약탈을 당해서 지금은 얼마 남지 않았는데 그것도 대부분 서울에 보존되어 그런 대로 그 자취를 찾아볼 수 있는 사정입니다. 거기에 이번 폭격이 시작되면 그것마저 완전히 소멸될 우려가 있습니다.

우리 한국민족은 마지막 남은 그 역사적 문화재와 사적들에 그지없는 긍지와 뜨거운 민족의 얼을 느끼고 그 보존에 온갖 정성을 다해 왔습니다.

그런 문화재, 그런 사적들입니다. 전후에 생길 이상적 신도시도 좋습니다만 해석 여하에 따라서는 우리의 민족감정과 염원은 몇 개의 신도시보다 여기에 비중을 더하고 있다해도 과언이 아닐 것입니다. 각하, 그런 뜻에서 서울 폭격계획을 철회하실 수는 없겠습니까?"

(……) 그러나 옆자리의 힉키 참모장은 그것은 그것이고 작전은 작전이란 듯이, "하지만 전략상 서울폭격을 안 할 수 없는 일이 아니겠소" 하고 약간 퉁명스럽게 대꾸했다.

맥아더 장군은 그 말을 가로막듯, "아니오. 김 공사는 매우 뜻 깊은 말씀을 했소" 하고, 힉키 참모장에게 김 공사의 의사를 신중히 검토해보라고 분부했다.

(……)

힉키 참모장은 벽에 붙어 있는 지도 중에서 정밀한 서울시가지도 한 장을 떼어 테이블 위에 펼쳐놓고 나로 하여금 문화재와 사적보존을 위해 파괴해서는 안 될 지점을 차례차례 색연필로 표시하라 했다.

나는 처음엔 덕수궁·경복궁·창경궁·남대문·동대문 등 몇 군데를 중점적으로 가려 붉은 칠을 하다가 (……) 내친걸음에 한술 더 떠 대략 정동을 기점으로 남대문을 거쳐 퇴계로에 이르는 반월형의 지형을 따라 광범위하게 선을 긋고 그 선의 동·남·서를 모두 폭격대상에서 제외해달라고 말소리에 힘을 주었다.

이에 대해 참모들은 서울 지도상의 시외로 뻗는 도로들을 동서남북으로 나누어 면밀히 검토하더니 내가 그려 보인 그 선엔 전략상 도저히 따를 수 없다고 잘라 말했다.

그래서 나는 다시 범위를 좁혀 정동에서 을지로·왕십리에 이르는 선을 그어 보였다. 그것도 용납할 수 없었던지 힉키 참모장은 이번엔 아예 나를 제쳐놓고 자기가 손수 색연필을 들었다. 그는 정동에서 구부스름하게 청계천으로 선을 그어 보이며, 이 정도로 최선을 다해보겠지만 그렇다고 절대보장은 다짐할 수 없으니 양해하라고 덧붙였다.

나는 다시 힉키 참모장이 그어 보인 그 선에서 자칫 밖으로 밀려나갈 위험성이 내다보이는 덕수궁과 처음부터 선 밖에 놓이게 된 남대문 등 두 지점에 굵은 동그라미를 그려 보이고, 위치가 위치인 만큼 이 두 지점에 대해서는 특별 배려를 잊지 말아달라고 거듭 부탁했다.

이윽고 참모들과 이야기를 마치고 전쟁상황실을 나와서 맥아더 장군을 다시 만나, 충분한 합의를 보았다고 감사의 인사를 했더니 맥아더 장군은 "오늘, 김 공사는 나에게 좋은 어드바이스를 해주어 대단히 기쁩니다. 최선을 다해보겠습니다" 하고 내 등을 정답게 두드렸다.

이리하여 그 뒤, 미공군의 서울폭격은 이런 사려하에 결행됐다. 그리고 미공군은 나와 힉키 참모장 사이에 맺어진 그 절충안을 진지하게 지켜 서울의 문화재와 사적들은 전화를 모면하게 되었다.

맥아더 사령관이 감행한 '인천상륙작전'은 엄청나게 큰 모험이었다. 성공할 확률이 아주 의심되는 작전이었기 때문에 면밀한 사전계획이 세워졌음은 당연한 일이다.

1950년 8월 30일 도쿄에서 개최된 연합작전회의에는 육·해·공군의 최고사령관들이 모두 참석했는데 이때 제시된 그림이 전해지고 있다. 상륙작전 수행상 작전의 농도에 따라 Dump니 Mud니 Oboe니 하는 약호를 쓰고 있는데 Dump와 Mud가 가장 중요한 지역 즉 '폭격구역'이었고 '인천과 서울'이 그 안에 포함된 것은 당연한 일이었다.[2]

인천 주변 50km 내에 대한 폭격은 9월 9~13일의 5일간 집중되었다.

---

2) 이때 이 작전지도에 붙여진 이름들, Dump, Mud, Oboe, Wet, Nan, Peter, Miki, Gueen은 아무런 뜻도 가지지 않는 단순한 철자였던가, 아니면 뜻을 부여했던 낱말이었던가. 적어도 이런 이름을 지었던 작전참모의 머릿속에는 무엇인가를 의식하고 있었을 것이다. Miki와 Gueen은 사전에도 없는 낱말이지만 혹 무슨 속어(俗語)가 아니었을까. Peter는 남자이름, Nan은 여자이름이다. Wet는 깊은 바다니까 '습기'로, 수원에서 춘천까지의 일대는 비교적 높은 지대였다고 해서 높은 음을 내는 악기이름, Oboe를 썼던 것인가. 상륙함정이 정박하는 인천해안을 Dump로 한 것은 '상륙함정의 임시정박소'라는 뜻을 가졌던 것 같다. 그렇다면 인천·김포·서울을 구획하여 Mud(진흙, 진창, 하찮은 것)로 한 이유는 무엇인가. 인민군에 의해서 '진흙탕이 된 곳' '엉망진창인 지대'라는 뜻인지 아니면 '하찮은 지역이니 싹 쓸이해버리자'는 뜻이었는지, 지금의 나로서는 이런 식의 추리밖에는 더 발전할 수가 없다.

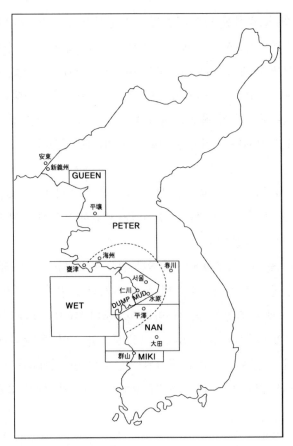

인천상륙작전 때의 군사지도

그러나 구체적으로 '어디에서 어디까지를 폭격했다'는 기록은 없다. 공식적으로 남아 있는 것은 "인천 중심 반경 50km 이내의 도로·교량·터널·조차장 등 교통의 요점이 될 만한 것은 전부"라는 기록뿐이다. 아마 인천과 서울의 경우는 인민군 집단지역, 군수물자로 생각되는 물체의 집적지, 시가전이 전개되었을 때 적의 방어진지가 될 만한 지역 등이 폭격되었을 것이다.

김용주 공사의 간곡한 부탁을 맥아더 사령부가 받아준 결과였는지 모르겠지만 종로거리 즉 서대문에서 동대문에 이르는 신문로, 종로를 경계로 그 이북지역에는 폭격을 하지 않았다. 즉 종각에서부터 관철동 일대, 종로 4·5가에서 청계천에 이르는 일대는 폭격을 당했지만 그 밖의 종로구 일대는 전혀 폭격을 당하지 않았다.

그런데 김용주 공사의 부탁은 거꾸로 말하면 미군들의 입장에서는 한국 최고급 외교관으로부터 남대문과 덕수궁을 제외한 청계천 이남지역은 무차별 폭격을 해도 괜찮다는 '면죄부'를 받은 것이 되지는 않았을까.

2. 세기의 대도박 – 인천상륙작전

인천상륙작전의 성공

인천상륙작전은 그 자연조건의 제약 때문에 성공할 확률보다 실패할 확률이 훨씬 더 높았다. 세계 제2의 조수간만의 차이(평균 6.9m). 하루에 두 번씩 있는 만조시가 아니면 비어수도(飛魚水道) 좁다란 물길을 따라 한 줄씩의 함선 출입만이 가능하다. 그리고 바다 밑이 진흙이기 때문에 사람의 무게를 지탱하지 못한다. 따라서 함정에서 내린 자는 수륙양용 장갑차나 상륙용 주정 LST를 타고 안벽까지 바싹 다가가야 한다. 또 안벽의 높이가 5m나 되기 때문에 일일이 사다리를 놓아 기어올라가야 한다. 따라서 안벽을 따라 방어병력이 깔려 있으면 상륙병력은 남김없이 소탕되어버린다.

만조 때의 수위가 가장 높은 날은 9월 15일이고 이 날을 놓치면 10월 11일, 11월 2일로 예정되나 10월 이후가 되면 대한해협(현해탄), 서해바다 모두 계절풍 때문에 큰 선단의 항해는 곤란해진다. 또 9월 말까지 부산 교두보가 지탱해줄지도 의문이다. 상륙 당일의 기상조건이 나빠 만약 태풍이라도 분다면 모든 것은 끝장난다.

이것이 인천항이 지닌 지리적·지형적·기상적 조건에서 본 실패요인이었다. 그 밖의 미국의 군최고사령부 및 자유진영 군사전문가들이 이 상륙작전을 반대했던 이유는, 첫째 상륙작전은 제2차세계대전 때나 통했던 것이라 이미 낡은 수법이 되었다. 둘째 부산에서 440km나 떨어져 있는 인천에 상륙한다 해도 부산교두보가 당면하고 있는 위험성이 약화되지 않는다. 가뜩이나 적은 병력을 인천과 부산으로 분산 투입하는 것은 바로 부산 교두보 자체를 약화시킬 뿐이 아닌가. 셋째 당시 일본에 있던 미군은 한국전쟁이 일어나자 차례로 동원되어 마침내 제7보병사단만이 남았다. 그런데 이 제7보병사단마저 인천상륙작전에 동원된다면 일본은 무방비상태에 놓이게 되는데 그래도 괜찮은가(혹 소련이나 중공에서 일본에 침공해오면 하루아침에 점령당할 수 있다). 넷째 지금 부산교두보를 지탱하고 있는 미 제8군에 대한 보급용 선박 중의 적지 않은 부분이 인천상륙작전의 보급에 동원된다. 만약 인천상륙작전이 실패로 돌아가 이들 보급용 선박을 상실한다면 제8군에의 보급도 끊어지게 되고 마침내는 미8군이 철수도 할 수 없는 상황에 이를 수 있다. 그리하여 이 작전은 "5천분의 1의 확률밖에 지니지 않은 큰 내기" 또는 "세기의 대도박"이라고 혹평되었다.

인천상륙작전은 10여 개 정도의 함선에 몇천 명의 군인을 상륙시키는 규모가 아니었다. 이 작전에 참가한 구축함·순양함 등 함정만도 261척이었다. 유엔군이라는 명칭에 걸맞게 미군의 각종 함정 226척, 한국군 15척, 영국군 12척, 캐나다군 3척, 오스트레일리아군 2척, 뉴질랜드군 2척, 프랑스군 1척의 편성이었다. 동원된 장병이 약 9만 명, 무기·탄약·

식량 등 보급품이 3천 톤이었다. 이것을 모두 상륙시켜야 된다는, 문자 그대로 '세기의 대작전'이었던 것이다.

이 엄청난 작전은 당초에 계획했던 대로 1950년 9월 15일 새벽에서 오후에 걸쳐 이루어졌으며 오후 7시에는 완전한 성공이 확인되었다. 이 작전은 북쪽의 인민군 총사령부가 "그렇게 조건이 나쁜 인천에는 절대로 상륙해오지 않는다"고 확신한 나머지 이 일대의 방어가 너무나 허술했기 때문에 성공했다. 맥아더 원수의 예측이 적중했던 것이다. 전서방세계가 한 목소리로 격찬을 퍼부었다. "5천 분의 1의 내기" "세기의 대도박"에서 이긴 것이다.

영등포 시가전

다음날인 9월 16일 아침, 인천상륙의 선봉이자 주력부대였던 미 제1해병사단 휘하의 3개 연대는 각각 역할을 분담했다. 제5연대는 경인국도의 북쪽을 택해서 서울에 진격하고 제1연대는 남쪽을 택해서 서울에 진격하며 제7연대는 예비병력으로서 당분간 인천수비를 담당한다는 것이었다.

경인국도 남쪽으로 향했던 미해병 제1연대는 한강을 건너기 전 영등포에서 적군의 완강한 저항을 받았다. 9월 20일이었다. 미 제10군단장 알몬드 소장은 미 제1연대 본부에서 포병부대와 항공대로 하여금 영등포 시가지에 대한 맹폭을 명령했다. 북한군의 사기를 떨어뜨림과 아울러 시설 일체도 미리 파괴해두려는 속셈이었다.

9월 21일 아침 6시 30분, 이미 1,800발의 포탄·폭탄이 투하되어 공격 준비사격은 끝나 있었다. 호킨즈와 사타의 양 대대는 영등포의 서북과 서남을 향하여 공격을 개시했다. 그러나 인민군의 저항은 결사적이었다.

좌익을 담당한 호킨즈의 제1선은 안양천 제방을 넘을 수가 없었고 우익을 맡은 사타 대대는 안양천을 건너는 데 1만 85명의 사상자를 내었을 뿐 아니라 내를 건넌 후 적진 아주 가까운 거리에서 오도가도 못하는 상태가 되었다. 북한군이 영등포 남측 고지에서 쏘아대는 대포와 박격포의 사격은 살인적이었다. 파머 연대장은 오후 늦게 예비로 두었던 제3대대로 하여금 사타 대대를 초월공격하도록 했지만 별로 진전이 없었다.

그런데 시가의 양 돌각에서 격전이 전개되고 있을 때 시가 중앙부에서는 예기치 않은 일이 일어나고 있었다. 제1선 독려를 돌고 있던 호킨즈 중령이 영등포 적진지를 상세히 정찰해보았더니 북한군은 시가 중앙부에는 거의 배치가 되어 있지 않았다. 호킨즈 중령은 예비의 A중대로 하여금 그 틈을 찌르게 했다.

A중대장은 고지 끝에 있던 유수지제방에 3개 소대 전병력을 나란히 서게 한 후 일제히 제방을 넘어 안양천 서쪽제방에 붙어 태세를 정비했다. 거기서 허리까지 진흙이 차는 안양천을 단숨에 건너고 동쪽제방 그늘에 숨어 돌격태세를 갖춘 후 쏜살같이 영등포 중앙부를 향해 돌진했다. 그동안 중대는 한 발의 총격도 입지 않았으며 또 시내에는 한 사람의 북한병사도 없었다. 중대의 좌우후방에서는 격심한 총포성이 나고 있었으나 영등포 시가는 죽음의 거리처럼 조용하여 오히려 기분이 나쁠 정도였다.

바로 중대는 시가 중심부를 향해서 전진, 약 600m 정도 진입하여 중앙 십자로에 다다랐다. 그러나 왼쪽에서 진격해오도록 되어 있는 B중대의 모습은 전혀 보이지 않았고 또 적병도 만나지 않았다. 그런데도 좌우후방에서 들려오는 총포성은 조금도 약해지지 않았다. 바로 대위는 대대장에게 "중대는 영등포 시가 중앙에 600m 정도 진입했으나 적도 우리편도 만날 수 없었다"라고 보고했다. 호킨즈 대대장은 "상관치 말고 계속 나아가라"고 지시했다.

바로 대위는 상황을 판단해보았다. "중대는 북한군 배치의 틈 사이에 잠입하여 지금은 적진의 한복판에 진출해 있다. 중대는 전진을 계속하여 적의 퇴로를 차단해야 한다"라는 결론에 도달했다. 중대장교들 중에는 "우리 중대만이 고립되는 것이니 위험하다"라고 상신하는 자도 있었고 "우리 중대는 적의 올가미에 걸린 것이다. 적은 고의로 중대를 끌어넣어 포위한 것이다"라고 주장하는 자도 있었으나, 바로 대위는 밀고나갔다.

중대는 서울방면에서 구보로 증원해온 수십 명의 북한병사를 매복해 기다렸다가 괴멸해버린 후 정오경에 시가의 동쪽 끝에 진출했다. 그곳에는 높이와 폭이 10m인 축대 위로 경부국도가 동서로 뻗어 있었다. 중대는 이 도로제방에 진지를 구축했다. 길이 150m 정도의 띠와 같은 진지였으며 제방에 판 2인용 '벙커'로 연접된 모양이었다. 제방 남측에 있던 대원들은 시가의 중심을 바라보고 있었고 300m 정도 전방에 북한군 탄약고가 있는 작은 빌딩이 보였으며 그 너머에 있는 시가 중심부에는 구청·재판소 그리고 약품창고인 5층빌딩 등이 서 있었다. 북측에 있던 대원들에게는 여의도비행장이 내려다보였고 그 너머에는 서울의 집들이 희미하게 보였다. 중대는 진지공사를 하면서 북한군의 공격이 있을까 조마조마해하며 기다렸으나 그들은 시가지 양단의 전투에 몰두하고 있는지 공격해올 기색이 전혀 없었다.

겨우 오후 늦게 북한군의 소부대가 정찰적인 공격을 해왔다. 중대는 어렵지 않게 이를 격퇴했으며 그때 탄약고를 폭파해버렸다. 흡사 원자구름과 같은 버섯모양의 연기가 하늘로 솟아올랐다.

오후 늦게 5량의 T-34 전차가 시가 중앙에서 나타나 바로 중대의 진지가 있는 제방의 남측을 30m 정도 떨어져 평행으로 달리고 있는 길을 왕복하면서 5회에 걸쳐 85mm의 주포와 기총으로 맹격을 가해왔다. 대원들은 제방의 깊은 호 속에 들어가서 숨었고 바주카포원들만이 응전했으나 이 대결은 볼 만한 것이었다. 바주카포는 맨 앞 전차의 포탑에 구멍을 뚫었고 이어서 2량을 격파했으며 나머지 2량의 전차는 산산이 부서져 퇴각했다.

이윽고 북한군의 야습이 시작되었다. 그들은 오후 9시경부터 한밤중에 걸쳐 함성을 지르면서 네 차례나 돌격을 되풀이했다. 중대는 그때마다 화력을 집중하여 격퇴했으나 4회째는 적을 진지 앞 10m 정도까지 유인해놓고 일제히 사격했다. 북한군은 집 뒤에 숨어 5회째의 야습을 준비하고 있었다. 장교가 큰 소리로 "마지막 돌격이다"라고 사기를 고무하고 있는 소리가 들려왔다. 중대의 탄약도 이제 얼마 남지 않았다. 모두가 각오를 다짐했을 때 웨브 하사가 몸을 숨겨 접근하여 그늘에서 훈시 중인 지휘관을 저격했다. 5회째의 야습은 함성을 지르는 것만으로 끝났다.

이윽고 일대가 조용해졌다. 북한군은 퇴각한 것 같았다. 새벽이 되어 날이 밝고 보니 바로 중대의 제방진지 앞에는 275구의 시체와 50정 이상의 화기가 흩어져 있었다.

미해병 제1연대는 영등포를, 미육군 제7사단(32연대)은 그 남쪽, 지금의 관악·구로구 일대의 적군을 완전히 소탕해버렸다. 그리고 미해병 제1연대와 미육군 32연대는 여기서 헤어졌다. 해병연대는 영등포에서 여의도를 거쳐 서강 쪽으로 한강을 건넜고, 육군 제32연대는 흑석동을 거쳐 지금의 서초구 사평리에 도착했다. 그리고 얼마 후에는 그동안 안양·수원 방면의 공격을 담당했던 미보병 제7사단 주력도 사평리에 도착하여 제32연대와 합류했다.

치열한 서벽(西壁)전투

경인국도의 북쪽을 담당한 미해병 제5연대는 한국해병 1개 연대를 동반하고 있었다. 한국해병 제1대대 병력을 동반한 미해병 제5연대가 행주나루를 거쳐 행주산성을 점령한 것은 9월 20일 9시 40분이었다. 그리고 그날이 어둡기 전에 미해병 제5연대 전원, 한국군해병 제1·2대대 전병력이 한강을 건넜다. 이렇게 경인국도 북쪽으로 향한 부대는 물론 적군의 저항도 받고 사망자도 부상자도 내기는 했지만 여하튼 서울의 서쪽 교외에 진지를 구축할 수 있었다.

해병 제5연대와 한국해병 제1·2대대가 서울의 서쪽 교외 모래내에 진출한 것은 9월 21일 저녁이었다. 이때 맥아더 장군을 비롯한 모든 사람들, 한·미 양국 장병은 물론이고 종군기자들, 일본 도쿄에 있던 세계 각국의 군사평론가, 신문·잡지 기자들까지 모두가 내일(22일)이면 서울을 탈환할 수 있을 것이라고 생각했다고 한다.

서울의 서쪽을 지키고 있는 벽은 무악재(鞍山) 산계이다. 산맥이라고 할 만큼 크지는 않지만 높이 296m의 안산을 기점으로 남쪽으로 흘러 금화산(105m)·노고산(105m)·와우산(105m)으로 이어지는 남북 4km, 넓이 500~2,000m의 이 산계는 공격하는 쪽에서는 결코 쉬운 벽이 아니다. 또 금화산·노고산·와우산 등 3개의 봉우리가 모두 105m 고지라는 것도 우연의 일치라고 하기에는 좀 희한한 일이다.

미군들은 이 3개 고지를 고유명사로 부르지 않고 105북고지, 105중고지, 105남고지라고 불렀다. 그리고 이들 105고지 일대는 일제시대 일본 군인의 연병장구역이었고 광복 후에는 한국군의, 또 6·28 이후는 북한군의 연병장이기도 했다. 지금은 건물이 밀집해서 상상도 할 수 없게 되었지만 60~100m 정도의 언덕이 수없이 연이어 있었다.

일제시대, 일본군은 이곳에 군사연습용의 각종 방어진지 특히 토치카(병커)라든가 동굴, 옆 구멍 모습이 길쭉한 진지, 덮개를 친 교통호(壕) 등을 구축하여 훈련을 했기 때문에 이곳은 마치 요새 같은 모습을 하고 있었다.

인천상륙작전이 시작되자 인민군은 서울시민 남녀노소를 가리지 않고 전시민을 동원하여 서울 주위의 산들과 시가지 안에 진지구축을 개시했다. 무악재 산계, 북한산 산계와 남산을 중심으로 한 남측 고지대에 참호를 파고 요소요소에 동굴을 팠으며 시내교통의 요지마다 바리케이드를 치고 중요 건축물을 토치카화해갔다. 서울시 안팎이 온통 미친 것 같은 모습이었다고 한다.

이때 서울방어를 맡았던 북한군 주요부대는 제18사단과 제105기갑사단, 독립 제25여단과 독립 제78연대 장병이었으며, 그 총수는 약 2만 5천 명 정도였다고 한다. 그들의 방어진지는 주로 무악재산계, 금화산·노고산·와우산 등 3개의 고지를 중심으로 한 일대의 능선에 집중되었고 이곳을 지킨 북쪽군대는 독립 제25여단과 독립 제78연대였다.

제25여단은 낙동강전투에 파견되기 위해 약 한 달 전에 강원도 철원에서 편성되어 훈련을 쌓고 있다가 9월 15일에 급거 서울방어 명령을 받고 기차를 타고 19일에 서울에 도착해 있었다. 그 총원은 약 2,500명이었으며 보병 2개대대, 중기관총 4개대대, 공병 1개대대, 76mm카농포 1개대대, 120mm박격포 1개대대를 기간으로 한 특이한 편제였고 방어전문부대였다.

9월 22일 아침, 서울의 서벽, 무악산산계는 제25여단과 독립 78연대가 지키는 철벽이 되어 있었다. 22일 아침부터 시작한 서벽공격은 미해병 제5연대만으로 시작되었다. 제3대대가 안산에서 105북고지까지를 맡고 신현준 대령이 이끈 한국해병 제1·2대대가 105중고지 일대를 맡았으며 미해병 제1대대가 105남고지를 맡아 일제히 공격을 개시했다. 그러나 이미 철벽이 된 서벽은 끄떡도 하지 않았다.

금화산 고지를 점령한 한국 해병대원들이 불타고 있는 도심부를 바라보고 있다(1950. 9. 25).

인천의 항공모함을 출발한 콜세아비행기가 하늘에서 공격했고 지상군은 산등성이를 향해 포탄을 퍼부었다. 문자 그대로 혈투이고 사투였다. 미 해병 제3대대는 간신히 안산 산정을 점령할 수 있었으나 금화산 산정에는 접근할 수 없었고 한국해병대는 노고산을 탈취하지 못했다. 와우산을 담당한 미해병 제1대대가 고지를 탈취한 것은 22일 오후 5시 30분이었다. 그러나 다음날 낮에 인민군의 결사적인 반격을 받아 와우산은 다시 적군의 수중으로 들어갔다.

22일 아침에 인천을 출발한 미해병 제7연대가 23일 행주에서 한강을 건너 미해병 제5연대의 후방에 진을 쳤고, 영등포 소탕작전을 맡았던 미해병 제1연대는 25일 아침에 밤섬을 거쳐 서강나루에 상륙했다. 이때쯤에는 그렇게 튼튼하던 서벽 언덕도 하나씩 무너지기 시작했다.

안양·수원 등지를 제압했던 미육군 7사단 제32연대가 한강 남쪽 사평리에서 서빙고나루를 건넌 것은 25일 새벽이었고 그동안 김포비행장을 지키고 있던 한국군 제17연대가 그 뒤를 따랐다. 미군(제32연대) 3,110명, 한국군 1,802명 합계 4,912명이 서빙고나루를 건넌 것이었다. 그리고 마운트 중령이 이끄는 제32연대 제2대대가 서울의 남쪽 벽, 남산 정상을 점령한 것은 25일 오후 3시였다. 서벽이 철옹성이었던데 비해 남벽의 수비는 거의 없는 것이나 마찬가지였다.

3개의 105고지를 중심으로 이루어진 서벽이 허물어지기 시작한 것은 25일 오후에 들어서였다. 그리고 그 패주를 결정적인 것으로 만든 것은 미군의 탱크와 불도저였다. 참호는 화염방사기로 잠을 재웠고 그래도 저항할 때는 불도저로 구멍을 메워버리는 전법을 썼다. 서벽전투의 남쪽을 맡았던 미 해병들과 한국해병들이 마포 전차종점과 용산역을 거쳐 삼각지 근처에 도달한 것은 25일 저녁이었다. 당시의 마포구 아현동·공덕동·도화동일대는 민가보다도 채소밭·갈대밭이 훨씬 더 많았으며 여기저기 몇 그루의 고목나무가 서 있는 벌거숭이 언덕의 연속이었다. 22일 아침에서 25일 오후까지 계속된 혈투에서 아현동 일대의 민가는 거의 전멸되다시피 파괴되었다.

서울 시가전과 인민군의 방화

9월 26일 아침, 서울의 남벽, 남산을 점령한 미육군 32연대는 계속해서 동대문·낙산 쪽을 점령해갔고 미군에 뒤이어 서빙고에서 상륙한 한국군 제17연대는 훨씬 더 동쪽으로 가서 지금의 광진구·중랑구 쪽 용마산 일대의 인민군 진지를 공격하고 있었다.

서울 시가지, 4대문 안의 적군 소탕은 서울 서벽을 쟁취한 미해병 제1사단이 담당했다. 여기서도 연대별로 공격진로가 구분되었다. 미 제1연대는 삼각지에서 서울역·의주로·서소문·덕수궁 방면, 한국해병 제1·2

대대는 서울역에서 갈려 남대문시장·한국은행·소공동 방면, 미 제5연대
는 금화산을 출발하여 아현동·서대문네거리로, 또 한 부대는 금화산을
출발하여 서대문형무소·독립문·서대문네거리로, 그리고 여기서 합류하
여 새문안길·광화문·세종로·창덕궁길 쪽을 담당했다.

26일의 시가지 공격은 아침 9시부터 시작되었는데 유독 한국해병 제1·2
대대는 좀더 빨리 행동을 개시했다. "서울탈환은 우리가 앞장서야 한다"
는 한국군의 결의 때문이었다는 기록도 있고, 맥아더 장군이 "서울입성
의 명예는 한국군에게 주라"는 명령이 있었다는 기록도 있다.

그러나 이 시가지 전투는 결코 쉽지 않았다. 인민군은 이 시가전에
대비해 철통 같은 방비책으로 기다리고 있었다. 1,500m 간격으로 바리
케이드를 쳤고 길 양쪽의 2·3층 건물을 토치카로 해서, 바리케이드 전방
으로 쳐들어오는 미국군·한국군을 향하여 대포와 박격포를 쏘고 다음에
는 중기관총·따발총을 퍼부었으니 접근 그 자체가 곤란했다. 아현삼거
리를 출발한 미군부대는 서대문 감리교신학교 앞까지 접근하는 데 거의
하루가 걸렸으며, 금화산을 출발한 부대가 서대문형무소를 거쳐 독립문
앞에 다다랐을 때는 맹렬한 적의 공격을 받았다. 독립문 남쪽 행촌동·교
북동 일대에 숨어 있던 인민군의 강한 반격을 받았던 것이다.

9월 26일 저녁까지 미 제10군단이 점령할 수 있었던 것은 서울의 반
에 불과했다. 중앙청에도 미국대사관에도 아직 북조선의 붉은 깃발의
펄럭이고 있었다. 그러나 그날 저녁 무렵 미해병 제1연대는 서울역·태평
로를 거쳐 덕수궁 앞까지 진출했고 한국해병 제2대대는 한국은행·명동
을 거쳐 대대본부를 조선호텔에 두었다.

서울 중심부 건물피해의 제2단계는 9월 25일 밤에서 27일까지 계속
된 시가전 때였다. 북한군은 우선 25일 밤에 서울 서벽을 점령하고 대대
적인 공격을 준비중이던 한·미 해병대원들에게 가히 광적인, 또 자살행

위나 다름없는 야습을 가했던 것이다. 이에 대해 미군은 화포를 총동원하여 그들을 격퇴했고 이 과정에서 그나마 폭격을 면하고 남아 있던 서울 중심부의 많은 건물이 파괴되고 불타버렸다.

9월 26~27일 이틀간에 걸친 시가전은 바리케이드 소탕전이었다. 300~350m 간격으로 바리케이드를 쳐놓고 이 바리케이드의 뒤나 옆 건물을 토치카로 하고 완강하게 저항하던 북한군을 한·미 양군은 항공기와 대포와 중기관총과 전차와 화염무기로 이 잡듯이 소탕해갔던 것이다. 엄청나게 많은 건축물이 파괴되고 불탄 것은 당연한 일이었다. 이 과정에서 서대문·독립문도, 세종로·도렴동 일대, 황학동시장·남대문시장, 남창동·북창동도, 명동 일대도 모두 파괴되었다.

서울 파괴의 마지막 원인은 패주에 앞선 북한군의 방화였다. 그들은 9월 26~27일에 걸쳐 종로의 YMCA건물, 충무로 입구의 중앙우체국, 그 맞은 편의 한국은행, 서울역 등 중요건물에 기름을 붓고 방화하여 YMCA건물, 중앙우체국 건물 등은 사실상 복구불능의 상태가 되어버렸다.

한국전쟁에 참전한 미해병은 서울 시가지의 빌딩을 하나씩 점령할 때마다 성조기를 달았다. 한국해병대 1연재 제2대대 6중대 제1소대 박정모 소대장이 인솔한 4명의 해병대원이 중앙청 위에 태극기를 단 것은 27일 새벽 6시 10분이었다.

서울거리는 시체와 흩어진 기왓장 조각, 허물어진 건물더미, 앙상한 기둥과 벽체들, 폐허라고밖에는 다른 어떤 말로도 표현할 수 없는 실로 처참한 모습이었다. 총탄자국과 화재로 얼룩진 중앙청 대회의실에서 서울탈환·환도식이 거행된 것은 1950년 9월 29일 정오였다. 지난날 조선총독부 대회의실이었고 한국정부 수립 후에는 국회의사당으로 사용하던 자리였다. 6월 27일 아침에 100여 명의 국회의원들이 '100만 시민과 더불어 수도를 사수한다'는 결의문을 채택했던 바로 그 자리였다. 맥아더 장군은 도쿄에서, 이승만 대통령 부처, 워커 미8군사령관, 한국정부 각료들은 부산에서, 각각 10시경에 김포공항에 도착, 연도에 나온 시민의 환영을 받으며 이곳까지 달려온 것이었다. 이 환도식은 의장대도 군악대도 없이 간략하게 치러졌지만 한없이 감사한, 그리고 영원히 기념될 식전이었다.

기록에 의하면 서울시 행정은 이미 28일 저녁부터 시작되었다. 그리고 대한민국 정부도 환도식을 마치고 난 바로 다음부터 서울에서의 집무를 시작했다. 불에 탄 중앙청에 들어갈 수가 없어 서울시청사 한 귀퉁이를 빌려 중앙정부 업무가 시작되었던 것이다.

3. 1·4후퇴와 서울의 파괴

중공군의 참전과 1·4후퇴

서울시내 각 동사무소의 사무가 개시된 것은 10월 4일이었고 10월 19일에는 한강임시가교의 준공식도 거행되었다. 그리고 이 한강임시가교의 준공식이 거행된 다음날인 10월 20일 한국군 제1·7사단과 미육군 제1기갑사단은 평양을 완전 점령했다. 미 제7사단 선발대가 만주와의 국경에 위치한 혜산진을 점령한 것은 11월 21일이었고 그날 서울·평양 간에는 전화도 개통되었다.

전선이 중국과의 국경을 따라 청진·혜산진·장진호·초산의 선에 형성되어 있던 11월 20일경, 한·미 양군의 장병과 한국국민 모두는 빠르면 10일 후, 늦어도 2주일 후쯤이면 한반도의 완전통일이 될 것이라고 믿고 있었다. 이 시점까지는 모든 것이 순조로웠고 약 50만에 달하는 중공군이 이미 한·미 양군의 후방까지 침투해 있는 줄은 그 누구도 알지 못했다.

1950년 11월 25일 정오는 운명의 날, 운명의 시간이었다. 이 날 오후에 잡힌 적군포로는 한글도 일본어도 모르는 중국인이었다. 흰 천으로 덮개를 하고 눈처럼 산에 엎드린 50만 중공군의 이른바 인해전술이 시작되었다. 한·미 양군에 대한 전면후퇴명령이 내려진 것은 12월 1일이었다. 영하 30도를 오르내리는 혹한 속에 이루어진 천신만고의 후퇴작전이었다.

중공군의 대부대가 전선에 투입되었고 한·미 양군을 주축으로 한 유엔군의 전면후퇴가 시작된 것을 알게 된 서울시민 중 권세와 부를 가진 부류는 12월 초순부터 대구·부산으로 가족을 피난시키기 시작했다.

12월 7일에 38도선 이남 전역에 비상계엄령이 선포되었고 다음날 8일, 계엄사령부는 '부녀자의 소개(피난)는 자유로움'을 언명했다. 12월 24일, 이승만 대통령은 서울시민에 대해 피난명령을 내렸다. 당시의 기록에 의하면 12월 말 이미 80만 명이 넘는 서울시민이 한강을 건너 남하 피난했다고 한다. 인민군·중공군에 의한 이른바 '정월공세'는 1950년 12월 31일에 개시되었다. 1951년 1월 1일, 38도선 일대에는 공산군 무리가 밀물처럼 남으로 향하고 있었다. 리지웨이 8군사령관은 1월 3일 아침에 유엔군 전병력의 한강도강, 수원 – 양평선 진지로의 철수를 명령했다.

유엔군이 한강을 건너 수원 – 양평선으로 철수하는 데는 세 가지 문제가 있었다.

그 첫째는 경인지구에 집적되어 있던 방대한 양의 보급품을 어떻게 처리하느냐 하는 문제였다. 당시 김포비행장에는 50만 갤런의 항공연료와 2만 5천 갤런의 네이팜 탄약이 쌓여 있었으며 부평의 보급기지

남으로 남으로 향하는 피난민의 행렬(1·4 후퇴 당시).

(ASCOM)와 인천부두에도 보급품이 쌓여 있었다. 지상군 부대에 필요한 탄약·양식·자재는 비교적 질서 있게 천안·대전 방면으로 후송했으나, 50만 갤런의 항공기 연료는 그 양이 너무나 방대하여 반출할 시간적 여유가 없었다. 결국 이 항공연료는 격납고 등의 시설물과 함께 소각·폭파되었다. 거대한 폭발음과 함께 하늘을 찌를 듯한 불꽃이 밤낮 없이 계속되었다. 미군비행기도 이 작업에 참가하여 2천 파운드의 폭탄이 투하됨으로써 활주로는 완전히 파괴되어 달 표면처럼 구멍투성이가 되었다.

둘째는 한강에 가설되어 있는 부교의 안전이었다. 당시 한강인도교 옆에는 3개의 부교가 가설되어 있었는데, 배와 배를 엮고 그 위에 철판과 나무를 깐 것이었다. 좀 넓고 튼튼한 2개의 다리는 군용이었고 좁고 허술한 것은 피난민용이었다. 군용주교를 건널 경우에는 공병대가 지시한 안전거리, 75야드 간격을 철저히 지킴으로써 8인치 곡사포와 대형전차도 무사히 건널 수 있었다.

셋째는 끊임없이 이어지는 피난민 대열이었다. 부교를 이용한 시민도 있기는 했으나 그들 대다수는 얼어붙은 한강을 걸어서 건넜다. 당시의 광경을 『미국 육군전쟁사』는 다음과 같이 기록하고 있다.

유엔군이 가설한 2개의 주교는 군용차량들이 하루종일 끊임없이 남하하였기 때문에 피난민용의 좁은 다리는 사람으로 덮여 다리가 보이지 않았다. 그래서 더러는 다리를 건너는 도중 강물에 빠지는 경우도 있었다. 끊임없이 흘러가듯 하는 피난민 행렬은 (서울탈환 후) 겨우 3개월도 지나지 않아 다시 유랑민이 된 사람들이었다. (……) 남으로 통하는 길은 모두 메워져 있었고 그 남하행렬의 끝을 볼 수가 없었다. 인천항에서도 수천의 시민이 미국·캐나다·호주·화란 등의 함정으로 피난했다. (……) 유엔의 구호기관이 전력을 다하여 식량과 의복을 배급하고 의료활동을 했으나 그 혜택을 입은 사람은 극소수에 지나지 않았다. 많은 불행한 사람은 전쟁에 희생되어 죽어가고 있었다.

1월 4일, 리지웨이 중장은 기자회견을 자청하여 자신이 목격한 피난민 대열의 모습을 이야기한 후, 이 사실을 그대로 미 본국에 보도해주기를 요망했다. 그가 특히 격한 어조로 강조한 것은 "피난민들이 그만큼 혹심한 곤란을 참으면서 추구하는 바는 바로 '자유'라는 것, 미국국민은 이 한국 피난민의 실상을 이해하고 힘을 다하여 협조해달라"는 것이었다. 그러면서 한국인의 강인한 생존력과 묵묵히 난관을 극복하는 신념을 찬양했다.

한국민은 순종하며 명령을 수행하는 데 익숙해 있어서 (자신들에 닥친) 곤란을 극복하여 스스로 살아가는 강인성을 지니고 있다. (……) 만약 혹한 중에 원자 폭탄의 위협을 받아 인구 200만의 도시에 철퇴명령이 내려졌다면 미국시민은 어떻게 할 것인가? MP가 도로를 차단하여 도보로 산을 넘으라고 한다면 어떤 태도를 취할 것인가? 체력은 약하면서 고집만 세우고 자기가 하고 싶어하는 일만 하는 생활에 길들어 있는 미국인이 과연 이러한 고행을 견디면서 살아갈 수 있을 것인가.

불타고 있는 서울의 중심부(1951년 1월 4일 밤).

약탈의 도시, 서울

1·4후퇴, 즉 1951년 1월 4일부터 사실상 서울이 완전하게 한국정부와 유엔군의 지휘 아래 장악되는 5월 중순까지, 서울에서는 어떤 일이 전개되었으며 서울이 입은 피해는 얼마나 되었던가.

당시의 한국측 및 미군측의 전쟁사에 의하면 거의 예외 없이 다음과 같은 취지의 기록을 남기고 있다.

"1·4철수 당시 한국군·유엔군이 철저하게 청야작전(淸野作戰)[3]을 수행

---

3) 청야작전이란 '거부행동'이라고도 표현되어 있는데 부대가 어느 지역을 철수할 때 다음에 침공해 들어오는 적이 이용할 수 있는 식량·무기 등은 물론이고 건물 등의 시설도 모두 파괴해버리고 철수한다는 것이다. 1812년 가을에 프랑스 나폴레옹군이 모스크바를 침공했을 때, 그곳은 완전히 초토화되어 있었다. 러시아군이 철수할 때 청야작전을 철저히 수행하여 나폴레옹이 이끌고 간 45만의 대병력은 먹을 것도 입을 것도 휴식을 취할 주택도 추위를 면할 땔감도 없었다는 것은 너무나 유

했기 때문에 서울 쪽으로 침공한 중공군은 식량을 비롯한 보급품의 현지 조달이 불가능하게 되어" 그 공격이 둔화될 수밖에 없었다.

그렇다면 1·4후퇴 때 유엔군의 청야작전은 어떤 것이었던가. 가장 확실한 기록으로 남아 있는 것은 앞에서 말한 50만 갤런의 항공연료와 2만 5천 갤런의 네이팜탄약 소각을 포함한 김포비행장 활주로 파괴이다. 그 밖에 서울의 군사시설·건물 등은 어떻게 파괴하고 갔던가. 유엔군이 완전히 철수한 1월 4일 밤의 서울에 대하여 미국에서 발행된 『미국 육군 전쟁사』는 다음과 같이 기록하고 있다.

> 서울은 다시 '약탈의 도시'로 변했다. 1월 4일 밤, 서울의 도처에서는 하늘을 치솟는 거대한 기둥 같은 연기가 찬바람에 나부끼고 있었으며 때때로 요란한 기총소리가 음산한 정적을 깨뜨리면서 밤하늘에 메아리치고 있었다. 서울은 세 번이나 그 주인이 바뀐 것이다.

이 사진을 보면 분명히 서울의 일부가 불타고 있는데 시가지 전체가 불타는 대규모의 화재는 아니다. 이 사진을 본 나는, 당시의 한국군 중요간부 중 몇 사람에게 "1·4후퇴 때 한국군이 서울을 불태웠는가? 즉 적극적인 초토화작전을 전개하였는가?"라는 질문을 했더니 "전혀 그런 기억이 없다"고 했다. 그런데 우연히 이때의 서울 방화에 관한 기록을 찾을 수 있었다.

1975년 여름에 《조선일보》가 여러 층의 6·25전쟁 체험자에게 당시의 체험기를 쓰게 하여 「6월의 산하가 전화에 물들 때」라는 기획기사를 약 40회에 걸쳐 연재한 일이 있었다. 그 제26회(7월 9일자)는 유명한 소설가이면서 당시 《조선일보》 주필로 있던 선우휘의 체험기 「1·4후퇴 (……) 서울의 방화」였다. 그에 의하면 그는 당시 국방부 정훈국차장으로 있었는데 정훈국장이던 이선근 장군으로부터 다음과 같은 명령을

명한 이야기이다.

받았다.

'귀관은 기동대원 30명을 데리고 서울에 남았다가 중공군이 서울에 들어오면 신문사를 위시한 문화시설을 파괴하거나 태워버리고 오게. 인쇄기 한 대라도 그들에게 넘길 수 없으니까'라는 명령을 받고, 1월 5일 새벽에 먼저 명동에 있던 정훈국 종이창고에 불을 지르고 좀 내려와 역시 명동에 있던, 동아일보사가 임시로 쓰던 인쇄소에 수류탄 20개를 던졌다. (……) 그 길로 소공동에 있던 경향신문사를 찾아갔다. 널려 있는 종이에다 휘발유를 끼얹고 불을 붙였더니 불길은 삽시에 옆으로 퍼지고 몰아치는 하늬바람 같은 요란한 소리를 내며 위로 훑어 올라갔다. 거기서 나와 고려문화사로 갔다. 방금 태운 경향신문사의 방화가 뜻밖에도 요란스러워서 불을 지를 생각은 치우고 인쇄기나 못쓰게 하려고 암만 돌리면서 철봉 같은 것을 집어넣어도 맥없이 도로 튀어나오기 때문에 하는 수 없이 또 불을 질러버렸다.

광화문 쪽으로 오면서 뒤돌아보았더니 네 군데서 나는 연기는 하늘을 찌를 듯싶었다. Y소위는 스치는 길에 시청 앞 중국인 마을 아편굴을 태워버렸다.

그후 선우 대장은 조선일보사에 가서 인쇄용 활판만 뒤엎어버리고 동아일보사 앞까지 갔다가 조선일보사에는 불을 안 지르고 동아일보사에만 불지르는 것은 불공평하다는 생각이 들어 그대로 돌아와 그날 밤 안으로 한강을 건넜다는 것이다.

그 뒤 부산에서 타임지인가 미국의 주간지를 보았더니 서울상공에 치솟는 연기기둥의 사진을 싣고 그 사진설명에 중공군이 입성하여 불을 질렀다고 되어 있었다. 나로서는 암만해도 우리가 지른 불이라는 생각이 들었는데.

1·4후퇴 때부터 이어지는 약 3~4개월간의 서울의 피해는 방화로 인한 것이 아니고 공습과 약탈이 그 원인이었다.

중공군의 인해전술에 대해 유엔군은 우선 철저한 공중공격으로 대항했다. 지상군으로서는 우선 그 절대수에서 상대가 되지 않았기 때문이다. 『한국동란 1년지』의 일지를 뒤져보면 당시 유엔 공군기의 폭격횟수가 얼마나 대단했던가를 알 수가 있다. 1·4후퇴 이후 1월 11일에서 2월 중순에 걸친 기간, 유엔군 공군기의 출격상황을 일지에서 찾아보았다.

1월 11일 유엔공군 적 1,400 이상 사살, 수원의 적 보급창고, 건물 등을 공습
　　 12일 B-29 기타 전투기대 원주를 맹폭
　　 13일 유엔공군 640회 출격
　　 14일 유엔공군 750대 출격, 적 살상 540명
　　 15일 공군 폭격으로 중공군 수원 포기 도주중
　　　　　유엔공군 서울 동남방지구 신착 중공군 제48군을 공격, 1,500 살해
　　　　　제5공군 연 650대 출격, 적 1,550 살상, 적의 보급건물 900동 파괴
　　 16일 B-29, 밤새도록 수원 북방의 적 공격
　　 17일 공군 적 562 살상
　　 19일 유엔공군, 적 300여 살상
　　 21일 B-29, 5개소의 공산군 집결부대에 폭탄 176톤 투하
　　 22일 개전 이래 공군이 적에게 준 손해 거의 9만
　　 23일 유엔공군 아산만에서 적 소주정 23척 격침
　　 31일 유엔공군 적 3,500을 살상(서부전선)
2월 　1일 제5공군 1일중 전과 적 19,000을 살상
　　　5일 공군전과 출격 534. 적 차량 99대, 살상 약 600, 적 비행기 1대 기타
　　　7일 비행기 출격 445대, 적 살상 4,647, 적 탱크 3대 격파
　　 11일 상공에서 본 수도 서울, 건물은 잔존하나 무인지경
　　 13일 공군 새 전법으로 적 차량 385대 격파, 건물 1,225동, 교량 9, 살상 350 이상
　　 15일 공군 1,025회 출격, 개전 이래 최대, 군용건물 1,050동, 차량 12, 기타 전과 다대, 적 1,000명 이상 살상
　　 17일 공군출격 745회, B-26 평양지방에서 적 열차 25량 파괴, 적군 건물 1,276동 파괴

18일　공군 천후(天候)관계로 151회 출격

20일　공군 1,335기 출격(적 250 살상, 차량 152)

　이 일지를 통해 당시 일본 오키나와에 본거지를 두었던 제5공군과 부산·포항·대구 등지 비행장과 동·서·남해안에 정박해 있던 항공모함에서 출발한 공군기들에 의해 적군과 적의 차량 그리고 보급창고인 것으로 보이는 건물들이 여지없이 공격되었음을 알 수 있다.

　1986년에 해리온(Richard. P. Hallion)이라는 미국인이 『한국에서의 해군 항공전(The naval air war in Korea)』이라는 책을 발간한 바 있다. 이 책은 한국전쟁 당시 미해군 항공모함을 기지로 한 해군 비행기의 전투상황을 알리고자 한 귀중한 기록이다. 이 책에 의하면 한국전쟁 당시 오키나와 등 지상비행장에서 출격한 공군과 항공모함을 기지로 한 함재기(海軍航空 兵力)의 출격기 구성비율은 59% 대 41%였다는 것, 그리고 1951년 1월 에서 5월 말까지의 해군 항공병력의 출격횟수 및 탄약소비량을 다음과 같이 소개하고 있다.

* 출격수·공격횟수

	연(延) 출격기수	공격횟수
1월	4,720	18,000
2월	4,931	25,000
3월	7,146	38,000
4월	8,147	45,000
5월	8,417	47,000

* 전투에 의한 탄약소비량(단위: 탄수)

	폭탄	로켓탄	총·포탄
1월	12,000	7,500	1,200만
2월	11,600	12,300	2,500만

3월	21,996	15,918	2,800만
4월	25,620	19,013	3,300만
5월	32,929	15,669	3,300만

이 통계는 오키나와 등 지상비행장을 출발한 정규 공군기에 의한 것이 아니고 항공모함을 출발한 해군기의 출격횟수이고 소비한 탄약의 양인데, 그 엄청난 숫자에 놀라지 않을 수 없다. 물론 공격대상은 수원 - 원주 - 강릉에서 압록강 - 두만강에 이르는 광범위한 지역이었지만, 그 중 1~2% 정도가 서울을 공격대상으로 했어도 그로 인한 서울의 피해가 얼마나 컸던가를 짐작할 수 있다.

이 당시 공산군의 이동은 전적으로 야간에만 이루어졌다. 물론 한강 도강도 야간에 이루어졌다. 그러므로 유엔공군기는 야간에 한강나루터에 엄청나게 많은 조명탄을 쏘고 그 불빛에 공산군 부대가 잡히면 나루터 일대를 맹폭함으로써 부대를 섬멸시켰다. 이러한 야간폭격으로 서빙고를 비롯한 많은 나루터 일대의 민가가 파괴 소실되었다.

서울을 파괴한 두번째의 요인은 약탈이었다. 1·4후퇴 당시 한강 이북의 서울에 남아 있던 인구수는 약 13만 명 정도였으며 그 대부분은 가난하고 오갈 데 없는 노인들이었다. 그리고 그들이 생존할 수 있었던 것은 '빈집 털이'에 의한 식량보급과 땔감의 확보였다. 이 빈집털이에는 당연히 공산군의 대병력이 합세했다. 그들 또한 보급선이 끊겨 굶주리고 혹한에 떨었으니 별수없이 '보급투쟁'이라는 이름의 빈집털이에 가세할 수밖에 없었던 것이다.

미국·일본·한국 등 서방세계에서 발행된 '전쟁사'들은 1951년 1월 4일에서 3월 중순까지의 서울을 가리켜 한마디로 '무법의 도시'라고 표현하고 있다. 법이 지배하지 않는 공백의 도시였던 것이다. 이때 서울에 남아 공포의 3개월을 지낸 소설가 박완서는 그의 자전적 소설『그 산이 정말 거기 있었을까』에서 "신문도 방송도 떠도는 말도 접할 것이 없었다"고 하고 "그럼 지금 서울은 진공상태인가"라는 질문을 던지고 있다.

여하튼 이렇게 아무런 법도 지배하지 않는 70일간을 지낸 서울시내의 모든 집들은 앙상하게 벽체와 기둥만 남아 있었고 부엌의 가재도구, 요·이불과 같은 침구류와 장롱 속의 의류는 민간인·공산군에 의한 분탕질 끝에 엉망진창이 되어 있었다.

서울 재탈환

북한 인민군의 잔존병력에다가 45만이라고도 하고 50만이라고도 한 중공군 대병력이 가세한 1951년 전반기의 한국전쟁은 크게 정월공세, 2월공세, 춘계공세의 세 번으로 나누어진다. 수도 서울의 입장에서 다행이었던 것은 이들 중공군의 대공격이 주로 춘천 - 원주를 연결하는 중부전선에서 전개되었고 서울을 포함한 서부전선에는 그 세력이 미약했다는 점이다. 중공군의 전술이 다수병력에 의한 산악전을 주로 했기 때문이다. 그러므로 2월 11일의 전쟁일지에 "상공에서 본 수도 서울, 건물은 남아 있으나 무인지경"이라는 미 정찰기의 보고를 싣고 있을 정도였다.

경위야 여하튼 간에 3월 상순에서 중순에 걸쳐 공산군은 사실상 서울을 비워둔 상태였다. 서울의 정면, 정확히 말하면 사평리·동작동·노량진·영등포로 연결되는 한강 남한에는 2월 초순 이래 백선엽 준장이 지휘하는 한국군 제1사단이 진을 치고 정찰과 공격훈련을 되풀이하고 있었다. 그들의 정찰에 의하면 2월 말까지만 하더라도 서울일대에는 중공군·북한군의 대부대가 잠복해 있음이 확인되었는데 3월 7일경부터는 그들 병력이 눈에 띄게 감소되었다. 그리고 이러한 적병력의 후퇴는 3월 11일 이후에도 계속되어 외곽방위선의 병력배치도 몇 사람 정도밖에 보이지 않았다. 서울시

내에는 낙오병 일부와 정찰대만이 남아 있는 것이 아닐까라고 추측될 정
도였다.

3월 14일 밤, 한국군 제15연대 제3대대 제9중대 제3소대장 이석원
중위가 수색대를 이끌고 서울시내로 잠입해봤더니 시내에는 사람의 그
림자를 볼 수 없었고 날아오는 총탄도 없었다. 이 중위가 이끄는 수색대
2개분대는 서울역 앞을 거쳐 중앙청을 향했는데 중앙청 앞에서 처음으
로 기관총으로 대항하는 중국병 세 사람을 만나 곧바로 사살해버렸다.

중앙청 옥상에 태극기를 달고 "만세"를 불렀으나 아무 곳에서도 적의
총탄은 날아오지 않았다. 수색대는 발머리를 돌려 시청·반도호텔에 가
보았으나 적의 부대는 만나지 못했고 서성거리는 북한 인민군 병졸 하나
를 잡아 포로로 해서 본대로 귀환했다. 이 중위는 이 사태를 본대에 보고
하고 바로 뒤돌아 다시 한강을 건너 용산역에 진을 치고 대기했다.

이 보고를 받은 제1사단장 백선엽은 즉시 미 제1군단장 밀번 소장에
게 서울탈환의 허가를 청했으며 즉석에서 응낙을 받았다. 서울 공격부대
인 제15연대는 15일 오전 5시 30분, 제2대대 제6중대를 선두로 여의도
를 거쳐 한강 북안에 상륙했다. 오전 9시에 제1대대 제3중대가 양화나루
에서 합정동에 도착했더니 오전 11시 25분에 앞서간 제6중대가 중앙청
을 점령하여 적군 3명을 잡았다는 보고를 접할 수 있었다.

공산군의 잔병들은 하나씩 하나씩 항복했고 시가전 한 번 없이 오후
2시를 지나 서울을 완전히 탈환했다. 한 전쟁사는 3월 15일의 서울의
모습을 다음과 같이 기록하고 있다.

서울은 이렇게 하여 한국전쟁 개막 이래로 네번째의 주인교대를 기록하게 된
것이나 시가의 모습은 처참했다.
유엔군은 1월에 후퇴할 때 서울의 군사시설을 파괴하고 떠났으나 그 후에도
포 폭격과 공산군의 파괴가 가해져서 시가는 문자 그대로 폐허 그 자체였다.

상점가·주택가는 붕괴되었고 건물의 잿더미에서 전화선·전기선이 헝클어진 머리카락처럼 늘어졌고 전기도 수도도 멈추어 있었다.

개전 당시의 인구 150만 여는 겨우 20만으로 줄었고 그 20만도 방공호에 숨어 굶주림과 피로에 지쳐 헐떡이고 있었다.

이기붕 시장을 수반으로 한 행정건설대 300명이 서울에 들어간 것은 3월 18일이었고 3월 20일부터 행정을 개시했다. 그들이 조사한 당시의 서울 잔류시민은 13만 40명이었다.

이렇게 들어간 서울시 행정건설대원과 잔류시민들에게 또 한 번의 철수령이 내린 것은 4월 25일이었다. 공산군의 춘계공세로 서울의 안전이 다시 위급해졌기 때문이다. 그러나 이때의 적의 공세는 우이동 - 삼송리 - 수색선에서 저지될 수 있었고 시내까지 들어오지 못했다. 4월 30일의 전투를 고비로 그들은 다시 북으로 후퇴했다.

서울특별시 행정건설대가 다시 입성한 것은 1951년 5월 15일이었고, 그동안 부산시청에 본거지를 두었던 서울특별시청이 서울에 정식 복귀한 것은 7월 1일이었다. 이렇게 서울시청의 정식복귀를 명령한 사람은 6월 27일자 정부인사에 의해 서울특별시장으로 임명된 김태선이었다. 되풀이된 전화로 잿더미가 된 서울의 복구에는 다년간의 미국유학으로 영어를 잘할 뿐 아니라 정부수립 이후, 수도경찰청장·치안국장 등을 역임한 김태선이 적임자라고 생각되었던 것 같다.

서울시내 전기시설 복구공사가 완료된 것은 7월 3일이었다. 이미 서울에 돌아와 있던 시민들은 우선 전깃불의 혜택부터 받을 수 있었다. 서울시내 각 금융기관이 업무를 개시한 것은 11월 20일이었고 1개 구(區) 당 1개 점포만 우선 문을 열었다. 피해의 정도가 대단히 컸던 상수도 시설이 제 기능을 회복한 것은 1952년 5월 말이었다.

4. 만신창이가 된 서울

내 앞에 수십 장의 전쟁피해 사진이 있다. 완전히 잿더미가 된 채 기둥 몇 개만이 남은 명동·충무로 일대의 사진, 건물은 완전히 파괴되고 벽체만 남은 남대문시장의 사진 등이다. 그러나 이 많은 사진들 중에서 가장 인상적인 것은 다행히 폭격을 면하여 겨우 형체만 남아 있는 남대문의 사진이다. 무수한 총탄과 포탄을 맞아 기초부터 지붕까지 몸 전체가 일그러져 있다. '만신창이'라는 단어는 이런 경우를 위해 있는 낱말인 것 같다.

얼마나 아팠을까, 얼마나 고달팠을까, 상처투성이가 된 그 몸체가 그저 처량하기만 하다.

나는 한국전쟁에 의한 서울의 피해를 마지막 자료인 「6·25사변 종합피해조사표」에 의해서 정리했다.[4] 다만 이 자료는 서울특별시와 각 도

---

4) 전쟁의 피해에 관한 당시의 기록은 다음과 같은 보고서들에서 볼 수 있다.

「6·25동란 피해(1952년 3월 말 현재)」, 『대한민국통계연감 창간호』, 1954년 말 발행.

「사변종합피해(1952년 3월 말 현재)」, 『1952년도 서울특별시 시세일람』, 1954년 10월 발행.

「한국전란 2년지 통계편(1952년 3월말 현재)」, 1954년 4월 20일 발행.

「6·25사변 종합피해조사표(1952년 7월 27일 현재)」, 공보처 통계국, 1954년 3월 발행.

이 4개의 조사표 중 앞의 세 개는 거의 같은 숫자로 되어 있다. 조사시기와 조사기관이 같기 때문이다. 마지막의 종합피해조사표는 앞 3개의 조사보다 피해자수나 피해액 집계에서 현저하게 증가해 있다. 그 이유는 무엇인가.

대한민국 공보처는 「6·25사변 종합피해조사표」를 발표하면서 처장 갈홍기의 머리말을 싣고 있는데 이 조사가 앞의 조사보다 다른 점을 다음과 같이 설명하고 있다.

"이번 조사를 실시함에 있어서는 전번 조사 당시 교통·통신·시일 등의 사정으로 조사에 누락된 피해의 파악에 주력했으며 아울러 전번조사 후 휴전 당시까지의 증가피해를 조사 수록하여 전번 피해액에 비하여 현저히 증가되고 있습니다.

단위, 그것도 피해액수 위주로만 집계되었으므로 주택피해와 각 구별 피해는 두번째 자료 『1952년도 서울시 시세일람』(1954년 10월 말 발행)에 의하기로 한다.

서울의 피해를 성질별로 정리하면 다음과 같다.

① 인명피해(군경 제외, 민간인분)

사망 2만 9,628명, 학살 8,800명, 납치 2만 738명, 행방불명 3만 6,062명, 부상 3만 4,680명, 계 12만 9,908명.

② 일반주택피해(1953년 3월 31일 현재)

6·25 전 총호수 19만 1,260호, 전소파 3만 4,742호, 반소파 2만 340호, 피해 연건평수 182만 358평.

한국전쟁으로 서울의 주택은 3만 4,742동이 소실되었거나 파괴되었다. 그리고 반쯤 소실·파괴된 것은 2만 340동이었다. 여기서 반쯤 소실·

이제 중요부문별로 증가사유를 개설하면

1. 인명피해에 있어 전번 조사시 총수 96만 5,990명이 금번조사에서는 99만 968명으로 되어 2만 4,978명이 증가되고 있는바 이는 전번조사에 누락된 자 및 조사 당시까지의 증가피해에 기인함.
2. 주택피해에 있어 연건평 1,070만 3,127평이 1,191만 1,855평으로 120만 8,728평 증가하고 있는 것은 증가피해를 포함하고 또 피해액이 크게 증가하고 있음은 전번조사 당시 조사 누락하였던 가재도구와 주택에 부수한 가산(家産)피해를 포함하였음에 기인함.
3. (생략)."

공보처장의 머리말에 있듯이 앞 3개의 피해조사와 뒤 1개의 조사결과가 틀리는 가장 큰 원인은 앞의 조사는 정부가 부산에 있을 때, 즉 교통·통신사정이 좋지 않을 때 조사한 것이고, 마지막 조사는 1953년 7월 27일에 휴전협정이 조인되고 8월 1일에 중앙정부가 정식으로 환도한 후부터 조사된 때문이다. 조사일자가 7월 27일 현재로 되어 있는 것은 바로 휴전협정 조인 당시를 기준으로 한 것임도 알 수 있다.

파괴되었다는 것도 목재로 된 대문이나 창살문 같은 것은 완전히 쓸 수 없게 되었고 가재도구·침구류 등은 거의 전멸상태였다. 결국 전쟁으로 서울의 주택은 약 30%가 소실·파괴되어 새로 건축하지 않으면 안 되었다. 그 중에서도 가장 피해가 큰 것은 중구였는데 1만 7천 동이었던 주택 중에서 7천 동이 완전 소실·파괴되었으며 1천 동이 반쯤 소실되었다. 그 피해 연건평은 전소파·반소파를 합하여 38만 4,330평에 달했다.

③ 시·구 청사 및 동사무소 피해

서울시청 청사는 아마 1950년 9월 26일의 인민위원회 철수 때 불을 지르고 떠난 듯, 내부는 거의 파괴 소실되었으나 외형은 그대로 남아 있어 수리해서 사용하는 데 지장이 없었다. 기록은 '반소파'라고 표현하고 있다.

당시의 시내 9개 구청 중 3개 구청은 적어도 본관만은 완전히 소실·파괴되었고 나머지는 모두 반소파되었다고 기록되어 있다. 용산구청은 1950년 7월 16일의 용산대폭격 때 완전히 파괴되었다. 마포구청은 본관은 완전히 불타 없어지고 별관만 남았다. 불타서 없어진 나머지 한 개가 어느 구청이었는지는 알 수가 없다. 내가 당시의 서울시 직원이었던 여러 사람을 만나서 알아보았으나 모두 "기억이 없다"는 것이었다. 아마 중구청사였을 것으로 추측될 뿐이다. 나머지 6개 구청 중 영등포 구청만은 약간 상했고 5개 구청은 대수리를 해야 할 정도로 파괴된 것은 분명하다. 각종 서류나 책상·의자 등은 모두 쓸 수 없게 되었음은 물론이다.

당시 서울시내에는 277개의 동사무소가 있었는데 그 중 62개는 완전히 불타 없어졌고 나머지 215개는 모두 '반소파'된 것으로 기록되고 있다. 이것은 영등포구의 경우도 포함되어 있다.

중앙 각 부처와 직속기관들도 상당히 많은 수가 소실·파괴되었는데

폐허가 되어버린 명동성당 부근.

정확한 것은 알 수가 없다. 「피해조사보고서」에는 중앙 각부처의 건물 연건평 4만 6,858평, 직속기관 연건평 97만 3,058평이 소실·파괴되었다고 집계되어 있다. 그와는 별도로 서울시내 공영건물 69개가 전소파되고 169개가 반소파되었으며 피해 연건평이 2만 3,830평이라는 집계도 있다.

④ 각급 학교 피해

대 학 교	299개 교실	연 건 평	46,738평
중·고 등 학 교	1,404개 교실	연 건 평	491,742평
초 등 학 교	2,766개 교실	연 건 평	44,589평

그나마 피해를 면했던 학교는 수복 후 유엔군과 국군 각 부대가 점거해, 오랫동안 천막을 치고 수업을 한 학교가 적지 않았음을 기억하거나

직접 체험한 사람이 대단히 많다.

⑤ 일반기업체의 피해

은행 본·지점 및 금융조합(현 농업협동조합) 등 금융기관으로 피해를 입은 건물은 모두 83개였고 피해 연건평은 1만 2,398평으로 집계되어 있다. 피해를 입은 공·사립 병원은 모두 294개였고 피해 연건평은 1만 6,193평으로 집계되고 있다.

일반기업체로서 피해를 입은 총수는 1,289개였고 피해 연건평은 24만 9,223평으로 집계되었다. 그 중 공장 561개가 파괴되었고 피해 연건평은 12만 2,591평이었다.

⑥ 도로·교량·상수도 시설

서울시내에서 파괴된 도로가 115개소, 피해연장이 5만 800m였고 교량 63개소, 피해연장이 2,365m였다. 상수도시설의 파괴는 처참하다고밖에는 표현할 수 없을 정도였다. 1951년 3월 18일에 행정건설대가 도착했을 때 뚝섬·구의·광장·노량진 등 각 수원지에는 공산군의 시체와 탄피 등이 가득 차 있었으며 펌프실·여과실·약품창고·취수탑·동력설비·사무실·사택 등이 거의 모두 파괴되어 있었다고 한다. 전시내에 거미줄처럼 쳐져 있던 송수관·배수관도 수없이 파괴되어 전시내 상수도시설의 50%가 파괴된 것으로 집계되었다. 그리하여 이 상수도시설의 응급복구에만 1년 반 이상이 걸려 제대로 송·배수되기는 1952년 5월 말부터였다.

(1996. 2. 8 탈고)

참고문헌

공보처 통계국 편. 1954, 「6·25사변 종합피해조사표」.

교통부 편. 1953, 『韓國交通動亂記』.

국방부 정훈국 전사편찬회 편. 1951~55, 『韓國動亂 1~5년지』.

국방부전사편찬위원회 편. 1966, 『韓國戰爭史研究』 제1·2집.

_____. 1977~80, 『韓國戰爭史』 11권 및 附圖 11권.

김용주 편. 1984, 『나의 회고록-風雪時代 80年』, 신기원사.

『대한민국통계년감』 창간호, 1954.

박완서. 1995, 『그 산이 정말 거기 있었을까』, 웅진출판사.

上坂冬子. 1995, 『硫黄島 いまだ 玉砕せず』, 文藝春秋社.

서울특별시. 1954, 『1952년도 서울시세일람』, 서울특별시.

兒島 讓. 1984, 『朝鮮戰爭』 I II III, 文藝春秋社.

「6月의 山河가 戰禍에 물들 때」, ≪조선일보≫ 연재기획기사 1975년 6~9월.

『6·25 被拉致人士名簿』, 대한적십자사 소장

일본 육전연구보급회 편. 1966~73, 『朝鮮戰爭』 1~10, 原書房.

丁一權. 1985, 「회고록-秘話 6·25」, ≪동아일보≫ 연재기획기사 1985년 6~9월.

조폐공사 편. 1993, 『한국화폐전사』.

중앙일보사 편. 1983, 『民族의 証言』 1~8.

한국은행 편. 1969, 『증보한국화폐사』.

R. P. Hallion. 1990, 『朝鮮半島 空戰記』(手島 尙 역), 朝日소노라마.

Robert Jackson. 1983, 『朝鮮戰爭空戰史』(戰史刊行會 역), 朝日소노라마.

각종 연표류, 사진첩 등, 문인대사전·백과사전 등

서울시의 전쟁피해 복구계획

1. 대한민국 최초의 도시계획가, 장훈

이상적인 도시계획

≪조선일보≫는 1975년 6~7월에 걸쳐 「6월의 산하가 전화(戰禍)에 물들 때」라는 기획기사를 연재하여 당시 사회 각계각층 저명인사가 겪은 6·25전쟁의 숨은 이야기를 싣고 있다. 제4회는 시인 서정주가 썼는데, 인민군이 서울에 들어오기 전날 밤, 원효로 4가 한강변의 처이모집 2층에서 시인 조지훈·이한직과 함께 고스란히 뜬눈으로 밤을 새우고 이튿날(6월 28일) 아침에 한강물에 뛰어내려 배를 얻어 타고 피난길에 올랐다는 이야기, 제6회는 중앙여고 교장이었던 황신덕 여사가, 인민군에 납치되어 평양까지 끌려갔다가 평양에서 탈출에 성공한 이야기 등 매우 흥미로운 이야기가 이어져 있다. 훗날 귀중한 사료로 남을 것이라 생각한다.

이들 체험기 중에서 내가 가장 흥미를 가지고 읽은 것은 1975년 7월

24일자에 실린 제37회, 한국전쟁 당시 서울특별시 공보계장이었던 박유서의 회고담이다. 1951년 3월 18일에 행정건설대 일행 300명이 서울에 처음 들어왔는데 박형은 같이 들어올 수가 없어 4월 중순경에 들어왔다는 것, 그리고 시내에도 이웃에도 사람이 거의 살지 않아 '인적 없는 폐허'를 걸어 시청으로 출근했던 나날이었다는 그의 추억이, 그로부터 훨씬 지난 후 한때 그의 동료로서 같이 근무했던 나를 감동시켰다. 그런데 그의 체험담 끝부분에 있는 글귀, "언젠가 서울시민들은 당시의 아쉬움을 털어놨다. 기왕 폐허가 됐던 김에 아주 원대한 도시계획을 세워 서울을 재건하지 못했었느냐"라는 글귀가 가장 뼈저리게 들린다. 그의 글은 다시 다음과 같이 이어진다.

> 말은 쉬우나 실제는 어려운 것. 당시 그 경황 중에 예산도 없이 정부가 개인재산을 몰수해가며 서울을 재건할 수는 없었던 것이다. 전쟁에 시달린 시민들, 그들에게 희망을 주며 그들이 하는 일을 조금씩 도와주는 일이 정부가 할 수 있는 전부였던 때였다.

그 당시 나는 아직 학생 신분이었다. 그러므로 전재복구 때의 서울 도시계획에는 관여할 수 없었을 뿐 아니라 일개 법률학도였던 내가 도시계획 같은 것을 알 까닭도 없었다. 그럼에도 불구하고 나는 대단히 여러 곳에서 이런 질문을 받는다. "6·25한국전쟁 때 서울은 완전한 폐허가 되었는데 그때 왜 이상적인 도시계획을 세우지 않았던가?" 한국전쟁 때 아직 학생에 불과했던 나에게 그런 질문을 하는 것은 내가 1960년대 후반부터 우리나라 도시계획에 깊숙이 관계하고 특히 1970년대의 전반기 몇 년간은 서울의 도시계획을 직접 담당하였으니 그때의 견문에서 한국전쟁 재건 때의 사정을 조금은 알고 있을 것이라고 추측한 때문일 것이다.

1994년은 서울 정도 600년이 되는 해였고, 1995년은 광복 50주년이 되는 해였기 때문에 여러 가지 행사가 많이 개최되었다. 그런 행사 중의 하나로 1995년 가을에 있었던 도시계획 관계 국제세미나에서 또 그런 질문을 받았다. 그 질문을 한 분은 우리나라 건축학계의 권위자일 뿐 아니라 단기간이기는 하나 서울 도시계획에도 관여했던 분이었다. 그때 나는 "선생님, 이상적인 도시계획이란 어떤 모습을 말씀하십니까?"라고 되묻고 싶은 충동을 억지로 참아야 했다.

과연 '이상적인 도시계획'이라는 것은 어떤 모습의 도시형태를 말하는 것인가.

현재 세계에서 유명한 도시계획가가 누구인지는 잘 알지 못하지만 1940년대에서 1950년대에 걸쳐 유명했던 사람들, 예를 들면 그리핀 (Walter Burler Griffin), 르코르뷔지에(Le Corbusier), 코스타(Lusio Costa), C. A. 독시아디스(Doxiadis, C. A.), 라이트(Frank Lloyd Wright)[1] 등을 서울에 불러와서 다음과 같은 요구를 한다면 그들은 어떤 반응을 보일까? 폐허가 된 서울을 이상적인 도시로 설계해달라. 다만 한 가지 조건이 있다. 예산은 하나도 없다. 시민들이 굶주려 세금을 낼 수 없고 미국을 비롯한 유엔 각국이 우리를 원조해주고 있지만 그것은 거의가 군사원조이며, 민간원조는 겨우 굶어죽지 않게 식량과 의약품 약간씩을 가져다 줘서 겨우겨우 연명하고 있을 뿐이다. 그러니 돈이 거의 안 들고 그러면서 이상적인 도시를 계획해달라. 물론 당신과 당신네 팀에게 지불할 사례비도 없다.

---

1) 그리핀은 1910년대에 오스트레일리아의 새 수도 캔버라를 계획했고, 르코르뷔지에는 1922년에 '300만 명을 위한 오늘의 도시'를 발표하여 전세계를 놀라게 했고, 1951년 인도의 찬디가르(Chandgarh)를 계획했다. 코스타는 1940년대 후반에 브라질의 새 수도 브라질리아 현상설계에 1등으로 당선되었으며, 독시아디스는 1950년대 말에 파키스탄의 수도 이슬라마바드를 설계했다. 그리고 라이트는 1956년에 '마일 타워 일리노이'를 발표하여 전세계를 놀라게 한 건축가이다.

계획(설계)기간은 3개월 이내로 해야 한다. 3개월이 넘으면 피난 갔던 시민들이 돌아와 각자의 집터에 나름대로의 집을 지어 살게 된다. 그렇게 되면 도로아미타불이니 그들이 돌아오기 전에 계획이 완료되어 사업이 착수되어 있어야 한다.

도시계획가들에게 이렇게 요구했다가는 그들 모두가 당장에 "미쳤어!"라고 벌컥 소리지를 것임은 너무나 당연하다.

그런데 나에게 "왜 그때 이상적인 도시계획을 수립하지 못했는가"를 질문하는 사람들 대다수가 머릿속에 그리고 있는 이상적인 도시의 모습은 아마도 넓은 도로, 자기의 차가 막힘 없이 쌩쌩 달릴 수 있는 시가지인 것처럼 느껴진다. 한 걸음 더 나아가면 지하 1층·지상 1층은 승용차가 달릴 수 있는 공간, 지하 2·3·4층은 주차공간, 지상 2층 이상은 고층으로 지어 업무·상업·유통·주거 등의 기능이 적절히 배합된 그러한 시가지, 많은 공원·녹지와 휴식처가 넉넉히 배치된 여유 있는 시가지를 머리에 그려볼 수도 있다.

그러나 그것은 서울시내에 자동차가 200만 대에 달하고 주택마련은 안 되었어도 자가용 승용차는 가지고 있는, 소득수준 1만 달러 시대에 사는 사람들이 그리는 이상적인 도시상이다.

한국전쟁이 일어난 1950년, 1·4후퇴가 있었던 1951년, 그리고 다음 해인 1952년의 한국인 1인당 GNP라는 것은 숫제 통계마저 찾을 수 없었다. 겨우 1953년의 것을 찾았는데 '67달러'였다.

도시계획가 제1호, 장훈

김종성이라는 친구가 있다. 나보다 두 살 위니까 지금 70세쯤 되었을 것이다. 이 친구는 일제시대 말기에 '토목조수'로 서울시에 들어가서 해방을 맞이했고, 1972년인가 73년에 내가 도시계획국장을 할 때 고참 계장으로 사직을 했다. 그가 1942~43년부터 1972~73년까지 격동의 30여 년을 서울시 도시계획과·구획정리과에 재직했기 때문에, 나는 그 당시의 도시계획사를 쓸 때는 이 친구에게 자문을 구해야겠다고 생각하고 있었다. 그래서 이 친구와 가까운 다른 친구들을 만날 때마다 그의 안부를 묻고 '매우 건강하다'는 것을 확인하고는 안심하는, 그런 세월을 보냈다. 내가 이 친구—나보다 두 살 많으니 김 선배라고 부른다—에게 전화를 건 것은 1996년 2월 10일 토요일 오전이었다.

"김 선배님, 건강하셨지요. 다름이 아니라 제가 지금 한국전쟁 복구계획을 쓰고 있습니다. 잘 아시다시피 중앙 제1·2구획정리사업에 관한 이야기 말입니다. 괴로우시겠지만 시간을 내서 저와 좀 만나주십시오. 당시의 사정을 알고 계시는 분은 김 선배님 한 분밖에 없잖습니까. 좀 도와주십시오"
"아닙니다. 저는 그 사정을 잘 모릅니다. 그것은 장훈 씨가 혼자서 모두 했으니 장훈 씨에게 물어봐야 합니다."
"장훈 씨라니요. 유명한 야구선수로 장훈이라고 있지요"
"이름은 똑같습니다. 장훈 씨라고, 광복후 경성부 도시계획과장 제1호이고 그후 계속 서울시 도시계획과장을 하시면서 한국전쟁 복구계획도 그분이 하셨고 5·16군사혁명 후까지도 계셨던 분입니다."
"아니, 그런 분이 아직 생존해 계십니까?"
"그럼요. 연세가 86세이시라 바깥출입은 불편하시지만 아직 건강하십니다. 그분께 연락해서 만나실 수 있도록 주선해드리지요. 시간을 좀 주시면 그 어른께 연락해보고 다시 전화하겠습니다."

정말 기가 막히는 이야기였다. 서울 도시계획에 관해서 현재 생존해 있는 사람들은 내가 제일 많이 알고 있다고 생각해왔다. 따라서 여러 사람들로부터 '걸어 다니는 서울시정'이니 '도시계획사전'이니 하는 평을 듣고도 굳이 부인을 하지 않고 지내왔는데 광복후 초대 도시계획과장, 그리고 한국전쟁 후 복구계획을 수립·집행한 분이 생존해 있다는 것을 몰랐다니. 그런 분이 계실 줄은 꿈에도 생각해본 일이 없었다. 정말 뜻밖이었다.

약 20분 후에 전화가 걸려왔다. 김 선배로부터의 전화였다.

장훈 씨와 전화연락이 되었습니다. 장훈 씨는 손 교수를 잘 알고 있어요. 선생님이 중앙도시계획위원으로 계실 때 여러 번 만났답니다. 제가 손 선생님 부탁을 말씀드렸더니 '이미 오래된 이야기이고 또 나이도 90을 바라보는 노령인데 당시를 회고하기에는 적임자가 아닐 것 같다'고 사양하셨는데 제가 '장 선배님밖에 그때 사정을 소상히 아시는 분이 누가 계십니까. 그러니 지금이라도 당시의 체험을 말씀하셔서 후세에 기록이 남도록 해야 되지 않겠습니까' 하고 간청을 드렸더니 '그렇다면 만나지' 하셔서 다음주 월요일 (2월 12일) 오후 2시로 약속을 했습니다.

장훈 씨와 나의 만남은 1996년 2월 12일 오후 1시 30분부터 약 한 시간 반 정도였고 장소는 그분의 자택, 잠원동 한신아파트였다.

나는 지금도 매사에 오만불손하고 건방지고 방자한 인간으로 소문이 나 있고 그런 사람으로 통하고 있다. 70세에 가까운 지금도 그러하니 10여 년 전에는 훨씬 더 방자했을 것이다.

수원이니 춘천이니 하는, 좀 큰 지방도시의 도시계획을 크게 바꾸고 손질할 때면 으레 몇몇 중앙도시계획위원이 현지에 출장을 갔다. 도시계획 재정비의 용역을 맡은 회사의 대표와 기술사가 나와서 '왜 이렇게 계획해야 하는가, 왜 이렇게 바꾸어야 하는가'를 약 30~40분간 설명을 했다. 용역업체의 설명이 끝나면 위원들의 질문이 쏟아졌다. 그때 항상 앞장서서 큰소리친 것이 나였다. 기고만장하게 한국의 도시계획은 나 혼자 다 아는 것처럼 떠들어댔다. 용역회사 대표자는 '업자'라고 하는 약점 때문에 나의 무례할 정도의 질문에 순순히 응답해주었고 이치에 맞지도 않는 수정지시도 따라주었다.

1970~80년대에 '동아기술단'이라는 도시계획 용역회사가 있었다. 그 회사의 대표는 아주 얌전하게 생긴 선비였는데 언제나 나의 밥이었다. 나의 되풀이되는 무례함에 항상 미소로 "알겠습니다" "고치겠습니다" "미처 생각을 못했습니다"라고 답하는 사람이었다. 간혹 식사도 같이 할 기회가 있었는데 그 사람의 이름이 무엇인지, 전에 무엇을 했었는지 전혀 관심이 없었다. 또 "중앙도시계획위원이 그런 업자하고 사적으로 친해져서는 안 된다. 모르는 것이 깨끗한 것이다" 하고 그것을 자랑으로 생각했다.

항상 나의 밥이었던 깨끗한 선비 같던 그 동아기술단 대표가 그 집에서 나를 맞아주었다. 그 사람이 바로 장훈 씨였다. 여전히 고요한 미소를 띠고 있었다. 나는 지난날 엄청나게 무례했음이 생각이 나서 구멍이 있으면 숨어버리고 싶은 마음이 간절했다. 그를 만나고 난 뒤, 나는 달음박질을 치듯이 서울시청으로 갔다. 퇴직자 이력서를 보고 확인하고 싶어서였다.

장훈 선배는 1911년에 함경남도 북청군 덕성면에서 출생해서 고향에서 초등교육을 마쳤다. 15세 때 서울에 와서 휘문중학에 들어가 3년을 수료하고 그 길로 일본 도쿄로 가 와세다대학 부속 공과학교 토목과에 입학했으나 1년만 다니고 돌아왔다. 아마 학비를 댈 수 없었을 것이다.

일제시대 을지로 7가에 소화공과학교라는, 사립 을종 직업학교(2년제)가 있었다. 건축·토목·광산과가 있었는데, 2년간 건축·토목의 극히 초급 단계의 지식을 주입하여 측량사나 현장감독 등을 양성하는 과정이었다. 1935년 소화공과학교 토목과를 졸업한 그는 바로 황해도 도청 내무부 토목과 조수로 채용이 되었다. 당시는 1·2등 정도, 아주 우수한 성적으로 졸업한 사람들은 출신학교에서 추천하여 각 도에 배치되는 것이 상례

였다. 그의 나이 24세였다. 황해도 토목과 조수(측량사)로 있을 때의 제1
계장(도시계획 담당)이 고지마 사카에(木島榮)였다. 고지마는 당시 조선에서
도 '도시계획·구획정리'를 알고 있는 극소수 기술자 중 하나였다. 나는
『일제강점기 도시계획연구』를 집필하면서 고지마의 글을 여러 번 읽었
고 인용도 했음을 기억하고 있다.

　장훈은 고지마와 황해도에서 지냈던 3년간 열심히 도시계획을 공부했
다. 당시 유일한 교과서였던 이시카와 히데아키(石川榮耀)의 도시계획 책
과 일본 구획정리협회에서 발간했던 월간지 ≪구획정리≫가 그의 선생
이었다. 1938년 고지마가 경성부로 전임되었을 때 그도 따라와서 경성
부 시가지계획과 조수가 되었다. 다음해 그가 한 계급 올라 공수(工手)가
될 때 시가지계획과라는 이름은 도시계획과로 바뀌어 있었고 그는 그
다음해인 1940년에 기수(技手)가 되었다. 지금의 직급으로 따지면 6·7급
공무원이 된 것이다.

　그는 경성부청에서 근무하면서도 도시계획 공부를 계속했다. 실무를
보면서 이론도 공부했으니 상당한 이론가가 되었을 것이다. 그는 내게
나지막한 소리로 속삭이듯이 이야기했다. "토목은 도로를 넓히고 단단
하게 다지는 기술이지만, 도시계획은 기술이 아니라는 것을 알게 되었어
요. 주민을 잘살게 하는 것이 도시계획이니 기술일 수가 없음을 말입니
다." 그가 어느 정도의 수준에 있는가를 알기에 더 이상의 설명이 필요
없었다.

　1945년 광복이 되었을 때 그는 도시계획과에서 이론과 기술면에서
가장 뛰어난 존재가 되어 있었다.

　일본인들이 떠날 때 일본인 계장이 이도오라는 일본인 과장에게 "누
군가에게 사무인계를 해놓고 가야 되지 않겠습니까"라고 건의했더니 과
장이 "다케바야시(武林)가 다 알고 있는데 사무인계가 왜 필요하나"라고

했다고 한다. 장훈의 창씨명(創氏名)이 다케바야시였던 것이다.

미 군정 초기 경성부 과장과 부장(국장)은 조선인 직원들의 투표로 추천을 받은 자가 임명되었다. 1945년 9월 17일 장훈은 압도적인 다수표를 얻어 경성부 초대 도시계획과장이 되었다. 미 군정의 시작과 때를 같이하고 있다. 그의 나이가 34세였으니 빠른 출세였다. 처음에는 자격미달로 과장 사무취급(현재의 서리)이었지만 해가 바뀌고 세월이 흐르면서 직급도 올라갔다.

미 군정 당시 도시계획과는 공영부(工營部) 또는 공영국 소속이었다가 대한민국정부 수립 후 건설국 소속으로 바뀌었다. 또 잠시 도시계획과가 없어지고 그 업무가 토목과에 편입된 일도 있었다. 그때에는 그가 토목과장이 되었다. 토목과에서 분리되어 다시 도시계획과가 생기면 그는 당연히 도시계획과장이 되었다. 그리고 자격 있는 기술자 수가 적어 토목과장이 결원이 되면 으레 그가 토목과장을 겸했다.

서울 도시계획에서 일제가 남기고 간 유산은 대단히 큰 것이었다. 7개 지구의 구획정리사업이었다. 조선총독부는 1937년부터 1940년 3월에 걸쳐 경성부 내에 모두 10개에 달하는 구획정리사업지구를 시행명령하고 있었다. 그 중 영등포·돈암·대현의 3개 지구는 일제 말기까지 거의 마무리되었다. 그런데 나머지 7개 지구, 1939~40년에 시행명령이 내려진 대방·한남·사근·용두·청량리·신당·공덕지구는 태평양전쟁 발발 이후의 심각한 인력난·물자난에 허덕여 정지공사도 마무리하지 못한 채 일제는 떠나갔던 것이다. 7개 지구 864만 4,226㎡(약 262만 평)의 정지·환지업무가 1945년 9월 중순 이후부터 1950년 6월 하순까지 장훈 도시계획과장의 주된 업무였다.

당시에는 각 구청에 건설과가 없었으며 각 구획정리지구마다 현장사업소가 있었다. 도시계획과의 직할사업소였다. 그러므로 도시계획과에 소속된 직원수는 200~300명에 달할 정도로 많았다. 도시계획과가 담당한 업무는 일반 도시계획업무·구획정리업무가 주였지만 건축업무 또한 적지 않았다(주택업무는 사회과 업무였다). 묵묵히 7개 지구 구획정리사업의 마무리를 하고 있던 차에 한국전쟁이 터졌던 것이다.

그도 피난대열에 끼여 1·4후퇴도 했고 행정건설대로 올라왔고, 다시 평택까지 내려갔다가 1951년 5월 중순에 다시 올라왔다. 그리고 1951년 하반기부터 시작하여 그 엄청난 전재복구계획을 수행했다.

그는 1945년 9월 17일부터 1956년 4월 9일까지 만 11년간 서울시 도시계획과장 자리를 지켰다. 이것은 보통사람으로서는 할 수 없는 일이다. 도시계획 업무라는 것은 선(線)을 긋는 일이다. 가로계획선을 긋고 공원경계의 선을 긋는다. 어디에서 어디까지는 업무·상업지역이고 그 경계에서부터 어디까지는 주거지역이다. 모두 선으로 표시한다. 말하자면 '선의 행정'이다. 그런데 이 선은 반드시 한 편의 사람에게는 이익이 되지만 다른 한편에는 불이익이 되게 마련이다. 자기 땅이 가로에 편입되면 그만큼 불이익을 받지만, 같은 선 때문에 가로에 면하게 된 땅의 소유자는 큰 이득을 보게 된다. 모든 도시계획선은 이익과 불이익의 경계선이 된다는 숙명을 지니고 있다. 따라서 도시계획선은 언제나 민원의 대상이 된다.

지금은 그렇지 않겠지만 지난날에는 민원이 많은 업무일수록 생기는 것도 많았다. 부수입 또는 뇌물 따위를 말하는 것이다. 따라서 민원이 많은 자리일수록 '좋은 자리'라고 했다. 도시계획과장이니 도시계획국장이니 하는 자리는 이른바 좋은 자리 중 좋은 자리였다. 그러므로 항상 시기와 질투를 받았고 원성과 감사, 민원인의 투서 또한 끊이지 않았다. 역대 도시계획과장·국장으로서 자의로 공무원을 그만둔 사람은 거의 없을 정도였다. 권고사직이 아니면 파면·면직·사법처리(구속)되는 자리였

다. 그 자리는 길어야 3년이었고 대
개는 2년 정도로 끝났다.

한국인 도시계획가 제1호 장훈.

장훈은 그런 자리를 11년간이나
지켰다. 그것도 적당히 지낸 것이 아
니었다. 일제가 남기고 간 막대한 마
이너스의 유산을 처리했고, '한국전
쟁 전후피해복구'라는 실로 엄청난
일을 거의 혼자 해냈으며 마지막에
는 서교지구·동대문지구 구획정리사업까지 계획하고 수행했다.

속칭 자유당 시대, 즉 제1공화국 말기에는 모든 선거가 부정으로 치러
져서 한 차례 선거가 끝날 때마다 민심이 흉흉해졌다. 정부는 그때마다
민심수습이라는 명분으로 많은 공무원을 숙청했다. 그리고 그 숙청대상
자 기준 제1호는 '민원부서에 오래 있었던 자'였다. '못살겠다 갈아보자'
라는 선거구호로 유명했던 1956년 대통령 선거는 특히 야당의 대통령
입후보자 신익희의 죽음 때문에 그 후유증이 엄청나게 컸고 민심은 수습
이 어려울 정도로 흉흉했다. 정부는 으레 해왔던 대로 많은 중앙·지방
공무원을 숙청이라는 이름으로 축출했다.

장훈도 당연히 숙청대상에 올랐지만 그를 내보낼 수는 없었다. '전재
복구'라는, 큰일을 치른 사람을 함부로 대접할 수 없다는 것이 공통된
의견이었다. 그렇다 하더라도 도시계획과장 자리에 더 있을 수는 없었
다. 그는 1956년 4월 9일에 토목과장으로 옮겼고 다음해 6월에는 상수도
과장으로 그 자리를 옮겼다. 그러나 그를 이렇게 예우하는 데는 내부에
서도 말썽이 있었다. 숱한 사람이 나가는데 그만 대우하는 것은 균형이
맞지 않는다는 의견이었다. 그래서 1958년 1월 충청남도 건설과장으로
전출되었다.

충청남도에 얼마나 오래 있었는지는 알 수 없다. 얼마 안 가서 공무원 옷을 벗은 그는 서울시로 돌아와서 약 2년간 도시계획위원회 상임위원으로 재임했다. 그리고는 도시계획 용역업체인 '동아기술단'을 차려 많은 지방 도시계획을 수립 또는 재정비했다. 그 과정에서 나, 손정목 같은 무례하고 방자한 젊은이로부터 적지 않은 수모도 겪었음은 당연한 일이다.

전재복구계획 때 김태선 시장과 밤을 새워가면서 계획내용을 숙의했던 일, 엄청나게 많은 민원인과 싸웠던 일, 부하직원들 고생시켰던 일 등 조용하면서 결코 자기 자랑이 섞이지 않은 이야기들을 듣고 나오면서 뒤돌아봤을 때 그가 짓던 그 인자한 표정을 잊을 수가 없다.

장훈은 결코 초인간도 거인도 아니었다. 그러나 존경스러운 '대한민국 도시계획가 제1호'였다. 그리고 다 같은 도시계획을 했던 사람으로서 장훈 같은 분을 제1호로 모실 수 있다는 것을 정말 자랑스럽게 생각한다.

2. 서울시의 전쟁피해복구

전재지 정리

한국전쟁이 끝나자 서울의 전재복구는 우선 시체처리부터 시작되었다. 1951년 4월 하순에 있었던 공산군의 춘계공세가 4월 30일의 우이동 - 삼송리 - 수색선 전투를 고비로 끝을 맺자 서울시 행정건설대 중 약 40명이 선발대로서 서울에 들어왔다. 5월 15일의 일이다. 서울시 경찰국은 이미 5월 5~6일경에 입성하여 우선 시내 곳곳에 흩어져 있던 공산군의 시체, 잔류시민으로서 굶어 죽은 시체, 그 밖에 폭격·총상 등에 의한 시체를 모아 공동묘지에 매장했다. 1951년 5월 7일자 ≪동아일보≫

는 이렇게 처리한 시체가 1,600여 구라고 보도하고 있다.

　시체는 이렇게 치웠지만 되풀이된 폭격으로 파괴된 건축물의 잔해, 도로·교량·상수도·하수도·가로수·가로등 등 처리하고 치워야 할 것은 너무도 방대한 양이었다. 한 예로 폭격으로 쓰러진 가로수만도 12만 1,200주였다고 하니 다른 것의 양을 짐작할 수 있을 것이다. 서울시 행정건설대가 들어왔다 한들 그 숫자는 불과 200~300명 정도에 불과했다. 전국 각지에 피난 가 있던 서울시 직원이 모두 복귀한 것은 그로부터 2년이 더 지난 1953년 9월 25일이었다고 기록되어 있다.

　공산군 춘계공세가 끝난 뒤 서울시 행정건설대가 다시 들어왔을 때 서울시민은 약 20만 명 전후였고, 그 대부분이 노약자 또는 여자들이었으므로 전혀 노동력이 될 수가 없었다. 당시의 피난민들은 크게 두 부류로 나눌 수 있었다. 권력층이나 경제력이 있는 층은 1·4후퇴 때, 이미 1950년 12월 중순경까지에 대구·부산·경주 등지에 내려가 비교적 안정된 생활을 하고 있었다. 이 부류는 1952년이 되어서야 하나둘 서울로 돌아오고 특히 일부 특권층은 휴전이 되고 난 뒤인 1953년 8월 이후에 귀경했다. 가수 남인수가 부른 「이별의 부산정거장」은 1953년 마지막 귀경자들의 애환을 노래한 것이다.

　경상도나 전라도에 아무런 연고가 없고 가진 것도 별로 없는 층은 경기도의 수원에서 평택 일대, 충청남·북도 일대의 농촌마을이나 각 도시별 피난민 수용소에서 지냈다. 그리고 이들은 하루가 바쁘게 서울에 와야 했고 서울에 가야 그래도 집이 있고 비록 '지게벌이'이기는 하나 일거리가 있었다. 그러나 1951~52년에는 도강증(渡江證)이 있는 군속이나 공무원이 아니면 한강을 건널 수 없었다. 미군이나 한국군 헌병이 지켜서서 도강증 검사를 한 후에야 도강이 허용되었다. 자연 이곳에도 이른바 '사바사바'라는 것이 있었다. 박완서의 소설『그 산이 정말 거기 있었을까』에는 한강도강을 결행한 자의 말이 다음과 같이 나온다.

"아무리 검사를 심하게 해도 삼팔선 넘기에다 대면 약과죠, 뭐. 이남 사람들은 물러터지니까요. 돈에 무르고 정에 무르고 법에 무르고요. (……)"

또 제아무리 감시가 심해도 깊은 밤 나룻배를 타고 건너오는 것을 막을 도리는 없었다. 행주·양화진·노량진·서빙고·잠원 등 한강 이남의 각 나루터 근처에는 도강을 엿보는 피난민들로 북새통을 이루고 있었다. 그들은 나룻배를 몰래 얻어타거나 헤엄쳐서 한밤중에 소리없이 한강을 건넜다. 서울시 경찰국은 1951년 3월부터 1952년 2월까지 1년간, 한강을 몰래 건너다가 빠져죽은 사람의 수가 60명으로 집계되었다고 1952년 3월 12일에 발표하고 있다.

1952년 2월 11일에 당시 서울에 살고 있던 주민에게 시민증이 발급되었다. 오늘날의 주민등록증에 해당하는 것이었지만, 당시의 주민들에게는 '공산당이 아님을 증명하는 딱지'로서 생명 다음으로 소중한 것이었다. 이때 주민증이 발급된 시민의 총수는 32만 1,626명이었는데, 구별로는 종로 2만 6,113명, 중구 2만 5,134명, 동대문 3만 4,576명, 서대문 3만 7,144명, 용산 2만 1,475명, 성동 4만 4,808명, 마포 3만 1,728명, 성북 2만 6,190명, 영등포 7만 4,458명이었다.

이렇게 시민증을 발급받은 시민 중 영등포구 7만 4,458명을 빼면 강북시민은 24만 7천 명에 불과했으며 그나마 전부가 노약자 아니면 여자들이었고, 그것도 젊은 여자는 거의 없는 형편이었다. 이런 정도의 노동력으로 산더미같이 쌓여 있는 시가지의 잔해, 콘크리트와 벽돌조각, 흙더미, 뒤엉킨 전신주 등을 제거하고 운반할 수는 없었다. 궁리 끝에 생각해낸 것이 강변나루터에서 한강 도강을 기다리는 무리들 중에서 힘깨나 쓸 만한 사람을 골라 도강을 시켜 국민반 단위로 묶어 구청장 책임 아래 전재지 정리를 한다는 것이었다. 원래 서울시 청소업무는 본청이 주관했는데 1952년 2월 5일자로 청소업무 일체를 구청으로 이관했다(정식이관은 1953년 2월 13일자 예규).

그때 선발된 자들에게는 '서울 전적지정리자(戰跡地整理者)'라는 이름이 붙여졌고 각 구청 청소담당 책임자 인솔하에 한강을 건넜다. 각 구청별 도강일자를 1952년 9월 5일자 ≪동아일보≫는 중구 9월 8~13일, 종로 9월 15~20일, 용산·마포 9월 22~27일, 성동 9월 29일~10월 4일, 동대문·성북 10월 6~11일, 영등포 10월 12~18일로 기록하고 있다.

한 개 또는 두 개 구에 월요일~토요일까지 일주일씩 배당한 것을 보면 이때 '전적지 정리' 즉 '노임 없는 청소인부'로 서울에 들어온 자의 수는 결코 적지 않았음을 추측할 수 있지만, 그 수는 알 수가 없다. 이렇게 들어온 인력은 각 국민반별로 묶여 동원되었다. 1953년 9월에 시사통신사에서 발간한 『서울재건상』이라는 책자에는 이때 동원된 인력과 복구한 수량을 다음과 같이 기록하고 있다.

(……) 피해적지 정리작업은 국민반원 및 의용소방대원이 동원 실시되어 총면적 804,870평을 정리했다. 동원된 인원수는 국민반원 218,353명, 의용소방대원 6,603명이었다.

전쟁 직후의 서울시 재정

한국전쟁이 한국경제와 한국민의 생활에 끼친 영향은 실로 엄청난 것이었다. 원래 일제하의 조선경제는 일본경제 체제의 일부분에 불과했으니 태평양전쟁에서의 일본의 패전, 광복, 일본경제로부터의 분리는 말하자면 '본사로부터 절연된 하청회사'와 같은 것이었다.

조국의 독립과 자유의 쟁취라는 면에서 그와 같은 경제적 희생은 오히려 당연한 것이었지만 38도선에 의한 남북의 분단은 바로 공업지대 (북)와 농업지대(남)의 분단이었으니 1945~50년의 남한경제는 처음부터 지체부자유자와 같은 상태에 처해 있었다. 그러한 상태에서 전쟁이 일어 나 그나마 약간이라도 숨쉬고 있던 산업기반이 송두리째 파괴되어버렸 으니 정부는 정부대로 허덕여야 했고 국민은 내일을 기약할 수 없는 밑 바닥 생활을 감수할 수밖에 없었던 것이다.

전쟁비용의 증대는 통화의 증발을 초래했고 나날이 뛰어오르는 인플 레현상은 국민생활을 극도로 곤란하게 만들었다. 인천상륙작전의 성공 으로 서울이 탈환된 지 한 달 반이 지난 1950년 11월 4일 현재 쌀 5되(소 두 한 말, 약 2.5리터) 값은 5천 원이었다. 그런데 1·4후퇴 후, 서울시 행정 건설대가 입성한 다음달인 1951년 6월 22일의 쌀값은 5되에 2만 원이 었는데, 1952년 2월 8일에는 2만 5천 원, 4월 29일에는 4만 5천 원, 1953년 2월 8일에는 6만 5천 원이었다. 쌀값이 이렇게 뛰었으니 다른 물가는 설명할 필요도 없다. 나는 1952년 9월에 수습사무관(5급 공무원) 으로 임명되어 한 달에 3만 4천 원의 봉급을 받고 있었는데 당시의 금 한 돈쭝(3.75g)이 16만 6천 원, 백구 담배 한 갑이 2,500원이었다.

한국정부는 1953년 2월 8일에 제1차 통화개혁을 단행하는데 100 대 1로 평가절하하고 통화단위를 원(圓)에서 환(圜)으로 바꾸었다. 이렇게 통 화개혁을 한 탓으로 달러에 대한 공정환율은 60 대 1이었다. 즉 60환이 1달러였다. 그러나 달러의 암거래 시세는 1달러 250환이었다. 1954년 11월 17일에 달러의 공식환율이 180 대 1로 조정되었다. 한꺼번에 3배 를 올린 것이었으니 국민경제라는 낱말이 무색해질 수밖에 없었다.

그렇다면 1951~53년의 서울시 재정상태는 어떠했을까?

다행히 서울시에는 1951년 이후의 예산·결산서가 보관되어 있다. 1951년의 일반회계 예산은 세 차례나 추가경정하여 53억 2천만 원이었다. 그 내역도 경상부와 임시부로 나뉘어 있다. 임시부는 전시비상회계라는 것이었다.

그런데 그 연도의 결산액을 보았더니 경상부 11억 5,700만 원, 임시부 17억 6,100만 원, 합계 29억 1,888만 원이었다. 이 임시부 세입 17억 6,100만 원의 내역은 시채(市債) 9억 9천만 원(56%), 국고보조금 2억 6천만 원(15%), 임시지방분여세 2억 6천만 원(15%), 전년도이월금 2억 3천만 원(13%)이었다.

시채라는 것은 서울시가 금융기관에서 빌린 돈이고 지방분여세라는 것은 중앙정부가 각 지방 시도에 내려주는 재정조정교부금이었다. 결국 1951년의 서울시는 금융기관에서 빌린 돈과 중앙정부가 주는 국고보조금 및 재정조정교부금으로 시청·구청, 각 동사무소 그리고 중학교·국민학교를 수리하고 가건물을 짓고 임시로 교량을 놓고 망가진 도로를 복구했으며, 수많은 피난민에게 구호양곡을 지급하고 보건의료사업도 전개했음을 알 수가 있다. 부산을 비롯하여 전국 각지 도청 소재지에 흩어져 있던 서울시 연락사무소와 서울시민 피난민수용소에도 약간의 경비가 하달되었다.

경상부 11억 5,700만 원, 임시부 17억 6,100만 원, 합계 29억 1,888만 원을 오늘날의 화폐단위로 환산하면 291만 8,888원에 불과하다. 달러로 환산하면 공정환율(6천 대 1)로 48만 6,480달러, 암달러환율(12,000 대 1)로는 24만 3,240달러에 불과한 금액이다. 서울시는 이 금액으로 지방비, 공무원 봉급과 파괴된 책상·의자·집기를 구입했고 사무용품도 샀으며…… 등을 생각하면 도저히 믿어지지가 않는다. 그러나 당시의 예산서·결산서를 아무리 뒤져보고 되풀이해서 계산해도 달라지지 않으니 믿을 수밖에 없다.

1952년 이후의 일반회계 예산·결산은 우선 경상부·임시부의 구별이 없어졌으므로 예산서 자체가 훨씬 깨끗하고 짜임새가 있을 뿐 아니라 예산금액도 한층 증가하고 있다. 즉 1952년도 일반회계 예산액 역시 두 차례 추가경정하여 131억 8천만 원이었다. 1951년도 예산액에 비하면 2.6배가 증액된 것이다. 1년간에 각종 물가가 엄청나게 올랐을 뿐 아니라 서울시정 자체가 한결 질서를 회복했음을 알 수 있다. 그러나 결산규모는 100억 원을 넘지 못하고 세입이 99억 864만 원, 세출이 98억 5,960만 원이었다. 문제는 예산·결산의 규모가 아니다. 세입결산액 중 사용료·수수료, 환부금, 각종시세, 과년도 수입, 기타 잡수입 등 시의 자체세입이 45억 2천만 원으로 전체 결산액 99억 864만 원의 45%밖에 되지 않았고, 특히 시 세입의 주된 재원이 되어야 할 각종 세금수입이 전체 세입결산액의 28.4%밖에 되지 않았다는 사실이다.

이렇게 자체재원이 허약했으니 1952년도에도 23억 원의 국고보조금, 21억 원의 재정조정교부금(지방분여세), 그리고 당초 예산에는 없던 금융기관 기채 10억 원 등 54억 원이 의존재원이었으며 그 비율이 전체 결산세입액의 54.5%를 점했다. 이렇게 수입이 쪼들려 살림살이가 어려우면 자연히 봉급·사무비 등 일반행정비의 비중이 높아지고 토목비·농업비 등 경제관계 비용, 사회사업비·보건비 등 사회복지 지출은 감축될 수밖에 없다. 참고로 1952년도 세출에서 보면 일반행정비가 49%를 넘어 전체 시 재정의 반을 차지하고 토목비·농업비등 경제관계비는 23.54%, 사회복지비는 18.4%에 불과했다. 당시의 서울시 살림살이가 얼마나 어려웠던가를 짐작하고도 남음이 있다.

이러한 재정적 어려움은 1953년에도 그대로 이어졌다. 1953년 2월 14일에 제1차 통화계획을 단행함으로써 통화단위가 원에서 환으로 바뀌었으며 100원이 1환으로 평가절하되었다. 그동안 하늘 무서운 줄 모르게 물가가 뛰어올랐으니 통화개혁이라도 하지 않으면 국민경제·국가재정을 운용할 수 없었으므로 취해진 불가피한 단안이었다.

1953년에도 네 차례나 추가경정을 한 끝에 서울시 일반회계 예산규모는 5억 5,874만 환으로 팽창했다. 1952년도 결산규모에 비해서는 5.6배나 신장된 것이다. 전국 각지에 흩어져 있던 서울시 직원이 중앙정부의 환도와 더불어 모두 돌아왔고 주민도 또한 돌아와서, 1953년 말 현재 서울시민수는 101만으로 집계되었으니 재정수요 또한 그만큼 늘어났던 것이다.

그러나 1953년 서울시 일반회계 재정규모가 1952년에 비해서 5.6배나 신장된 점, 그리고 네 차례나 추가경정예산을 편성해야 했던 것에는 전쟁수행과정에서의 악성 인플레가 주요원인이었다. 60 대 1이었던 달러의 공정환율이 1953년 12월 14일에 180 대 1로, 한꺼번에 3배로 뛰어오른 사실 하나만으로 당시의 물가앙등 상황을 짐작할 수 있다. 1953년도 예산규모가 5억 5,874만 환이었지만 결산액 세입규모는 4억 1,478만 환이었다. 즉 예산액에 대한 비율이 74.2%밖에 되지 않았다. 실제 세입비율이 이렇게 낮았던 것은 첫째 국고보조금이 1천만 원이나 감액되었고, 둘째 예산에서는 1억 6,700만 원을 금융기관에서 빌려 쓸 작정이었는데 실제로는 3,100만 원밖에 빌리지 못했기 때문이었다. 당시의 중앙정부 재정 역시 한국은행 차입금 및 국채발행으로 빚더미 속에 있었으니 서울시에 계속해서 보조금을 줄 수 없었으며, 서울시 역시 1951년 이후로 1952~53년에 계속해서 은행돈을 빌려 쓰고는 원금·이자를 제대로 갚지를 못했으니 은행도 계속해서 많은 액수의 돈을 빌려줄 형편이 아니었던 것이다.

표현을 달리하면 서울시 재정이라는 것이 그만큼 신용이 없어졌던 것이다. 그런데 이상한 것은 이렇게 4억 1,477만 원의 세입이 있었는데도 불구하고 실제의 세출결산액은 3억 237만 원밖에 되지 않았다는 점이다. 예산액에 대한 집행비율이 54%, 세입결산액에 대한 집행비율이 72.9%밖에 되지 않는다. 즉 1953년도의 서울시는 실제 세입액 중에서 27.1%에 해당하는 1억 1,240만 원을 쓰지 않고 다음해로 이월한 것이다. 아마 이대로 가다가는 서울시가 빚더미 속에 허덕이게 될 터이니 '되도록이면 쓰지 말자, 아껴 쓰자'는 긴축재정운용이 이러한 기현상을 낳았을 것이다.

지금은 상상도 할 수 없는 3억여 원의 세출액 중에서 가장 큰 비중을 차지했던 것이 사무비로 29.7%, 다음이 잡지출 19.2%, 보건의료비 11.5%, 토목비 11.1%, 시채 상환비 11%, 사회사업비(구호비) 4.8%, 영선비 3.6% 등이었다.

한국전쟁기와 그 복구기 즉 1950년대 한국의 국고사정, 서울시, 각도 및 시·군의 재정사정을 고찰해보고 느끼는 것은 그렇게 어려운 살림살이를 어떻게 꾸려나갔는가 하는 점이다. 결론적으로 당시의 재정사정 아래서는 직원들 봉급, 그것도 쥐꼬리만한 봉급과 사무비 약간, 긴급한 도로·교량복구비, 각급 청사 및 학교 교실 수선비(영선비), 전염병 예방을 위한 보건비, 구호양곡지급비, 그리고는 금융기관에서 빌린 돈의 이자지급 등이 고작이었던 것이다.

전재복구계획에 대한 이승만 대통령의 관심

시민이 서울로 돌아오기 전에 빨리 전재복구계획을 수립하라고 이승만 대통령이 지시를 내린 것은 김태선이 서울시장으로 임명될 때의 일이었다.

김태선은 1903년 함경남도 고원군에서 출생했다. 가친은 꽤 규모가 큰 잡화도매상이었으며 독실한 기독교 신자였다고 한다. 기독교계 학교인 평양숭실학교를 졸업한 뒤(1925), 미국유학 길에 올라 일리노이 주 웨슬리안 대학에서 학사과정을 마친 그는 다시 보스턴 대학으로 가서 사회학으로 석사학위를 받았다.

당시 사회학의 주된 내용이 범죄에 관한 것이어서 미 군정기에 경찰 수사과에 들어갔고, 대한민국이 수립되자 수도경찰청장에 임명되었다. 수도경찰청이 서울시 경찰국으로 바뀌자 시경국장이 되었고 한국전쟁이 일어나고 두 달 후인 1950년 8월 내무부 치안국장(지금의 경찰청장)이 되었다. 김태선이 서울특별시장으로 임명된 것은 1951년 6월 27일이었다. 그리고 3일 후인 7월 1일, 그때까지 부산에 본부가 있던 서울시청 본청의 기능이 서울로 환원되었다. 이렇게 서울시청의 환도는 중앙정부보다 2년 1개월이나 앞섰다.

1966년 4월부터 1968년 5월까지 서울시 제1부시장이었던 이기수가 『수도행정의 발전론적 고찰－역대시장과 시정』을 발간했는데, 그는 이 책에서 "김 시장이 5년 남짓이나 재임했다고 하지만 휴전이 되고 (중앙정부가) 환도하기까지의 전반(1951년 6월~1953년 8월)은 사실상 정상적인 시정으로 볼 수 없으며 따라서 깊이 탐구할 만한 대상이 되지 못한다"라고 말하고 있다.

그러나 그것은 이기수가 도시계획을 알지 못한 데서 오는 착오이며 김태선 시장의 참된 면목은 1951~53년의 전반기에 집중되고 있다.

장훈은 전재복구계획을 이야기하면서 이렇게 회상했다.

이승만 대통령, 밴플리트 장군, 김태선 시장, 이렇게 세 분을 모시고 퍽 여러 차례 명동·진고개·남대문 일대를 다녔습니다. 이승만 대통령은 전재복구계획을 빨리 수립하라고 지시하시고 그래도 안심이 안 되었던지 비행기로 자주 서울에 오셨습니다. 밴플리트 장군을 동반한 것은 일선시찰과 같은 군사목적으로 보이기 위해서였겠지요. 진고개(충무로) 2가에 다방 하나가 불에 타지 않고 남아 있었습니다. 이 박사, 밴플리트 장군, 김태선 시장 세 분은 폐허를 걷다가 피곤하시면 이 다방에서 차를 마시곤 하셨어요. 그렇게 다니시다가 저녁이 늦으면 부산에 내려가시지 않고 경무대(청와대)에서 주무셨습니다. 김 시장과 저는 도면을 들고 경무대에도 여러 번 갔습니다.

이 박사께서는 김 시장을 수행한 저를 가리켜 "저 사람은 누구야?" 물으셨고 그때마다 김 시장이 "네, 실무자입니다"라고 대답한 것을 기억합니다.

1951~52년에는 아직 정부가 부산에 있었고 따라서 대통령 임시관저도 부산에 있었다. 그럼에도 불구하고 이승만 대통령은 빈번하게 서울로 올라왔고 그때마다 밴플리트 장군이 수행했음을 알 수가 있다.

서울의 전재복구가 계획되던 1951년 6월에서 그해 가을에 걸쳐 대한민국 중앙정계의 모습은 이 대통령에게는 결코 유쾌한 것이 아니었다. 국민방위군사건·거창사건, 이시영 부통령 사임, 김성수 부통령 당선, 정전회담 반대 범국민투쟁 전개 등. 여하튼 대통령 간접선거제 시대였는데 국회의원 과반수 이상은 분명히 이승만 반대파였으니 틈만 있으면 부산을 떠나 서울에서 전재복구 상황을 시찰·독려하는 것이 이 대통령의 즐거운 일과였을 것이다.

리지웨이 장군의 뒤를 이어 밴플리트 장군이 미8군사령관으로 부임해 온 것은 1951년 4월 14일이었다. 그동안 대한민국 정부와 이승만 대통령은 미국의 책임자급 고급장성을 여러 명 맞이하고 보냈다. 이 대통령에 의해 구국의 은인으로 칭송되었던 맥아더 원수는 별격이었지만 하지(Hodge, J. R.), 워커(Walker, W. H.), 리지웨이(Ridgway, M. B.), 밴플리트(Van Fleet, J. A.) 등이 미군의 최고사령관으로 한국에서 근무하다가 떠나갔다. 그들 중에서 유일하게 밴플리트 장군만은 장교에서 출발하지 않은, 즉 병사출신의 육군대장으로서 천성이 소탈하고 이 대통령을 친형처럼 대

이승만 대통령과 밴 플리트 장군.

했다.[2] 그는 이승만 대통령이 부산에서 서울로 행차할 때면 군무에 지장이 없는 한, 이 박사를 수행했다. 당시 한국군 육군본부는 대구에 있었지만, 미8군사령부는 1951년 7월경부터 사실상 대구에서 서울로 옮겨와 지금의 롯데호텔 자리에 있던 반도호텔을 사령부로 쓰고 있었다.

김태선 시장에 대한 이승만 대통령의 깊은 신임도는 김 시장의 이력을 통해서 알 수가 있다.

1952년 8월 5일에 제2대 정·부통령 선거가 있었다. 국민의 직접선거

---

2) 밴플리트 장군은 그런 소탈함 때문에 한국에 많은 친구를 만들었다. 그는 1953년 1월 한국을 떠난 후 정년퇴직을 했다가 1954년 미국 대통령 특사로 다시 한국에 왔다. 그후 한미재단 총재로서 제주목장 건설 등 한국재건에 협력했다. 밴플리트 장군이 다시 한국을 찾은 것은 1964년 8월이었다. 1892년 생인 그의 나이는 72세가 되어 있었다. 노령인 그를 동행한 것은 그의 손자 밴플리트 3세와 그의 며느리 이본느 로빈슨이었다. 박정희 대통령이 광복절 경축식에 노장군과 그의 가족을 초청한 것이다. 경축식에 앞선 8월 14일 오전에 그들 일행은 윤치영 서울특별시장의 초청으로 서울 시장실을 방문했으며 행운의 열쇠와 명예시민증을 수여받았다. 한국전쟁에 참전했던 그 많은 유엔군 장병 중에서 그에게만 주어진 '명예시민증'이었다.

에 의한 첫번째 선거였다. 당시 내무장관이던 이범석이 부통령 선거에 입후보하기 위해 장관직을 사임하자 이승만 대통령은 7월 24일 서울시장 김태선을 내무장관에 임명했다.

당시 내무장관은 각종 선거에 크나큰 영향력(권한)을 미치고 있었다. 김태선이 내무장관으로 재임하는 기간에 선거가 치러졌고 이승만이 대통령, 그리고 이승만의 의중의 인물, 함태영이 부통령으로 당선되었다. 그리고 김태선은 만 37일 만에 다시 서울특별시장의 자리로 돌아왔다. 그 37일간, 서울특별시장 자리는 공석이었다. 이승만 대통령의 입장에서 볼 때 수도 서울 재건의 적임자는 김태선뿐이었고 내무장관의 임명은 말하자면 '원 포인트 릴리프'였던 것이다.

조선총독부가 1936~40년에 경성부 시가지계획을 수립했을 때로부터 10여 년의 세월이 흐르고 있었다. 그동안 서울은 그 명칭이 경성부에서 서울특별시로 바뀐 것 이상의 엄청난 변화가 있었다.

말이 전재복구계획이지 사실상은 서울 시가지계획의 전면적인 재검토·재정비였다. 오늘날처럼 160명을 헤아리는 도시계획 기술사가 있고 도시계획전문 용역기술단이 수십 개가 있는 시절이 아니었다. 도시계획으로 박사학위를 받은 사람이 수백여 명이나 되는 그런 시절도 물론 아니었다.

당시의 서울시 도시계획과는 토목국 소관이었는데, 토목국장 민한식은 다년간 해상시설청에 근무했던 항만기술자였고 도시계획은 전혀 알지 못했다. 도시계획과 계획계장 이풍호는 일본 도쿄에서 구획정리 업무에 종사한 일이 있는, 구획정리의 환지업무 기술자일 뿐 도시계획은 알지 못했다.

다음은 장훈과의 대화내용이다.

"그 방대한 양의 전재복구계획을 장 선생 혼자서 세웠습니까?"

"김태선 시장하고요. 둘이서 밤중에 시장실에 도면을 놓고 숙의했습니다. 김 시장은 미국에서 사회학을 공부한 분이니까 도로의 넓이를 얼마로 한다든가 하는 점에는 높은 식견을 가지고 있었습니다."

"계획내용에 대해서 이승만 대통령께 일일이 설명을 했나요?"

"했지요. 김 시장이 직접 하고 제가 옆에서 보충 답변했습니다."

"이 대통령께서 주문하신 것, 이것은 이렇게 하라 하는 등의 지시는 없었습니까?"

"없었습니다. 충무로는 지형상 굴곡이 생기지요. 대통령께서 그것을 지적하시면서 '왜 직선으로 하지 않느냐'라고 물어보신 정도였습니다."

"1923년의 유명한 '도쿄 대전재부흥계획' 그리고 1945년 제2차대전 종전 후의 일본 각 도시 '전재부흥계획' 같은 것을 참고했습니까?"

"전혀 참고하지 않았습니다. 그런 것이 있는 줄도 몰랐습니다. 당시에는 그러한 자료도 서울시에는 없었습니다."

본인이 말은 하지 않았지만 내가 추측해보면 1951년 7월부터 1952년 2월 말까지 장훈은 매일 야근의 연속이었고 집에서 잠을 잔 일은 거의 없었을 것이다. 당시 서울시내에는 군용차량 이외의 민간인 승용차(지프 포함)는 거의 없었다. ≪서울신문≫ 1953년 4월 2일자 기사를 보면 전차는 다니고 있었지만 막차 출발이 오후 7시 30분이었다. 이것이 30분 연장되어 8시가 된 것은 1952년 4월 21일부터였다.

그러나 장훈은 본인이 고생했다는 이야기는 하지 않고 "부하직원들 고생시켰다"는 말만 되풀이했다. 이 말은 세 가지 뜻을 내포하고 있다.

첫째는 아직 서울시 직원들의 상당수(3분의 2 정도)가 지방 피난지에 흩어져 있었으니 장훈이 거느린 직원은 극소수였다는 점이다. 『서울특별시사』(해방후 시정편)에 의하면 1952년 4월 말 현재로 서울시 직원총수 1,951명 중 복귀자는 1,048명(복귀율 53.7%)뿐이었다고 하니, 장훈이 전재복구계획을 수립한 1951년 하반기에는 그 복귀율이 3분의 1 정도에 불과했을 것이다. 둘째는 오늘날처럼 정밀한 도면이 없던 시대였으니 전체계획은 물론이고 구획정리계획을 수립할 때 측량업무가 병행되어야 했다. 그런데 당시의 서울시가지는 아직 청소도 제대로 안 되어 콘크리트 잔해와 엎어진 전주·가로수가 뒤엉켜 있을 때였다. 측량대를 잘못 가져다 놓으면 지뢰가 폭발하고 공습 때 떨어뜨린 불발탄이 터지기도 하는 상황이었다. 셋째는 야간에 도면을 그리게 했다는 점이다. 세부도면까지 과장이 그릴 수 없었으니 낮에 측량 갔다 돌아온 직원들이 밤에는 도면을 그렸을 것이다.

나는 이 계획이 수립되던 1951년 하반기의 서울시 도시계획과장 장훈의 모습을 혼자 상상해본다. 굉장히 외로웠을 것이다. 그러나 무척이나 보람에 차 있었을 것이라는 생각도 한다. 보람에 차 있지 않았으면 단기간에, 그것도 거의 혼자 힘으로 그만한 계획을 수립할 수 없기 때문이다.

다행히 중앙정부의 기능도 상당 부분 서울로 돌아와 있었다. 재무·보건·문교·외자청·고시위원회·기획처 등 부산에 있어도 지장이 없는 기관을 제외하고 내무·외무·법무·교통·체신·사회·공보처의 차관 이하 국장·과장급 간부들은 거의 1951년 7월 하순경부터 서울에서 업무를 보고 있었다. 물론 국회가 부산에 있었으니 관계 장관들과 몇몇 간부들은 그대로 부산에 체류하는 이원적 운영이었다.

대한민국 최초로 세워진 도시계획

전재복구계획의 원안이 서울시에서 완성되어 내무부로 상신된 것이 며칠이었는지는 알 수 없다. 내용이 거의 대통령에게 미리 보고된 것을 알고 있었을 터이니 내무부에서 한 달 이상 지체되지는 않았을 것이라 추측된다. '중앙도시계획위원회' 같은 심의기관이 있었던 것도 아니므로 내무부 토목국장·차관·장관의 결재만 나면 바로 고시(告示)를 할 수 있었다.

'서울 도시계획 가로변경·토지구획정리지구 추가 및 계획지역·변경' 이란 이름의 서울 전재복구계획이 발표된 것은 1952년 3월 25일자 내무부 고시 제23호였다. 한국인에 의한 최초의 도시계획이었다. 이 계획의 특징은 크게 두 가지였다.

첫째는 가로·광장계획이고 다음이 전재복구 구획정리사업이었다. 구획정리에 관해서는 뒤에서 다시 설명키로 하고 여기서는 가로계획에 대해서만 설명한다.

1923년 9월 1일의 일본 관동대지진 때 당시 세계 최고의 정치학자이자 역사학자이며 뉴욕 시정조사회 고문으로 있었던 비어드(Beard, C. A.)는 원래부터 교분이 있던 일본 내무대신 고토 신페이(後藤新平)에게 이런 내용의 전보를 쳤다고 한다. "새로운 가로를 설정하라. 그 노선에 저촉되는 건물을 짓지 못하도록 하라. 철도역을 통합하라." 시가지가 쑥대밭이 되어 건물이 거의 없는 상태가 되었을 때 가장 먼저 생각하는 것은 '차제에 도로나 넓히자'라는 것이 평균적인 발상이다.

서울시는 1952년의 전재부흥계획에서 39개의 계획가로(計劃街路)를 신설하고 6개의 기존 계획가로를 폐지했으며, 18개의 기존 계획가로의 넓이를 크게 넓혔다. 계획가로의 확장·신설 중에서 대표적인 것 몇 개를 열거하면 다음과 같다.

- 광화문네거리에서 중앙청(구 조선총독부) 앞까지의 길이 500m 도로를 종전의 53m 넓이에서 100m로 확장.
- 광화문네거리에서 오간수교까지 길이 2,750m의 가로를 종전의 12m 넓이 두 개를 합하여 50m로 확장. 종전에는 청계천을 사이에 두고 양쪽에 12m씩의 계획가로가 있었는데 청계천을 오간수문까지 복개하기로 하고 50m 넓이의 계획가로로 함.
- 광화문네거리에서 서울역까지 종전의 연장 800m, 넓이 34m를 연장 1,500m, 넓이 50m로 확장.

· 종묘 앞에서 필동까지 1,450m를 종전의 넓이 12m에서 넓이 50m로 확장(이른
바 소개도로이며 지금은 세운상가가 차지하고 있다).
· 서울역광장에서 한강인도교까지 종전의 35m 넓이를 40m로 확장.
· 서대문광장에서 동대문광장까지의 4,000m(지금의 새문안길, 종로1가에서 6가
에 이르는 큰길)를 종전의 넓이 28m에서 40m로 확장. 이 길은 주로 남쪽부분
이 전재로 파괴되었기 때문에 남쪽 12m를 가로부지로 포함했다고 한다.
· 종로 5가에서 장충동까지 종전의 길이 890m, 넓이 20m를 길이 1,450m, 넓이
40m로 확장.
· 서울역광장에서 서대문광장까지(의주로) 넓이 30m를 40m로 확장.
· 광화문네거리에서 사직공원 앞까지 길이 770m, 넓이 40m의 가로 신설.
· 서울역광장에서 신당동까지 길이 870m 넓이 20m를 길이 3,500m, 넓이 35m로
확장. 오늘날의 퇴계로는 이렇게 계획된 것이다.

대표적인 것 몇 개만 열거했는데 여하튼 1952년 3월 25일자 계획에
서 서울의 계획가로망은 한결 더 넓어졌고 길어졌다. 이렇게 가로망을
연장·확폭하는 한편으로 광장(주로 교통광장)도 크게 신설 확장했다. 이때
신설 확장된 광장은 다음과 같다.

· 신설된 광장 19개
중앙청(전 조선총독부) 앞 20,900㎡, 광화문네거리 70,700㎡, 안국동 13,300㎡,
서울역전 64,690㎡, 남대문 24,000㎡, 동대문 13,000㎡, 노량진(한강대교 남단)
6,500㎡, 을지로 입구 13,300㎡, 광희동 17,000㎡, 종로네거리 13,300㎡, 서대문
네거리 13,300㎡, 을지로 4가 13,300㎡, 종로 4가 13,300㎡, 동교동 11,300㎡,
합정동 11,300㎡, 용산역전 62,500㎡, 묵정동 12,500㎡, 종묘 앞 36,000㎡, 독립
문 11,300㎡, 계 765,390㎡
· 확장된 광장 5개
태평로 1가 시청 앞 21,000㎡에서 28,800㎡, 한강로 삼각지 5,800㎡에서 13,300㎡,
갈월동 7,850㎡에서 13,300㎡, 만리동 1가(서울역 서편) 6,000㎡에서 22,400㎡, 청
량리역전 22,400㎡에서 33,956㎡.

일제가 1936년에 시가지계획을 수립했던 당시는 중요 건축물들 때문에 시내 교통요충지에 넓은 광장을 마련한다는 것은 생각도 못했는데 한국전쟁으로 시가지가 크게 파괴된 것을 계기로 이렇게 넓은 광장들을 계획할 수 있었던 것이다. 즉 한국전쟁 이전의 서울의 계획광장은 모두 21개 11만 8,110㎡(약 3만 5,790평)뿐이었는데 1952년 계획에서는 32개 61만 646㎡(약 18만 5천 평)로 약 5.2배로 확장되었다. 그리고 32개 광장의 넓이 평균은 1만 9,083㎡(약 5,783평)였다.

광장은 주변의 지형과 건물의 모습에 따라 사각형인 것도 있고 원형인 경우도 있다. 그런데 당시 계획된 광장넓이를 보면 원형으로 계획된 것이 적지 않았던 것 같다.[3]

만약에 광화문네거리 중심을 기점으로 반지름 150m의 광장이 실제로 실현되었다면 현재의 동아일보 사옥과 광화문우체국은 없어지고 대한교육보험 사옥(교보빌딩)과 광화문빌딩도 짓지 못하게 되었음은 물론이다.

우리는 앞에서 서울시가 1952년 3월 25일자 고시 제23호로 대담한 가로의 신설·확장과 계획광장의 신설·확장을 했음을 알 수 있었다. 이렇게 계획을 했으면 그 계획에 저촉되는 건물·토지를 서울시에서 매수하여 계획한 대로 가로를 넓히고 광장을 마련해야 한다. 그러나 서울시의 재정형편이 좋지 않아 토지·건물의 매수는 쉽게 이루어지지 않았다. 부

---

3) 그렇게 추측하는 이유는, 첫째 32개 광장 중 그 넓이가 1만 3,300㎡인 것이 8개, 1만 1,300㎡인 것이 4개, 7,800~7,850㎡인 것이 2개이다. 그것들은 반지름이 각각 65, 60, 50m인 원형이다. 아래에 계산을 해보면(원의 넓이 $\pi r 2$)

  $65 \times 65 \times 3.14 = 13,300$
  $60 \times 60 \times 3.14 = 11,300$
  $50 \times 50 \times 3.14 = 7,850$

그렇다면 넓이 7만 650㎡의 광화문네거리 광장은 반지름 150m의 대형광장임을 알 수 있다.

  $150 \times 150 \times 3.14 = 70,650$

동산 소유자의 입장에서는 땅을 매수할 능력도 없으면서 건물도 못 짓게 하니 사유권의 침해가 이만저만이 아니었다. 한편 시 당국의 입장에서도 제대로 건물이 들어서지 않은 채 간선가로변이 방치되어 있으면 우선 보기에 좋지 않았다. 그리하여 생긴 제도가 가(假)건축허가라는 제도였다.

어떤 땅이 가로계획 또는 광장계획에 걸려서 정식 건축허가는 날 수가 없다. 그렇다고 시에서 이 땅을 빨리 매수할 능력도 없다. 그렇다면 서울시가 재정능력이 생겨 그 대상토지를 수용할 수 있을 때까지는 토지 소유자로 하여금 그 토지를 이용할 수 있게 가건물을 짓도록 허가한다. 다만 서울시가 훗날 가로계획선·광장계획선에 걸린 토지를 수용할 때 가건물에 대한 보상비는 지불하지 않는다.

이것이 가건물제도이다. 이 가건물제도에 의해 종로(서대문 - 동대문)를 비롯해서 서울시내 많은 간선가로변에 가건물이 들어섰다. 그러나 이렇게 1952년에 계획된 가로는 훗날, 즉 1966~79년에, 다시 말하면 김현옥·양택식·구자춘의 3대 시장시절에 전부 계획대로 신설·확장되었다. 청계천도 이 기간에 완전히 복개되어 도로가 확보되었다.

문제는 광장이었다. 점점 자동차가 늘어나는 추세이니 계획가로의 넓이는 축소할 수 없었다. 그러나 광장은 있어도 그만 없어도 그만 아닌가. 1952년 광장계획이 지나치게 넓으니 좀 축소하자는 제의가 토지 소유주로부터 강하게 제기되었다. 특히 광화문네거리의 경우가 그러했다. 광화문네거리 서남쪽에 국제극장, 그 남쪽에 감리회관이 있었음을 기억하는 사람이 많을 것이다.

두 개 건물이 모두 가건물이었다. 국제극장 소유주가 누구인지는 모르지만 엄청난 세력가·재력가였으니 큰 극장을 가건물로 지을 수 있었을 것이고 그 남쪽 감리회관은 감리교 총본부 소유의 건물이었다. 이들보다 더 큰 세력이 있었으니 천하의 동아일보사였다. 이러한 세력들의 금전적·

권력적 압력에는 박정희 군사정권도 굴복할 수밖에 없었다. 오히려 군사독재 정권이었으므로 더 약점이 있었을지도 모른다. 1962년 12월 8일자 건설부고시 제177호로 종전의 32개 광장의 넓이는 크게 바뀌었다. 즉 왕십리역전광장 및 합정동네거리광장이 넓어진 한편으로 8개 광장의 넓이가 크게 축소되었던 것이다.[4]

이 축소에서 무엇인가는 모르지만 어떤 힘의 작용이 있었음을 분명히 알 수가 있다. 이때 광화문네거리(세종로)광장은 종전의 반지름 150m의 원형이 102.87m 원형으로 축소되었다. 그러나 광화문네거리 광장의 넓이를 이렇게 반으로 줄였는데도 불구하고 동아일보사 건물은 여전히 광장계획선에서 벗어날 수 없었다. 다만 언론의 힘 앞에 약한 서울시가 이 건물을 강제수용하지 못하고 있을 뿐이다.

런던 대화재와 관동 대진재 복구계획

이야기가 좀 딱딱해졌으니 화제를 좀 바꾸어보자.

1666년이면 우리나라 역사는 조선왕조 후기, 현종 7년이다. 전왕인 효종의 장례에 임하여 대왕대비의 복상이 1년이냐 3년이냐를 두고 우암 송시열과 남인들 간에 치열한 공방전이 전개되고 있을 때였다.

한국의 역사가 이러한 때 영국의 수도 런던에 큰 화재가 발생했다. 당시의 런던은 페스트(흑사병)가 만연하여 1664~65년에 7만 5천 명이나 되는 사망자를 내기는 했지만, 인구가 50만 명을 넘는 유럽 최대의 도시

---

4) 변경 전후를 보면 다음과 같다.

　광화문네거리(세종로광장) 70,700㎡에서 33,228㎡, 안국동광장 13,300㎡에서 6,327㎡, 용산역전광장 62,500㎡에서 23,374㎡, 독립문광장 11,300㎡에서 6,470 ㎡, 정동광장 2,800㎡에서 1,525㎡, 을지로 6가광장 11,300㎡에서 7,201㎡, 갈월동광장 13,300㎡에서 4,095㎡, 광희동광장 17,000㎡에서 4,554㎡.

로서 영국의 자본·재능 대부분이 집중되어 있었다. 불은 1666년 9월 2일 런던브리지 옆의 한 빵집 부엌에서 시작되었다. 이렇게 일어난 화재는 그칠 줄을 모르고 옆으로 옆으로 번져 왕립 어음교환소·세관·길드홀 등 이름난 건물들을 모두 불태워버렸다. 4일간 계속된 이 화재가 진화되었을 때 런던 시가지에서 남은 부분은 겨우 20%에 불과했다.

1632년에 출생한 크리스토퍼 렌(Christopher Wren) 경의 원래 전공은 천문학으로 1661년 옥스퍼드 대학 천문학과 교수가 되었다. 그가 건축학에 관심을 가지게 된 것은 바로 천문학 교수가 되었을 때부터라고 하며 몇몇 이름난 건축물을 설계했다. 1664~65년에는 프랑스 파리에 체재하다가 귀국 후 얼마 안 지나서 런던 대화재가 일어났다.

큰 화재가 끝나자 어떻게 해야 할지를 모르고 있던 차에 그는 대규모의 런던 재건계획안을 정부에 제안했다. 격자형과 방사선을 조합한 가로계획과 큰 광장, 주요건축물의 배치, 넓은 공원녹지 등으로 이루어져, 근대 도시계획의 시초라고 불리는 이 런던 재건계획은 국회의원들의 맹렬한 반대에 부딪혀 그대로 실현되지는 못했다. 그러나 이 계획을 제안한 렌 경은 1669년 런던 건설총감에 임명되어 그의 생각은 많은 부분에서 살아날 수 있었고, 특히 폴 대성당을 비롯한 주요 건축물을 그가 직접 설계함으로써 런던의 늠름한 모습을 나타낼 수 있었다.

1923년 9월 1일에 일어난 관동 대진재는 일본의 수도 도쿄의 중심부 1,100만 평을 잿더미로 만들었다. 다음날 구성된 새 내각의 내무대신은 지난날 대만 정무총감, 남만주철도(주) 총재, 도쿄시장 등을 역임한 고토 신페이였으며 그는 신설된 제도부흥원의 총재도 겸했다. 그의 아래로 십여 명의 신진관료·학자들이 모였다. 그 모두가 도쿄제국대학 공학부 건축과·토목과 교수이거나 그 대학 출신들로서 2~3년씩 유럽·미국 등에 가서 도시계획을 공부하고 돌아온 신진관료들이었다.

그들이 당초에 구상한 것은 지진으로 파괴되고 불타버린 1,100만 평 전역을 일괄 매수하여 가로·광장·공원·하천 등을 계획대로 완전히 정리한 후에, 업무·상업·주거지역을 민간에게 불하 또는 대부한다는 것이었으며, 그에 소요될 예산은 당시의 금액으로 41억 원이었다. 그러나 당시의 일본 내각 및 국회에 41억 원이라는 방대한 예산안을 받아들일 만한 배짱과 식견은 없었다. 회의를 거듭한 끝에 고토 총재에게 허용된 예산은 6년 계속비 합계 4억 6,844만 원이었으며 그 중 도쿄부흥비는 겨우 3억 667만 8,400원이었다. 고토는 강인한 인내심으로 이 부흥비 예산안을 받아들였다. 그는 뒷날 "그때 내가 하지 않았으면 도쿄부흥계획을 수행할 만한 인물이 없었다. 그러니 모든 것을 참으면서 내가 한 것이다" 라고 술회하고 있다.

고토와 그의 휘하에 모인 학자·관료들이 채택한 계획안은 1,100만 평 전역에 걸친 구획정리사업이었다. 돈이 거의 들지 않는 구획정리의 수법으로 넓은 간선가로, 뒷골목의 작은 도로, 하수도 및 하천정비, 공원·녹지를 확보한다는 내용이었다.

고시자와 아키라(越澤 明)가 1991년 발간한 『도쿄도시계획 이야기』에서는 이 도쿄대진재 부흥계획을 설명하여 다음과 같이 자랑하고 있다.

지진에 의한 소실지역 1,100만 평 전역에 걸친 구획정리를 단행했다. 이것은 세계 도시계획 역사상 그 유례가 없는 기성 시가지의 대개조였다.

도쿄시민에게 있어 '고토 신페이'라는 인물을 가질 수 있었던 것은 큰 행운이었다. 그러나 (지도층 중에서) '고토 신페이'밖에는 (사람이) 없었다는 것은 큰 불행이었다.

피해지역을 구획정리지구로 지정

한국전쟁 후 서울시가지 부흥계획을 구획정리 수법으로 단행한 당시의 도시계획과장 장훈에게 "혹시 도쿄대진재 부흥계획이라든가 태평양전쟁 후의 도쿄복구계획을 참고하였습니까"라고 내가 물었을 때 그는 "그러한 계획이 있는 것도 몰랐습니다"라고 대답했다. 오늘날처럼 각종 정보가 풍부한 시대가 아니었다. 특히 도시계획에 관한 정보는 더욱 더 빈약한 시대였으니 그가 고토 신페이에 의한 도쿄부흥계획을 알 리가 없었을 것이다. 하물며 렌에 의한 런던 대화재 재건계획을 알았을 리는 더욱더 없었다.

일본 관동대진재 부흥계획에서 채택한 구획정리 수법, 고시자와 아키라가 세계 도시계획 역사상 처음이었다고 자랑한 '기성시가지 구획정리 수법 개조계획'을 장훈이 서울의 전재복구계획에서 채택한 이유는 아주 간단하다. 첫째 재정적인 뒷받침을 전혀 기대할 수 없었으니 전재지역을 일괄 매수하여 이른바 이상적인 도시계획을 수립할 경제적 능력이 없었고, 둘째는 당시 장훈을 비롯한 도시계획 당무자들이 알고 있었던 도시계획은 유독 구획정리 수법 한 가지뿐이었기 때문이다.

그런데 한국전쟁에 의한 피해지역을 구획정리 수법으로 개조한다는 것은 결코 쉬운 일이 아니었다. 일본의 관동대진재에는 강도의 지진과 그에 뒤따른 큰 화재가 있었다. 그러므로 피해지역 1,100만 평은 전부 연결되어 있었다. 그것을 63개의 소지구로 다시 구획하여 그 중 750만 평은 도쿄시가 담당 정리하고, 나머지 189만 평은 중앙정부(내무부)가 담당하여 6년간 계속 사업으로서 구획정리를 실시했다. 국회·시의회가 관여했고 지주대표들도 동참했다. 이렇게 전기관이 합심해서 이루어진 결과였다. 훗날 이 구획정리에 대해 미국의 도시학자 태이라즈(Tailars)는 다음과 같이 평하고 있다.

부흥계획과 관련하여 단행된 도쿄 구획정리는 근대도시에 있어서 계획된 가장 무서운(formidable) 사업의 하나였다. 이렇게 과감한 일은 유럽이나 미국의 도시에서는 도저히 이루어질 수 없는 일이었다.

그런데 한국전쟁으로 잿더미가 된 서울의 사정은 큰 지진과 화재를 거친 도쿄의 경우와 전혀 사정이 달랐다. 전재를 입은 지역이 연결되지 않았던 것이다. 종로2가, 종각에서 관철동 일대는 피해를 입었으나 종로 3가에서 4가까지는 피해를 입지 않았고 5가에서 6가의 중간까지는 또 피해를 입었다. 충무로 입구에서 명동·충무로 3가까지는 피해를 입었고 충무로 4가는 피해를 입지 않았으며 충무로 5가에서 오장동·을지로 5가는 피해를 입었다.

이렇게 피해를 입은 지역, 입지 않은 지역을 일일이 발로 걸어서 확인

지구명	해당동리명	넓이
도렴지구	도렴동 일부	34,570㎡
남대문지구	남창동 전부·북창동 일부	89,260㎡
관철동지구	관철동 대부분	74,560㎡
을지로지구	을지로 3가 일부	67,420㎡
충무로지구	충무로 1·2·3가 전부	166,950㎡
종로지구	종로 5가 일부	74,240㎡
묵정지구	묵정동 전부	212,460㎡
신당지구	신당동 일부	31,410㎡
왕십리지구	왕십리동 일부	203,220㎡
신문로지구	신문로 2가 일부	5,950㎡
행촌지구	교북동 일부·행촌동 전부·현저동 일부	147,120㎡
서대문지구	서대문로 2가	36,040㎡
만리지구	중림동·만리동 각 일부	20,530㎡
도동지구	도동·동자동·갈월동 각 일부	103,490㎡
청파지구	청파동 1·2가 각 일부	23,140㎡
원효로지구	원효로 일가 전부·문배동 일부	188,270㎡
아현지구	아현동 일부	66,120㎡
마포지구	마포동 일부	14,880㎡
서빙고지구	서빙고동 일부·동빙고동 전부	79,340㎡
합계		1,693,470㎡

하고 피해를 입은 지역 전부를 구획정리 대상지역으로 결정했다. 남쪽은 서빙고·원효로, 북쪽은 독립문 동남쪽의 홍파동·교북동, 서쪽은 아현삼거리, 동쪽은 왕십리(황학동)가 포함되었다. 이렇게 서울시내 피해지역을 묶었더니 모두 19개 지구 총 163만 9,470㎡(약 49만 6,809평)였다. 크기도 각양각색이었다. 신문로 2가는 5,950㎡(약 1,803평)였고 지금 앰버서더 호텔 일대인 묵정지구는 21만 2,460㎡(약 6만 4,382평)였다.

오늘날의 구획정리 개념으로는 쉽게 상상이 되지 않는 작은 평면의 집합이었다. 1952년 3월 25일자 내무부 고시 제23호로 고시된 구획정리지구 19개의 동리명과 넓이를 소개하면 앞의 표와 같다.

제1·2중앙토지구획정리사업

1970년대 초반 내 친구 하나가 대구에서 서울로 올라와 종로구 효자동에 집을 얻었다. 어느 날 밤, 거나하게 술을 마시고 집으로 돌아가는데 이 골목 저 골목으로 자기 집을 찾다가 끝내 찾지 못하고 파출소에 구원을 요청했다고 한다.

지금도 도심과 교외를 막론하고 구획정리가 되지 않은 채 주택이 밀집한 서울의 뒷골목에서 집을 찾으려면 엄청나게 많은 고생을 해야 한다. 조선왕조 시대의 좁은 도로, 그리고 논고랑 밭고랑 따라 부정형하게 집이 들어섰으므로 가로망 체계도 하수도 계통도 엉망으로 되어 있다. 일제시대 초기, 조선총독부는 약 7년간에 걸쳐 이른바 시구개정사업(市區改正事業)이라는 것을 전개했으나 그것은 서울시내 도심부의 간선가로를 직선화하고 하수구를 정비하는 데 그쳤으며 한발 뒷골목으로 들어가면 소방차도 다닐 수 없는 꼬부랑길 그대로였다. 이렇게 조선시대 - 일제시대 - 광복 - 대한민국 정부수립 후까지 부정형하게 이어온 서울시가지

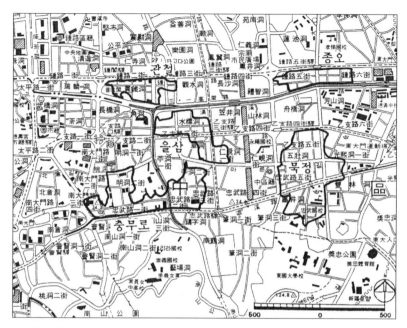

제1중앙토지구획정리지구.

중심부가 잿더미가 되었다.

　아무런 계획도 규제도 하지 않고 그대로 두었다가 부산에 가 있는 정부가 돌아오고 전국각지에 피난가 있는 시민이 한꺼번에 돌아와서 전쟁전의 자기 집터에 마구 새 집을 짓게 되면 시가지는 부정형한 채로, 전쟁전의 상태로 그대로 돌아가버린다. 시가지가 잿더미가 된 시점에서 새 간선가로망을 긋고 뒷골목을 바둑판처럼 정비하고 작은 공원도 조성하고 하수도 계통을 완비해두지 않으면 안 된다. 그것을 구획정리 수법으로 시행하기로 한 것이 제1·2중앙토지구획정리사업이다.

　1952년 3월 25일자 내무부 고시 제23호로 19개 지구를 구획정리사업 대상지구로 고시한 서울시는 그 중에서 가장 시급히 시행해야 할 5개 지구를 선정했다. 을지로 3가·충무로·관철동·종로 5가·묵정동이었다. 5

개 지구는 물론 연결되지 않은 독립지구였고 가장 넓은 곳이 묵정지구로 26만 1,798㎡, 가장 좁은 곳이 관철구로 7만 7,417.4㎡였다. 이 5개 지구를 '제1중앙'이라는 이름으로 묶어 내무장관에게 구획정리 시행인가를 받았다.

내무부의 시행명령이 떨어진 것은 1952년 8월 5일이었고 그해 10월 27일 실시인가가 내려졌다. 그러나 날짜는 공식적인 것이었고 실제 사업은 1952년 6월 초부터 시작되고 있었다. 1952년 6월 3일에 을지로3가 11만 4,470㎡에 대한 구획정리사업 기공식이 거행되었다. 이 기공식에 참석한 이승만 대통령은 이제 서울이 제 모습을 찾게 된다는 점에 감격해 6월 3일을 '서울 건설의 날'로 정하라고 지시했다고 한다(이 건설의 날 지정은 이루어지지 않았다).

5개 지구면적 합계는 72만 323.9㎡였으며 공사비 총액은 15억 원이었다. 당시의 돈 15억. 1953년 2월 14일에 100 대 1로 평가절하하여 환이 되고, 5·16군사쿠데타 이후인 1962년 6월 10일에 다시 10 대 1로 평가절하하여 원이 되었으니, 지금의 화폐단위로 환산하면 150만 원밖에 되지 않는다. 당시의 달러환율은 6천 대 1이었으니 15억 원은 25만 달러였다. 그러나 6천 원 1달러는 어디까지나 공식환율이었고 실제 암달러 시세는 2만 5,100원이었으니 15억 원이라는 금액은 6만 달러도 안 되는 작은 금액이었다. 그러나 이 15억 원도 5억 1,500만 원은 국고보조, 1억 5천만 원은 시비보조였고 주민부담은 8억 2,400만 원이었다.

원래 구획정리사업을 할 때에는 그 내용을 관보나 신문에 공고하여 해당지역 주민, 토지 소유자에게 널리 알리는 것이 원칙이다. 당시 제1중앙구획정리사업지구 내의 토지는 3,282필지였고 토지 소유자는 1,700명이었다고 한다. 신문공고를 내려 해도 비용이 없었고 관보에 게재한다 하더라도 볼 사람이 없는 시대였다. 장훈 과장은 이 구획정리사업 공고

문을 붓으로 써서 서울시청 앞과 전국각지 서울시민 피난민수용소(천막 기타) 앞에 게시했다. 이런 게시행위는 법령에 위반되는 것이며 만약 사업 자체에 불만을 가진 자가 행정소송이라도 제기하면 틀림없이 서울시가 패소할 일이었다. 장훈은 그것이 통하는 시대였다고 하면서 조용히 미소를 지었다. 바로 호랑이 담배 피우던 시절의 이야기이다.

사정은 여하간에 이어서 1953년 11월 14일에는 제2중앙토지구획정리사업도 시작되었다. 전국각지에 흩어져 있던 시민들이 돌아와 새 집을 짓기 전에 서둘러 간선도로폭과 뒷골목 도로폭이라도 제대로 확보해둬야 한다는 생각으로 사업을 서둘렀던 것이다. 제2중앙지구는 구획정리사업이라는 측면에서 보면 더욱더 엉터리였다. 남대문(남창동·북창동)·원효로(원효로 1가·문배동 각 일부)·왕십리·행촌동은 서울의 동서남북으로 흩어져 있어 도저히 하나의 구획정리사업으로는 묶일 수 없었다.

1970년대에 처음으로 이 계획을 접했을 때 나의 솔직한 느낌은 "이런 엉터리 구획정리사업이 과연 성립될 수 있는가"라는 것이었다. 그 지구라는 것은 결코 점(点)은 아니었지만 흡사 흩어진 말똥과 같은 것이었다. 이 네 개 지구면적 합계가 39만 6,295.5㎡(약 12만 평)였고 그 중 가장 넓었던 남대문구(남창동·북창동) 31만 3,867.8㎡(약 95,000평)를 뺀 나머지 3개 지구의 평균면적은 2만 7,476㎡(약 8,326평)로 소규모의 주택단지 넓이밖에 되지 않았다.

이 제2중앙토지구획정리의 사업비는 2,511만 환이었다. 그해 12월 1일자로 공정 달러환율이 180 대 1이 되기 때문에 2,511만 환은 13만 9,500달러밖에 되지 않는다. 서울 - 부산 간 특급열차 요금이 889환, 시내전차 기본요금이 7환, 커피 한 잔에 50환, 금 1돈쭝이 3,500환이었던 시대이기는 하나 2,511만 환으로 어떻게 사업진행이 가능했는가 의심스러울 정도다. 2,511만 환 중 국고보조가 1,440만 환(57.3%), 토지 소유자 부담금이 1,060

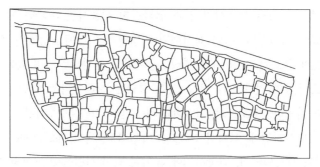

6·25 직전 관철동의 지적(오른쪽 끝 아랫부분이 종로 네거리이다).

만 환(42.2%)이었고 시 일반회계에서는 전혀 보조가 없었다.

　제1·2중앙토지구획정리사업의 특징은 첫째 도로의 확보였다. 즉 제1
에서 31.66%의 도로용지를 확보했으며, 제2에서 31.8%의 도로용지를
확보할 수 있었다. 참고로 구획정리가 이루어지기 전, 제1·2지구의 도로
율이 (사유지도로를 합해서) 각각 1.3%, 4.7%였던 것과 비교하면 31.66%,
31.8%의 도로율이 얼마나 엄청난 것인지 알 수가 있다.

　일제시대 충무로는 이른바 '본정통(本町通)'으로 일본인 상권집중지였
다. 그런데 이 본정통의 도로넓이가 불과 6m정도밖에 되지 않았고 부분
적으로는 4m밖에 안 되는 곳도 있었다. 충무로의 도로넓이가 이 정도였
으니 뒷골목은 말할 필요도 없었다. 이 제1·2구획정리사업의 대상이었
던 뒷골목 도로넓이는 1.5~2m 정도의 꼬부랑길이었다.

　그리하여 서울시는 이 중앙 제1·2구획정리사업을 하면서 충무로의
도로넓이를 모두 8m로 확장했고 뒷골목 도로는 4m로 통일했다. 이렇게
도로넓이를 확장해놓고 보니 간신히 공습피해를 면하고 비록 총탄은 맞
았지만 수리만 하면 쓸 수 있는 점포와 주택이 적지 않게 철거대상에
포함되었다. 이렇게 폐허가 되다시피 했는데 그나마 서 있는 건물을 또
철거한다는 것은 말도 안 되는 일이다. 이것은 도시계획을 빙자한 서울

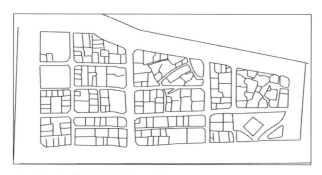
제1중앙토지구획정리 후의 관철동 지적.

시의 횡포이다라는 민원이 일어났다. 서울시 도시계획과가 감당하기에
는 너무나 강력한 민원이었다. 서울시는 중앙정부(내무부)의 지시라고 속
였고 그러한 내용의 공문서도 내무부와 교환했다.

당시 내무부는 을지로 입구, 지금은 외환은행 본점이 들어선 자리에 있
던 일제시대 동양척식주식회사 건물에 있었다. 내무부 산하 치안국이 같
은 건물을 쓰고 있어 경비가 자못 삼엄했다. 민원인들이 쉽게 접근할 수
없었으니 결국은 승복할 수밖에 없었다. 지금의 충무로 도로는 이렇게 해
서 확보된 것이며 명동일대의 도로폭도 이때 4~8m로 넓혀진 것이다.

중앙 제1구획정리사업의 두번째 특징은 공원용지의 확보였다. 관철구
를 제외한 4개 구, 즉 종 5구·을 3구·충무로구·묵정구에서 모두 공원용
지를 확보하고 있다. 이 점도 토지 소유자들이 맹렬히 반대했음은 물론
이다. 도로·하수도 등 때문에 소유토지가 적지 않게 감축되는데 공원용
지마저 확보하면 지주의 부담이 커진다는 것이었다.

이들 4개 공원 중에서 가장 대표적인 것이 명동공원이다. 명동 2가,
서울에서 가장 번화한 거리의 한복판에 확보된 3,385㎡(약 1,026평)의
이 공원은 1968년에 당시 김현옥 시장에 의해 매각되었다. 일반시민들
의 강한 반대에도 불구하고 서울시 건설비 재원을 마련한다는 이유로

민간인에게 매각했던 것이다. 지금 그 자리에는 제일물산공업주식회사의 22층 건물이 들어서 있고 지하층과 지상 1·2층은 제일백화점이 되어 있다.

을지로 공원도 1960년대 말에서 1970년대 초에 걸쳐 서울시 경찰국 산하의 청소년관계 건물이 지어졌고 그 후에도 조금씩 조금씩 잠식되어 현재에는 공원의 모습을 찾을 길이 없다. 장훈이 많은 민원과 대항하면서 마련했던 도심부 녹지휴식공간은 그 후의 무식한 위정자들에 의해 이렇게 무참하게 짓밟혀버린 것이다. 정말로 애석한 일이며 명동공원이나 을지로공원이 그대로 남아 있었더라면 얼마나 좋을까 생각하면 한숨이 나오고 만다.

중앙 제1·2토지구획정리사업을 실시하면서 가장 어려웠던 일은 시민의 부담금이 잘 징수되지 않았다는 것이었지만 부담금을 내지 않으면 건축허가가 나지 않았기 때문에 4~5년이 지나면서 사업은 거의 마무리될 수 있었다.

또 한 가지 애로사항은 원래의 소유토지 넓이가 20~30평 정도로 좁은 데다가 도로·공원용지로 잘려나가면서 1호당 남겨진 토지가 10~20평밖에 안 되는 사례가 허다하게 생겼다는 점이다. 이런 토지의 소유자를 설득하여 합필환지(合筆換地)를 한 일도 큰 일 중의 하나였다고 한다.

3. 시가지 고층화의 꿈 - 1953년의 건축행정요강

인구수가 1천만이 넘고 면적이 605㎢(약 2억 평)나 되는 지금 1950년대 전반기 서울의 모습을 상상하기란 결코 쉬운 일이 아니다. 아직 중앙정부가 부산에 있고 육군본부가 대구에 있던 1952년 말 서울의 인구수

는 71만 6,865명이었는데, 중앙정부가 서울에 정식으로 돌아오는 1953
년 말 서울의 인구수는 101만 416명이었다.

1990년대 후반의 서울 도심, 사대문 안에는 20층 이상의 고층건물이
수없이 들어서 있고 며칠 만에 도심에 들어가보면 전에는 볼 수 없던
고층건물이 여기저기 새로 들어서 있는 것을 보고 놀라고 또 놀란다.

1953년 7월 27일, 한국전쟁의 휴전협정이 정식으로 조인되던 당시의
서울은 과연 어떤 모습이었던가.

우선 서울시내, 또는 서울시가지라는 것은 어디에서 어디까지였을까.
사대문 안은 일단 시가였다. 동대문을 나가면 신설동까지 큰길가에는
집이 들어차 있었지만 그 밖은 논과 밭이었다. 신설동 남쪽에는 경마장
이 있었으니 인가는 별로 없었다. 신당동에는 집이 들어서 있었지만 지
금의 금호동·옥수동 일대는 산이었다. 왕십리에도 큰길을 따라 양쪽에
는 집이 연이어 있었지만 지금 한양대학교가 있는 일대에는 주택보다는
미나리꽝이 더 많았다. 성동교도 나무다리였고 그 동쪽에는 논과 밭뿐이
었다.

서울의 남쪽, 한강대교까지는 양쪽에 시가지가 형성되어 있었지만 동
빙고동·서빙고동의 인구수는 각각 1천 명 안팎이었다. 원효로 1~4가에
도 큰길가가 아니면 논과 밭이 더 많았다. 노량진·상도동·대방동·영등
포도 시가지가 연결되지 않았고 큰길가에도 논과 밭이 많았다.

서쪽으로 나가면 겨우 신촌까지였고, 마포 전차종점을 100m만 벗어
나면 동쪽은 벌거숭이 산이었고 서쪽은 논·밭이었다. 동교동의 인구수
가 1천 명이 안 되었고 서교동·합정동·망원동은 한 개로 묶여 하나의
행정동을 형성하고 있었다. 서울의 동북쪽은 미아리고개가 끝이었고 서
북쪽은 독립문·현저동이 끝이었다. 지금의 강남구·서초구·강동구·강서
구·관악구·구로구·금천구·도봉구·노원구·은평구 등은 경기도에 속해

있었고 10년도 더 지나서 서울시에 편입되었다.

도심부의 건물들, 특히 중구 관내의 점포·주택들은 거의 잿더미가 되어버렸지만 그래도 지금의 신세계백화점, 그 뒤의 제일은행 충무로 지점, 그 맞은편의 한국은행 구 건물들은 서울의 대표적 건축물로 남아 있었다. 1953년경 서울에서 가장 고층건물은 소공동 지금의 롯데호텔 자리에 있던 지상 8층의 반도호텔이었다. 반도호텔은 1936년 흥남에 대규모 질소비료공장군을 건설한 일본인 노구치(野口)가 세운 건물인데, 1945년 광복이 되자 미 제24군단 사령부로 사용되었으며 1951년부터는 미 제8군사령부로 사용되고 있었다.

반도호텔과 그 앞자리에 있던 조선호텔, 한국은행 본관 등이 서울의 대표적인 건물이었던 1950년 당시 서울 도심부인 중구·종로구의 건축물 평균층고는 1·2층 정도밖에 안 되었을 것이다. 서울역전에서 종로네거리(화신 앞), 남대문로 양측의 평균 건물높이가 3~5층 정도였고 충무로·명동·을지로·종로의 평균 건물높이가 2~3층 정도, 한 발짝 뒷골목으로 들어가면 거의가 단층건물이었다.

'서울특별시 수도부흥위원회규정'이 서울특별시 규칙 제25호로 고시된 것은 1953년 8월 1일이었다. 이 위원회는 위원장 1명, 부위원장 2명과 위원 56명으로 구성되었다. 또 서울시 도시계획위원회에 상임위원을 두는 규정은 같은 해 8월 12일자 시 규칙 제26호로 고시되었다. 그리고 최초의 서울 도시계획위원회 상임위원은 당시 최고의 도시계획 권위자로 알려진 주원이었다.

한국전쟁으로 잿더미가 되어버린 서울 도심부의 부흥계획을 세웠던 김태선·주원·장훈 등이 생각한 서울의 장래 모습은 격자형으로 계획된 시가지, 그리고 간선대로변 건축물의 고층화였다. 서울이 비록 쑥대밭이 되기는 했지만 앞으로도 대한민국 수도의 자리를 굳건히 지켜나갈 것임

에 틀림이 없으므로, 국제사회 어느 대도시에 견주어도 크게 손색이 없
으려면 적어도 간선도로변만은 고층화되어야 한다는 것이었다.

여기서 한 가지 부연할 것은 1960년대까지의 한국인이 생각한 고층건
물이라는 것은 겨우 3층에서 8층 정도의 건물이었다. 이렇게 8층 높이가
상한이었던 것은 일본 건축물의 영향에서 벗어나지 못했기 때문이다.
1960년대 중반까지 일본의 건축물 상한은 지상 8층이었다. 미국 뉴욕·
시카고 등지의 도심부 건물이 50~70층 정도로, 지상 102층, 높이 381m
의 뉴욕 엠파이어스테이트 빌딩이 완공된 것은 이미 1931년이었는데,
1960년대 중반의 일본 건축물의 높이가 8층, 31m인 데는 두 가지 이유
가 있다.

첫째는 1923년에 일어난 관동대지진의 경험에서 지진이 많은 일본에
서는 100척(尺) 높이, 즉 31m 이하의 건물 정도가 안전하고 그 이상이
되면 큰 지진이 일어났을 때 붕괴위험이 있다. 둘째는 조선왕조 시대
민간인 주택은 백 칸을 넘을 수 없어 아흔아홉 칸(99間)이 상한이라는
사상과 상통되는 것이었다. 즉 위로 천황을 모시는 나라에서 100척이
넘는 건물은 불경하다는 것이었다.

이렇게 8층 높이가 건축물의 상한이라는 교육을 받았던 1960년대까
지의 한국인 건축가, 건축행정가의 생각도 서울도심부 간선도로변의 건
축물 높이를 3~8층 정도로 생각했던 것이다. 1950년대 말까지 서울시
에는 '건축과'라는 기구가 없었고 도시계획과 건축계가 건축행정의 총
본부였다. 아직 건축법이라는 법률도 없었고 겨우 일제가 1934년에 제
정 공포한 '시가지계획령'을 '도시계획령'이라고 이름만 바꾸어 시행하
고 있었다.

1953년 7월 27일에 한국전쟁의 휴전협정이 정식으로 조인되고 정확
히 1주일 후인 8월 3일 '서울특별시 공고 제24호 건축행정요강'이라는

것이 공포되었다. 1962년에 건축법이 제정 시행될 때까지 서울의 건축물은 이 요강이 정하는 바에 따라 건축허가가 이루어졌다. 말하자면 건축물을 통한 서울 전재부흥의 길잡이였다. 그렇게 길지도 않고 내용도 결코 전문적인 것이 아니니 전체 내용을 그대로 소개한다(문장은 오늘날에 맞게 고쳤다).

서울특별시 공고 제24호

건축행정은 앞으로 서울부흥에 있어서 가장 중요하고 긴급한 과업으로서 이의 잘되고 못되고는 장래 정치·경제·문화 또는 산업·외교 등의 중심이 될 대(大)서울특별시의 발전에 중대한 영향을 미치게 될 것임에 비추어 웅대한 구상과 치밀한 계획하에 색원적 조치를 강구함이 필요하므로 아래와 같이 건축행정요강을 정한다.

1953년 8월 3일
서울특별시장 김 태 선

건축행정요강

1. 도시계획에 저촉이 되지 않은 대지상의 건축
   ① 도시계획령에 의거하여 전면적으로 허가한다.
   ② 가(假)건축은 재해지(災害地)에 한하여 일정한 조건하에 허가한다(가주택은 제외한다).
2. 도시계획에 저촉된 대지상의 건축
   ① 이유여하를 막론하고 신축은 허가하지 아니한다.
   ② 기존건물의 대수선, 대변경 및 용도변경은 조건부로 허가한다.
   ③ 재해건물이라 할지라도 그 존속여부를 엄밀히 심사한 후 조건부로 수선 및 용도변경을 허가할 수 있다.
   ④ 도시계획령 시행세칙 제28조에 정한 (건축현장의 노무자 숙소) 건축물 계출은 도시미관 및 교통 등에 지장이 없는 대지에 한하여 조건부로 승인할 수 있다.
3. 건축물의 높이
   ① 상업지역 및 노선상업지역

가. 넓이 25m 이상의 도로에 면한 건축물을 신축·재건축·개축 또는 증축
할 때는 내화(耐火)구조로 3층 이상으로 제한한다.

나. 넓이 12m 이상 25m 미만 도로에 면한 건축물을 신축·재건축·개축 또
는 증축할 때는 내화 및 준내화구조로 2층 이상으로 제한한다.

② 기타지역

넓이 15m 이상 도로에 면한 건축물을 신축·재건축·개축 또는 증축할 때
는 2층 이상으로 제한한다.

③ 아래의 도로에 면한 건축물을 신축·재건축·개축 또는 증축할 때는 5층
이상으로 제한한다.

기점	경과지	종점
세종로 →	남대문 →	서울역전
남대문 →	한국은행 앞 →	종로2가(종각 앞)
서대문네거리 →		종로5가
을지로1가 →		을지로6가
종묘 앞 →		필동2가

4. 건축물의 대지면적에 대한 비율(건폐율)

① 주거지역 10분의 4 ② 상업지역 10분의 6

③ 공업지역 10분의 4 ④ 풍치지역 10분의 3

⑤ 혼합지역 10분의 4

5. 주택부지 면적의 최저기준

1호당 대지면적이 25평(82.5㎡) 미만인 대지에는 건축을 금지한다.

6. 일반주택

주택을 신축·재건축·개축 또는 증축할 때는 문화적 생활에 입각한 기능과
보건·방화 및 실용적인 건축물로 하여야 한다.

7. 건축대지 경계선

① 건축물은 대지 경계선으로부터 1m 이상 떼어서 건축하여야 한다. 다만
노선상업지역 및 넓이 12m 이상 도로에 면한 건축물은 예외로 한다.

② 대지경계선에 옹벽을 축조할 때에는 불에 타지 않는(不燃質) 자재를 사
용하여야 한다.

8. 앞의 각 항에 관하여 서울특별시장이 불가항력의 사유가 있다고 인정하는
경우에는 예외로 한다.
9. 무허가 건축물에 대한 조치
① 무허가건축을 감행하는 자에 대하여는 법에 의하여 엄중 처단한다.
② 기존의 무허가건축에 대하여는 도시계획사업을 실시할 때 자진 철거함
을 기한부로 예고하고 기한 내에 철거하지 않을 때는 강권으로 이를 철
거한다.

이 건축행정요강이라는 것을 지금 보면 정말 하잘것없고 유치한 규정
이지만 당시에는 하나의 혁명이었다. 당시의 건축법규인 도시계획령 즉
조선총독부가 1934년에 제정한 시가지계획령과 동 시행규칙에는 주택
부지면적의 최저기준이 없었으니 10평밖에 안 되는 협소한 땅에도 주택
을 지을 수 있었다. 그런데 건축요강이 최초로 주택대지의 최소면적(25
평)을 정했던 것이다. 또 상업지역·주택지역 등 도시계획상 용도지역에
따른 건폐율도 상업지역 10분의 8, 주거지역 10분의 6이었는데 이를 각
각 10분의 6, 10분의 4로 낮춘 것도 획기적인 조치였다.

또 시가지계획령(제103조)에서는 건축물의 높이를 주거지역 20m, 상
업지역 31m로 그 상한을 규정해두었는데 건축요강에서는 전면도로의
넓이 및 주요간선도로변의 건물높이를 5층 이상 또는 3층 이상으로 높
이의 최저한도를 규정했으니 이 또한 큰 변혁이었던 것이다.

이렇게 건축행정요강이라는 것을 만들어 서울 도심부를 고층화하기
로 했지만 당시의 경제사정에서는 쉽게 고층화될 수 없었던 것은 당연한
일이었다. 1955년의 한국인 1인당 국민소득은 겨우 65달러였고 1960년
에도 80달러에 불과했다. 당시에는 시멘트 생산공장은 삼척에 있던 동
양시멘트공업주식회사 하나뿐이었고 연간생산량도 겨우 10만 톤 안팎
이었으며, 제철공장은 아예 있지도 않아 철근은 전량을 수입에 의존하고

있었다.

1955년 11월에 종로네거리, 지금은 제일은행 본점이 들어서 있는 자리에 신신백화점이 신축되었다. 이 건물은 당시 세계적으로 유행하던 루버를 전면에 돌린 매우 산뜻한 건물이었지만 겨우 2층에 불과했다. 전재지였기에 가건축허가를 받았던 것이다. 광화문네거리 동아일보사 맞은편에 국제극장이 들어선 것은 1957년이었다. 이 건물은 불과 3층에 불과했으며 대지 자체가 광화문네거리 광장계획에 저촉된 때문에 역시 가건축허가로 지었다.

1957년에 을지로 1가, 무교동 길로 돌아가는 모퉁이에 5층짜리(훗날 1층을 증축하여 6층이 됨) '개풍빌딩'이 세워졌다. 그 모습이 매우 스마트해서 서울장안의 화제가 되어 신촌이나 돈암동에 거주하는 시민들이 이 건물을 구경하기 위해 일부러 시내 나들이를 할 정도로 유명한 건물이 되었다. 이 건물을 지은 개풍재벌이 쇠망하자 그 소유주가 몇 번 바뀌고 1980년대 초에 개축되더니 현재는 전혀 다른 건물이 들어서 있다. 남대문 옆에 7층짜리 그랜드호텔이 들어선 것은 1958년 10월에서 1959년 12월에 걸쳐서였다. USOM이란 미국기관이 출자한 건물이었기 때문에 USOM-Korea Office라고도 불렸다. 서울이 본격적으로 고층화되는 것은 그로부터도 10년이 더 지난, 1960년대 후반까지 기다려야 한다.

(1996. 3. 20. 탈고)

참고문헌

국회도서관. 1980, 『한국경제연표』, 국회도서관.

서울시 예산·결산서(마이크로필름), 1951~64.

서울특별시, 1964, 『서울도시계획』, 서울특별시.

_____. 1962, 『서울 都市計劃白書』, 서울특별시.

_____. 1984, 『서울 土地區劃整理沿革誌』, 서울특별시.

_____. 1994, 『市報 색인목록 총람』(Ⅰ·Ⅱ), 서울특별시, 1994.

『서울再建相』, 시사통신사, 1953.

宋炳洛. 1981, 『韓國經濟論』, 박영사.

『市報』(마이크로필름).

『歷代의 얼굴』, 韓國政經社, 1971.

越澤 明. 1991, 『東京の都市計畵』, 岩波新書.

_____. 1991, 『東京都市計畵物語』, 日本經濟評論社.

「6월의 山河가 戰禍에 물들 때」, ≪조선일보≫ 1975년 6~8월 연재.

李基洙. 1968, 『首都行政의 發展論的 考察』, 法文社.

통계청, 1995, 『광복 이후 50년간의 경제일지』, 통계청.

_____, 1995, 『통계로 본 한국의 발자취』, 통계청.

鶴見祐輔 편. 1937~38, 『後藤新平(4권)』, 後藤伯爵傳記編纂會.

관보·신문, 각종 연표, 백과사전 등.

워커힐 건설
군사정권 4대 의혹사건의 하나

1. 베일에 싸인 워커힐 건설

건설동기와 위치선정

5·16군사쿠데타는 미국측에서 볼 때 별로 달갑지 않은 일이었다. 장면 정권(제2공화국)의 탄생으로 진정한 민주주의가 제대로 싹트고 있으니 초창기에 일어나는 약간의 혼란만 극복하면 알차게 성장해갈 수 있을 터인데, 갑자기 군사쿠데타를 일으킨 것이 못마땅했던 것이다. ≪타임≫지가 5·16군사정권을 가리켜 Park-Junta(朴정부)라는, 경멸하는 표현을 상당히 오랫동안 사용한 것을 기억하는 사람이 많을 것이다.

5·16이 일어났을 때 주한 미국대사는 버거(S. D. Berger)로 임명되어 있었지만 그는 쿠데타가 일어난 지 한 달이 더 지난 6월 하순에 부임해 와서 6월 27일에 신임장을 제시했다. 5·16 당시 유엔군 사령관은 맥그루더였는데 그는 쿠데타 후 한 달 만에 멜로이 대장과 교체되었다. 맥그루더의 경질은 군사쿠데타를 사전에 알지 못한 데다 그것을 저지하지

못한 책임을 물은 것이라는 것이 당시의 풍문이었다(일본 도쿄에 있던 유엔군 사령부가 서울로 옮겨온 것은 1957년 7월 1일이었다).

중앙정보부를 창설하고 직접 정보부장 자리에 있으면서 군사정권을 이끌어갔던 김종필은 버거 미국대사, 멜로이 유엔군 사령관과 자주 자리를 같이했다. 군사정권에 대한 미국정부의 인식전환을 위해서였다.

1961년 7월 하순의 어느 날, 김종필이 멜로이를 찾아가 대화를 나누다가 주한미군 위락시설이 화제가 되었다. 두 사람의 대담내용을 소개하면 다음과 같다.

> 멜로이: 지금 일본에 우리 미군장병이 1년에 약 3만 명 정도가 위로휴가를 가고 있는데 만약에 비상사태가 나면 즉시 돌아올 수 있을지가 걱정이다. 한국 내에 미군을 위한 위락시설이 있다면, 연간 3만 명이 일본에 쓸어넣고 있는 돈을 여기에 쏟아넣을 수도 있을 것이고, 또 유사시에 비상소집을 하면 즉시 응소해서 신속하게 대비할 수 있을 테고 하니 그런 것이 있었으면 좋겠다.
> 김종필: 그런 걸 여기다 만들면 당신이 장병들을 여기 머물게 할 수 있겠소?
> 멜로이: 장병들이 만족할 만한 게 있다면 얼마든지 할 수 있다.

김종필은 '주한미군과 외국인 관광객을 위한 위락시설을 갖춘 대규모 호텔'을 건설할 결심이 서자 박정희 최고회의 의장을 설득하여 승낙을 받았다. 당시 중앙정보부 제2국장 석정선(石正善)은 육사 8기이고 쿠데타 계획을 처음부터 가장 가까이에서 같이했던 그의 친구였다. 석 국장과 깊이 있게 상의하는 자리에 임병주(林炳柱) 중령을 불렀다. 임병주는 당시 중앙정보부 전략정보국 총무과장(제2국 제1과장)이었고 신분은 현역 육군중령이었다. 김종필은 임 중령에게 "어려운 일을 잘 처리하는 추진력을 갖고 있는 당신이 적임자이니 모든 것을 책임지고 고생 좀 하라"고 지시했다고 한다.

김·석·임 트리오가 제일 먼저 한 일은 위치선정이었다. 서울 일원을 누비다시피 돌아다녔고 헬리콥터(L 19)를 타고 공중조사도 몇 차례 했지만 정작 위치선정은 희한하게 이루어졌다.

1950년대 후반에 서울시민뿐 아니라 전국민간에 유행했던 우스갯소리에 "각하 시원하시겠습니다"라는 말이 있다. 이승만 대통령은 여가가 생기면 광나루에 나가 낚시를 즐겼다. 어느 날 오후에 낚시를 하던 이 대통령이 방귀를 뀌었는데 옆에 앉아 있던 내무장관 이익흥이 "각하 시원하시겠습니다"라고 했다는 것이다. 이 이야기는 한 야당 국회의원이 국회 본회의에서 발설한 것인데 물론 일부러 지어낸 거짓말이었다. 한번 웃어보자는 가벼운 마음으로 한 이 말은 발설자의 의도와는 달리 삽시간에 온 나라 안 남녀노소에게 전파되었다. 이승만의 독재, 이승만을 둘러싼 고관들의 행태, 늙은 대통령에 대한 아첨배들의 실상을 한마디로 말해주는 이야기였기 때문이다.

이승만 박사가 낚시를 즐기다가 지치면 잠시 휴식을 취하는 작은 건물이 아차산 기슭에 있었다. 단층 벽돌집이었지만 편의상 이 박사 별장이라고 불렀다. 뒤에는 울창한 아차산을 등졌고 앞에는 한강의 흐름과 넓은 들녘이 펼쳐져서 절경이었다. 대규모 호텔시설의 위치를 찾고 있던 1961년 8월의 어느 날 오후, 박정희 최고회의 의장과 송요찬 내각수반, 김종필 정보부장 셋이서 그곳에 나와 휴식을 취하고 있었는데 누군가가 이렇게 경치 좋은 곳에 관광휴양시설을 만들면 좋겠다고 했고 모두가 그것이 좋겠다고 해서 의견이 일치되었다.

위락시설을 갖춘 대규모 호텔부지로 결정된 면적은 모두 19만 1,520평이었는데 국유지·시유지가 대부분이었고 약간의 사유지가 섞여 있었다. 재무부 관재국의 지가평가액과 재산세 납부액, 현지 거래가격 등을 참고해 매각교섭을 벌였다. 중앙정보부가 사겠다는데 거절할 사람도, 값을 올려달라고 보채는 사람도 없던 시절이었다.

김종필·김수근의 만남과 설계위원회

건축가 김수근(金壽根). 그의 일생이 한 편의 연극처럼 화려하고 다채로웠듯이 그의 등장 또한 극적이었다. 1959년 11월 19일자 석간, 20일자 조간은 일제히 남산 중턱에 세워질 국회의사당 건물 현상설계 당선작을 사진과 함께 보도했다. 특히 그것이 일본에 유학하고 있던 교포학생 세 사람의 합작이었다는 것, 설계자 대표 김수근의 모습이 아직도 학생티가 나는 앳된 얼굴이란 점에 깊은 인상을 받았다.

24층, 130m 높이로 남산 중턱에 우뚝 솟을 이 건물의 기본설계를 한 사람은 김수근(28세)·박춘명(32세)·강병기(27세) 세 사람이었는데, 박춘명과 강병기는 아직 도쿄에서의 일이 끝나지 않아 김수근 혼자 귀국해 작품도 소개하고 신문기자와 대담도 했다. 당시는 아직 육군중령으로 육군본부 정보참모부 기획과장이었던 김종필도 이 기사와 사진을 통해 김수근에 대한 강한 인상을 받았던 것이다.

대규모 호텔부지를 선정해놓고 나니 정지작업은 어떻게 하고 그 위에 어떤 건물을 어떻게 배치하느냐의 문제가 당면과제로 다가온 김종필의 뇌리에 '김수근'이라는 이름이 떠올랐다. 혁명가 김종필과 풍운아 김수근의 만남이 이루어졌다. 첫 대면한 두 사람은 당장에 의기투합을 했다.[1]

---

[1] 김종필·김수근의 만남과 20여 년에 걸친 끈질긴 교분을 가리켜 "예술적 교감의 차원에서 이루어지지 않았나 생각된다"는 글을 만날 수 있었다(정인하, 『김수근 건축론』). 그러나 김종필은 문화를 사랑하고 좋아하는 정도였지 결코 예술의 경지에 도달하지는 않았다. 유명한 그의 그림도 아마추어의 영역을 벗어나지 못했다고 생각한다.

나는 건축을 깊이 알지 못하지만 김수근을 예술가라고 생각해본 일은 없다. 그가 설계한 작품 중 내가 좋아하는 건축물이 적지 않게 있기는 하나 그를 만날 때 일대 위락관광시설 설계의 의뢰를 받은 김수근은 일을 같이할 인물로 강명구·김희춘·나상진·엄덕문·이희태 등 5명의 건축가를 초청하여 설계작업에 착수했다. 김수근을 포함한 6명은 이천승·정인국·김중업 등과 더불어 1960~70년대 한국 건축(설계)계의 주역들이다. 이천승·정인국을 설계위원으로 참여케 하지 않았던 것은 나이로 보나 관록으로 보아 김수근이 쉽게 대하기 어려웠던 점 때문이었을 것이고, 김중업에 대해서는 약간의 두려움과 경쟁의식이 작용한 때문이었을 것으로 추측된다.

전체 시설은 아차산의 산세와 주변경관이 조화를 이룰 수 있도록 설계한다는 기본방침에 따라 여러 지역으로 분산 위치하도록 구성되었다. 숙박·위락시설 등의 기능에 따라 26개 지역으로 시설을 나눠 건설하는 방안이 설계위원 전체 의견으로 채택되었다.

설계위원들이 각 시설과 건물마다 전체의 의견을 모아 절충 결정하는 방법을 택했지만, 내부적으로는 각자의 역할분담이 있었고 건축물의 성격에 따라 주된 설계자가 있었다. 우선 전체 마스터플랜은 나상진이 세웠다. 도로선을 어떻게 내고 어떤 건물을 어디에 배치하는가 등의 배치계획이었다. 그것을 나상진이 맡은 것은 험한 일을 마다하지 않는 그의 성격 때문이었다고 한다. 상징물인 힐탑과 더글러스 호텔은 김수근이 설계했고, 주 건물과 나이트클럽은 김희춘, 한국민속관은 엄덕문이 설계했다.

워커힐 설계의 특징은 자연경관 등 지형과 도로형태 그대로를 최대한 살려 자연과 건축물이 조화를 이루게 한 공간미의 창출에 있었다. 건축물들을 주변경관에 알맞게 분산 배치하고 건물높이를 4층 이하로 제한한 것도 그 때문이었다. 강명구의 회고담에 의하면 모든 건물 안의 어느

마다 느꼈던 그 강한 속기(俗氣)가 끝내 그를 예술가라고 생각하게 해주지 않았다. 그는 예술가이기에 앞서 다재다능한 사업가였다고 생각하고 싶다.

곳에서나 한강을 내려다볼 수 있도록 했으며 설계위원 모두가 멋지고 의미 있는 작품을 만들어보자는 장인정신으로 작업에 임했다고 한다.

국민 1인당 소득수준이 80~100달러밖에 안 되던 당시의 경제상황에서 방대한 위락시설을 계획 설계한다는 것은 결코 쉬운 일이 아니었다. 6명의 건축가들은 각자의 설계사무소와는 별도로 공동 설계사무소를 만들어 프로젝트를 진행했다. 13개의 빌라는 지역별로, 또 각 설계위원이 나누어 설계를 했기 때문에 각기 특이한 외형을 하고 있었다. 또 실내장식·무대미술·기계설비·냉난방 등의 설계에는 전문분야별로 배만실 이화여대 교수, 미술가 이세득, 김효경 서울대 공대 기계과 교수 등이 자문위원으로 위촉되어 깊이 참여했으며 호텔 및 관광분야 인사들도 고문으로 추대되어 조언을 아끼지 않았다.

사단법인 '워커힐'의 발족

신축될 호텔에는 워커힐(Walker Hill)이라는 이름이 붙여졌다. 호텔의 성격이 외래관광객 및 주한 유엔군 휴가장병 유치시설로 규정된 만큼 그 의미를 강조하기 위해서 외국어로 이름을 짓는 것을 원칙으로 하여 각계에 의견을 물었다. 여러 가지 의견 중에서 최종적으로 워커힐이라는 이름이 결정되었다.

워커(Walton H. Walker)는 1889년에 텍사스 주에서 태어나 육군사관학교와 육군대학을 졸업한 전형적인 직업군인이었다. 제2차세계대전 때는 미 제20사단장으로서 유럽전선에서 용맹을 떨쳤고 북아프리카 전투에서는 G. 바튼 장군 지휘 아래 독일의 롬멜 장군 부대와 맞서 큰 공훈을 세웠다. '불독'이라는 애칭은 아프리카 전투에서 붙여졌다고 한다.

미8군사령관으로 일본에 주둔해 있던 그가 주한 유엔지상군 사령관으

공사현장을 돌아보는 김종필 중앙정보부장(색안경을 쓴 사람이 김종필이다).

로 임명된 것은 한국전쟁이 일어난 지 11일 후인 7월 6일이었으며 7월 13일부터 대구에 미8군사령부를 설치하고 정식 부임해왔다. 그로부터 9월 중순까지 그는 이른바 낙동강 교두보 작전을 종횡무진, 불철주야로 지휘하여 그 무공을 전세계에 떨쳤다.

북진 중에 있던 전선시찰차 서울에서 의정부로 가던 도중 교통사고로 사망한 것은 1950년 12월 23일이었고, 61세 생일(12월 3일) 20일 후의 일이었다. 대장 승진이 상신되어 있었으나 대장계급장을 달아보지 못하고 순직한 것이다.

신축될 대규모 시설을 그의 이름을 따서 '워커의 언덕'이라 부르기로 한 것은 그에 대한 추모의 뜻을 표하기 위한 것이었다. 이 시설 안에 들어선 5개의 호텔이름도 같은 취지로 명명되었다. 객실수 55개의 것이 더글러스(맥아더)였고, 각각 48개의 것 두 개의 이름이 머슈즈(리지웨이)와 맥스웰(테일러)이었으며, 45개의 것 두 개의 이름은 라이먼(렘니처)과 제임스(밴플리트)였다. 모두가 유엔군 사령관이 아니면 미8군 사령관을 지낸 사람의 이름자를 딴 것이다. 이러한 이름들은 바로 이 거대한 위락시설 겸 호텔이 주로 미군이 주축이 된 유엔군들을 위한 시설이었으므로 그들이 숭상하는 인물들의 이름을 붙임으로써 얻게 될 친근감도 고려한 것이었다.

임병주 중령이 소장으로 있던 건설사무소는 을지로 3가 동남빌딩 안에 있었으며 부지매입, 추진계획 수립, 건물설계 등의 일을 주관했다. 군사정권의 의결기관이었던 국가재건최고회의는 1961년 11월 23일, 워커힐 건설사무소를 해체하고 '사단법인 워커힐'을 설립했다. 이사장에는 임병주 중령이 임명되었고 이사에는 석정선·장동운 등 4명이 선임되었다.

워커힐 건설공사는 1962년 1월 5일에 기공식을 가졌고 1월 23일부터 본격적으로 공사에 들어갔다. 기공식에는 박정희 최고회의 의장과 송요찬 내각수반 등 관계인사가 참석했다. 이 건설공사에 참여한 민간업체는 삼환·동아·대림·협화·신흥건설 등이었는데 모두가 그동안 미8군 공사실적을 가진 업체 중에서 선정되었다.

4대 의혹사건 중 하나인 워커힐

워커힐 건설계획이 상당히 오랫동안 비밀리에 추진되었던 것은 사실이다. 최고회의 의장·내각수반 등이 참석한 기공식도 일반에게는 알려지지 않았다. '사단법인 워커힐'이 60억 환으로 출발되었다는 기록은 있으나(제6대 4회 국회 내무위원회 제17차 속기록—1964년 11월 12일) 그 60억 환이 어디에서 나왔는지는 등은 일절 밝혀지지 않고 있다.

1993년에 발간된 『워커힐 30년사』에는 이 사업의 기공식이 1962년 1월 5일에 거행되었고 1월 23일부터 본격적인 공사가 추진되었다고 기록되어 있으나, 그것은 건축공사에 관한 기록이고 토목공사는 그보다 훨씬 앞서서 시작되었다. 즉 이른바 4대 의혹사건으로 국회 내무위원회가 중앙정보부를 감사했고 그 결과 밝혀진 바로는 이미 1961년 9월부터

1962년 2월까지 각 군 공병감 휘하의 각종 장비 연대수 4,158대 연인원 2만 4,078명을 무상노역케 했다 하니 무엇인가 부정혐의가 있었던 것은 부인할 수 없을 것 같다.

왜 중앙정보부의 사업으로 해야 했던가, 왜 일반에게는 알리지 않았던가, 왜 이 관계 국정감사를 비공개로 했으며 그 속기록은 작성하지 않았던가, 6명의 건축위원을 비롯한 그 많은 자문위원·고문들에 대한 수당·사례비는 어떤 재원에서 어떤 명목으로 지급되었는가 등의 기록은 완전히 없어졌고 전해오는 자료도 없다.

광복 직후인 1945년 태평양점령군 총사령부(G.H.Q) 문화·정보·교육국 과장으로 재직하다가 파면되고 다년간 신문기자 생활을 했다는 D. W. 콘데가 써서 일본과 한국에서 번역 출판된 『남한 —그 불행한 역사』라는 책은 폭로·고발적인 저서로 유명하다. 그는 이 책에서 워커힐 건설 자금이 그동안 중앙정보부가 압수한 "북한에서 파견된 스파이들이 가지고 들어온 자금(금괴·달러·한국통화 등)"과 또 중앙정보부가 받은 뇌물, 횡령한 돈, 관세법 위반 즉 밀수로 생긴 자금, 그리고 한국군인의 부정이용 등에서 창출된 것이 진실이었다고 단정하고 있다. 그러나 그는 그 근거는 제시하지 못하고 있다. 세 사람의 주역, 김종필·석정선·임병주는 그 자금의 출처를 소상히 알고 있겠지만 그들은 그에 관해서 철저히 침묵을 지키고 있다.

광나루를 건너 경기도 동부지역, 충북·강원도를 오간 사람들에 의해 아차산 기슭에 무엇인가 큰 공사가 벌어지고 있다, 엄청난 군장비와 많은 수의 장병이 동원되고 있다는 풍문이 서울시민에게 알려진 것은 기공식이 끝나고 한두 달이 지난 1962년 3~4월경이었다. 그런데 풍문이 서울시민들에게 전해지고 있을 때 일본의 언론들, 특히 흥미위주의 주간잡지들이 이 사업을 폭로했다.

"한국의 군사정권이 서울근교에 엄청나게 큰 규모의 위락시설을 짓고 있다. 휴가를 즐기는 미군장병들을 대상으로 한 이 시설은 술과 여자와 도박판을 위주로 하고 있으며 이것이 완성되면 주한미군은 섹스와 도박으로 타락될 것이 명백하다"는, 약간은 과장된 기사를 공사중의 현장사진을 곁들여 경쟁적으로 보도했다. 일본의 입장에서는 미군장병들이 휴가로 일본에 와서 떨어뜨리고 가는 달러화는 당시의 일본 경제사정에서 보면 결코 작은 것이 아니었다. 워커힐 준공으로 그것이 두절되는 것이 두려워 좀 과장되게 보도했던 것이 틀림없다.

그리고 이 일본언론의 보도는 당장에 미국으로 날아가 미국언론에도 보도되었다. 예컨대 1962년 10월 12일자 AP통신은 「워커힐 – Korea」라는 제목으로 장문의 해설기사를 발표하고 이 시설은 매춘굴·카지노·바·나이트클럽·주사위판·룰렛장·슬롯머신 그리고 미인 호스티스를 완비했다고 소개했다. 그리고 이 해설기사는 "(한국땅에 아들을 보낸) 미국의 어머니들이나 종교단체는 과연 미군병사들에게 이러한 위락센터를 제공해야 한다고 생각하는가"라고 선동했다.

그리고 같은 달(1962년 10월) 29일자 ≪뉴스위크≫지는 "워커힐 건설사업은 지도자 김종필이 기울어진 국제수지를 바로 세우기 위해서 생각해낸 것이며 이 시설에서 연간 170만 달러를 거둬들이려 하고 있다. 김종필은 미국인에게 혜택을 주는 듯한 말투로 '우리는 미국병사들에게 무엇인가 해주고 싶다. 워커힐에 가면 GI들이 미국의 어머니에게 전보를 칠 수도 있고 가족들과 전화로 이야기할 수도 있게 되는 것이니까'라고 말했다"는 야유 섞인 기사를 싣고 있다.

미국언론들의 이러한 보도에 접하자 남편과 자식을 한국에 보낸 미국 부인들이 그대로 넘어가지 않았다. 미국의 부인단체들이 주한 유엔군사령부와 한국정부에 항의하고 나섰다. 김종필의 회고담에 의하면 "미국에 있는 군인가족들한테서 '내 남편을 한국기생의 포로로 만든다는데 그럴 수가 있느냐'는 식의 편지가 멜로이 대장에게 와서 문제가 됐는데" 라고만 하고 있는데 당시 미국 부인단체들의 항의는 매우 심각한 정도였다고 알려지고 있다.

비밀리에 추진되었던 일이 이렇게 국제적인 문제로 발전하고 그 소식이 국내에도 전파되었으니 사업 자체를 중앙정보부 단독으로 끌고갈 수 없게 되었다. 군사정권은 부랴부랴 '국제관광공사법'을 제정 공포하고 국제관광공사를 창립한다. 법이 공포되기는 1962년 4월 24일이었고 공사가 발족된 것은 6월 26일이었다. 관광공사 초대사장은 국무원 사무국장을 지낸 신두영이었다. 신 사장은 공주고보(중·고등학교)를 나온, 김종필의 대선배였다. 관광공사가 워커힐 운영권을 인수한 것은 그해(1962년) 8월 3일이었지만 그것은 표면적인 것이었고, 내용적으로는 여전히 임병주의 '사단법인 워커힐'이 건설사업을 그대로 진행하고 있었다(워커힐 운영권이 관광공사로 사실상 이관된 것은 준공식이 끝난 후인 1963년 1월 1일이었다).

문제는 건설자금이었다. 중앙정보부가 이 사업을 시작했을 때는 산업은행이 무제한 융자키로 되어 있었지만 이 사업이 국제문제로까지 확대되어버렸으니 국영기업체인 산업은행이 계속 융자해줄 수는 없다는 것이었다.

김종필 중앙정보부장 지휘로 저질러졌다는 4대 의혹사건이란 것이 최고회의 내부에서 문제가 되기 시작한 것은 1963년에 들어서였다. 1963년 1월 5일 김종필은 준장으로 승진, 예비역으로 편입됨과 동시에 중정부장 자리에서 물러났다. 2월 22일에는 중앙정보부 차장·국장 전원과 각 도 지부장 등 31명이 경질되고 새로운 진용으로 개편되었다. 중정부장직을 사퇴한 김종필은 공화당 창당준비위원장을 맡고 있었는데 최고회의 내외부로부터의 따가운 비판을 견디다 못해 공화당 당직도 사퇴했다. 2월 20일이었다. 그리고 2월 25일에 자의반·타의반으로 외국순방길에 올랐다.

이른바 4대 의혹사건의 내용이 일반에게도 알려진 것은 1964년에 들어서였다. 1963년 11월 26일에 실시된 국회의원 선거로 탄생된 야당 국회의원들이 1964년의 중앙정보부 국정감사에서 이 문제를 추궁했다. 그러나 이 국정감사는 비공개·속기중지 상태에서 이루어졌으니 그 전모는 오늘날에 이르기까지 거의 밝혀지지 않고 있다. 겨우 남아 있는 기록은 1964년 11월 12일의 내무위원회 제17차 회의, '국정감사 보고에 관한 건'에서 조병완 전문위원이 낭독한 요약설명뿐이다. 4대 의혹사건이라는 것은 군사정권하 김종필 중정부장 재직시에 저질러졌다는 증권파동, 워커힐, 새나라자동차 면세도입 사건, 회전당구기(파친코) 도입 등 네 개 사건인데 이 네 가지 사건을 둘러싸고 엄청난 자금이 횡령·착복되어 공화당 사전조직 및 정치자금으로 쓰였다는 것이다.

이 속기록 중에서 워커힐에 관한 부분을 정리해보면 다음과 같다.

· 워커힐 공사자금은 21억 환이었고 그것은 재무부가 산업은행으로 하여금 융자케 하기로 했는데 4대 의혹사건이 문제되기 시작한 1962년 봄부터 산업은행이 그 자금융자를 거부하게 되었다. 이 융자거부로 시설공사를 추진할 수 없게 되자 교통부장관 박춘식과 관광공사 사장 신두영은 1962년 8월 13일부터 1963년 2월 21일 사이에 정부가 가지고 있는 주식대금 5억 3,950만 9,795원을 워커힐 이사장 임병주에게 전용 가불케 하여 워커힐을 건설했으며 이 과정에서 임병주는 막대한 공사자금을 횡령한 사실이 드러났다.
· 김종필·석정선·임병주 등은 교통부장관과 각군 공병감 등을 설득하여 1961년 9월부터 1962년 2월 사이에 각종 장비 연대수 4,158대, 연인원 2만 4,078명을 무상노역케 하는 등 부정혐의가 있었다.
· 그리하여 정부(검찰)는 석정선·임병주 등은 타인의 권리행사 방해와 횡령, 신두영 등은 업무상배임 등의 죄로 1963년 3월 13일에 서울지검에 송치했다. 그러나 그후 이 사건 관계자는 거의 다 불기소처분되었고 임병주만이 징역 1년

공사현장을 돌아보는 박정희 당시 최고회의 의장.

이 언도되었다.
· 이 사건으로 정치자금이 조성되어 공화당 사전조직 자금의 일부가 되지 않았
는가 등을 추궁했으나 별다른 확증이 드러나지 않았다.

이 기록은 읽는 사람으로 하여금 의혹을 풀기는커녕 의혹을 증폭시키
고 있다. 사실상 제3공화국의 제6대 국회가 총의석 175명 중 여당인 민
주공화당이 110석으로 63%, 야당인 민정당·민주당을 합쳐서 54석(31%)
이었고 나머지 자유민주당(9석), 국민의 당(2석)이라는 것은, 사실상 여당
이나 다를 바가 없었으니 야당은 전혀 맥을 추지 못하고 있었다. 4대
의혹사건을 둘러싼 중앙정보부 국정감사 결과를 살펴보면 당시 야당 국
회의원의 한계를 여실히 보여주고 있다. 아마 중앙정보부 국정감사가
계속되는 동안, 여러 가지 협박과 회유가 가해졌을 것이다.
《월간조선》은 1986년 11월호에서 1987년 1월호까지 3회 연재로
「오효진의 현대사추적」이라는 기획기사를 싣고 있다. 《월간조선》 오
효진 차장이 김종필을 만나 5·16군사쿠데타, 4대 의혹사건 등에 얽힌
비화를 대담형식으로 기사화한 것이다. 그 중에서 '워커힐'에 관한 부분

을 인용하면 다음과 같다. 그 중 ≪월간조선≫ 1986년 12월호에 실린 「김종필 입을 열다. 다음은 임자 차례야」에서 '워커힐'에 관한 부분을 인용해본다.

"작업을 하는 과정에서 경비를 줄이기 위해서 형무소에 수감돼 있는 사람들을 썼고, 또 여러 절차들을 단축하려고 하다보니까 무리한 일들이 있었던 건 사실입니다. 그런데 이게 공격하는 자료가 돼서 자꾸 이상스러운 면으로 발전을 해가지고 사전조직을 하는 데 돈을 갖다 썼다고 하는데, 지금 그때의 책임자들이 다 생존해 있지만 내가 아는 한 돈을 갖다 쓸 이유가 없습니다."

당시의 기록을 보면 워커힐의 경우에도 석정선 씨가 이에 관여해서 공사자금을 융자하도록 영향력을 발휘한 것으로 돼 있다.

ㅡ그때의 신문을 보면 워커힐을 건설하는 데 소요된 외화 5백만 달러가 어디서 나온 거냐고 의혹의 눈초리로 보고 있던데요.

"대부분 내자로 했고, 외자도 재무부에서 허가받아서 쓴 겁니다."

ㅡ그때 돈 쓸 곳이 참 많았을 땐데 꼭 그걸 지어야 했느냐고 해서 논란이 많았죠.

"그런 당위성에 대해선 얼마든지 비평을 받겠어요. 다만 그때 심정으론 연 3만 명이 이웃 일본에 가서 돈을 쓰는 게 여간 아까운 게 아니었습니다. 도중에 미국에 있는 군인 가족들한테서 '내 남편을 한국기생의 포로로 만든다는데 그럴 수 있느냐'는 식의 편지가 멜로이 대장한테 와서 문제가 됐는데, 그것도 우리가 워커힐을 짓는 걸 싫어하는 나라에서 방해를 하지 않았나 합니다. 이런저런 얘기를 들으니까 내가 왜 이런 걸 했나 싶었어요. 그러나 기왕에 한 일을 어떻게 합니까."

워커힐 공사에는 군의 협조가 컸다. 육·해·공군과 해병대의 공병 및 시설대에서 기능별로 소령 및 위관급 장교가 파견되었고 장비지원도 받았다. 건축공사의 감독도 각 군 장교들이 나누어 할 정도였다. 교통부·체신부·서울시·한전 등 관련부처도 적극적으로 지원 협조했다. 교통부 시설국은 공사발주 내정가격 산정 등 기술적인 지원을 했고 체신부는 통신시설, 서울시는 진입로 포장 및 상·하수도 공사, 한전은 전기시설

하늘에서 내려다본 워커힐(1963).

공사를 맡아 완성시켰다. 이러한 지원들이 무상으로 이루어졌으니 엄청
난 경비절약이 가능했다.

1993년에 발간된 『워커힐 30년사』에 의하면 워커힐 건설에 사용된
총 자금은 6억 4천만 원이었고 그 중 외화는 220만 달러였다(105쪽).
각 군을 비롯한 여러 국가기관이 집중 지원했기 때문에 건설자금을 크게
절약할 수 있었다는 것은 짐작이 되지만 공식 달러환율이 130 대 1이었
던 시대, 6억 4천만 원이라면 493만 달러밖에 되지 않는다. 이 금액으로
과연 그 엄청난 시설을 건설할 수 있었을까. 내가 믿을 수 없다는 것은
다음과 같은 사실이 모두 은폐되어 있기 때문이다.

첫째 19만 평의 부지중 사유지는 얼마나 되었으며 그 매수대금은 얼
마였던가, 국유지·시유지는 자동적으로 워커힐 소유로 전환되었는가.
둘째 건축위원 및 기타 자문위원·고문 등에 대한 사례는 어떻게 얼마나
지급되었던가. 셋째 삼환·대림·동아 등의 건설회사와는 어떤 조건으로

시공계약이 이루어졌던가. 군장병의 노임은 무상이었겠지만 이들 시공
업체가 어느 부분까지 자체 노동력을 동원했던가. 넷째 개관준비 요원
다수를 일본에 파견, 사전교육시켰는데 그 비용도 6억 4천만 원 중에
포함되었던가.

여하튼 워커힐 건설비용 중 명백한 것은 단 한 가지밖에 없다. 즉 투
자된 외화가 '225만 9,407달러 41센트'였다는 점이다. 이 금액은 1964
년 1월 25일에 열린 제40회 국회 제2차 본회의에서 김도연 의원의 질의
에 대한 김윤기 교통부장관의 답변내용에서 밝혀진 것이다. 몇 달러 몇
센트까지 보고함으로써 국회 본회의장이 웃음바다가 되었다고 한다.[2)]

2. 호화로운 워커힐의 적자운영

워커힐은 1962년 12월 26일에 준공되었다. 그해 1월 22일에 착공하여
만 11개월 만에 각양각색의 건물들로 이루어진 워커힐이 그 모습을 드러
낸 것이다. 19만 1,520평의 부지에 너비 12m, 길이 1,500m의 주도로와 너비
8m, 길이 2,580m의 지선도로를 따라 메인빌딩을 비롯, 호텔·빌라 등, 총건
평 9,500여 평, 26동의 크고 작은 건물들이 적당한 간격을 두고 들어섰다.
준공식은 박정희 최고회의 의장, 김현철 내각수반, 주한외교사절 등 많은
내외귀빈이 참석한 가운데 주건물 홀에서 거행되었다. 준공식에 이어 퍼
시픽 나이트클럽에서는 축하행사가 베풀어졌다. 다음해 4월로 예정된 공
식개관에 앞서 특수 스테이지의 기능시험을 겸한 축하공연이었다.

---

2) 초대 관광공사 사장이며 4대 의혹사건 중 워커힐 사건에 관련되어 검찰에 입건까
   지 된 신두영은 관광공사 사장을 그만둔 후 총무처 소청심사위원장(1963년), 총무
   처 차관(1967년), 감사원 사무총장(1971년), 청와대 사정특별보좌관(1974년), 감사
   원장(1976년) 등의 현관을 역임했다.

워커힐은 1963년 4월 8일 정식 개관했다. 이날 오후 5시 반 김현철 내각수반을 비롯, 외교사절단, 멜로이 주한 유엔군 사령관 및 유엔군 장병 등 4백여 명이 참석한 가운데 성대한 개관식을 가졌다. 개관식에는 박정희 최고회의 의장이 참석하기로 되어 있었으나 마침 4·8성명(9월까지 국민투표를 보류하고 정치활동 금지자에 대한 활동허용을 포함한 4개항의 긴급조치)의 발표 때문에 참석치 못했다.

개관식에는 워커 장군의 아들 샘 워커 중령(미8군 사령부)과 모범용사 폴 쿠크 일병(508정보단), 리처드 보만 일병(25사단) 등 세 명이 미국에 있는 그들의 어머니와 국제전화로 통화를 해 이채를 띠었다. 당시는 국제전화가 그렇게 쉽게 되는 시대가 아니었다. 워커 중령은 워싱턴에 있는 그의 어머니에게 "저는 막 워커힐 개관식에 참가하는 영광을 가졌습니다"라고 말하면서 감격에 젖었다. 워커 중령은 그를 둘러싼 기자들에게 "돌아가신 아버지를 기념하는 워커힐 개관에 가족들을 대신해서 감사드린다"는 인사말을 잊지 않았다.

박정희 최고회의 의장이 개관된 워커힐을 방문한 것은 개관식이 거행된 지 4일 뒤인 4월 12일이었다. 개관보다 3개월 앞선 1월 5일에 중정부장직에서 물러난 김종필은 2월 25일에 제1차 외국순방길에 올랐으므로 워커힐 개관은 볼 수가 없었다. 그가 제1차 외국순방에서 돌아온 것은 1963년 10월 23일이었다.

미국의 세계적 주간잡지 ≪뉴스위크≫는 1962년 10월 29일자에서 한국에서 건설되는 워커힐을 소개하고 "한국의 지도자 김종필은 이 시설에서 연간 170만 달러의 수익을 올릴 계획이다"라고 보도한 바 있다. ≪뉴스위크≫지가 어떤 근거에 의해 '170만 달러'라는 금액을 산출했는지는 알 수 없으나 김종필·석정선·임병주 등 당초의 당사자들이 이 시설로 엄청난 수익을 예상했을 것이라 추측된다. 이 이른바 '휴가천국'이

당시 동양 최대를 자랑한 하나비 쇼.

완성·개관되면 많은 유엔군 장병과 외국인이 찾아와 대성황을 이룰 것
으로 생각했을 것이다. 그러므로 워커힐은 개관할 때 당시 세계적인 명
성을 얻고 있던 재즈가수 '루이 암스트롱'과 그의 악단을 2주간 특별초
청 공연하게 할 정도였다.

루이 암스트롱과 7명의 밴드, 여가수 줄 브라운 등 일행이 2주일간
하루 2회씩 공연하는 데 변호사와 스태프를 포함한 14명의 개런티 6만
달러, 항공료 1만 8,266달러, 숙식비 등을 포함하여 총 8만 8,330달러를
지급하는 조건으로 초청되었다. 이 같은 대우는 당시로는 파격적인 것이
었다. 루이 암스트롱의 공연은 2주 동안 모두 3,863명이 관람했다. 그
이후에도 세계적인 가수와 댄서들이 초청되어 거의 알몸으로 연출하는
'하나비 쇼'는 적어도 당시의 동양에서는 최고수준의 호화찬란한 것이
었다.

이러한 노력에도 불구하고 경영상태는 엉망이었다. 개관을 한 1963년
연말결산을 해보니 엄청난 결손이 났다. 1963년 1년간 지출은 1억

3,360만 4천 원이었던데 반해 수입은 7,741만 3천 원으로 5,619만 1천 원의 적자를 기록했던 것이다. 이와 같은 적자현상은 도쿄올림픽이 개최된 1964년에도 이어져 3,193만 8천 원의 적자, PATA(아시아태평양관광협회) 총회를 워커힐에서 개최한 1965년에는 6,041만 8천 원의 적자, 이렇게 적자경영의 행진을 계속했다. 간혹 흑자를 낸 해가 있어도 그 흑자액은 겨우 232만 원(1966년),

워커힐에서 열연하는 암스트롱(1963. 4. 8.).

116만 원(1969년), 125만 원(1971년) 등으로 정말 하잘것없는 액수였으니 기가 막히는 일이었다. 이렇게 경영이 어려운 원인은 이른바 '손님'이 찾아오지를 않는 데 있었으니 252개 객실의 회전률은 평균 31%에 불과했다. 이러한 객실이용률은 1960년대 말까지 계속되었다.

1960년대 말까지는 국내 유일의 현대적 호텔이었을 뿐 아니라 대규모 카지노 시설이 있었고 국제적인 쇼가 매일 밤 되풀이되고 있었는데도 불구하고 객실이용률이 이렇게 낮고 관광객이 찾아오지 않는 데는 여러 가지 이유가 있었다.

첫째는 유엔군 장병들이 워커힐에서 휴가를 즐기지 않았다는 점이다. 당시 한국의 각 미군기지에는 약 7만 5천 명의 미군이 주둔하고 있었고 그 중 약 3만 명은 1년에 일주일 정도씩 휴가를 즐겼다. 그런데 그들은 워커힐이 개관되었는데도 워커힐을 찾지 않았다. 그 이유는 복합적이었다. 우선 미국에 있는 가족들이 워커힐에서의 휴가를 달갑게 생각하지 않았다. 일본언론에 의한 과장보도로 워커힐은 "몸을 파는 색시들로 채

워져 있다"고 오해한 것이다.

다음은 경비문제였다. 군용비행기로 일본의 사세보나 요코스카에 가면 값싼 술집, 값싼 잠자리에다가 값싼 일본아가씨들을 얼마든지 구할 수 있는데 워커힐은 그렇지 않았다. 국제적 규모의 현대식 호텔이었기 때문에 방값도 술값도 비쌌고 무엇보다 같이 할 아가씨가 없었다. 반나체로 춤을 추는 화려한 쇼를 보고 난 뒤에는 외로운 밤을 보낼 수밖에 없었다. 휴가천국을 만들어 제공한다는 당초의 목표가 잘못된 것이었다.

둘째는 바·카지노·쇼무대·풀장 이외에는 이렇다 할 위락시설이 갖추어져 있지 않았다는 점이다. 계획 당초에 구상된 워커힐의 위락시설은 다양하고 규모가 큰 것이었다. 한강(광나루)에 수상위락시설을 만들어 뱃놀이와 낚시를 즐기게 하고 궁술사격장, 사이클링 등 레저스포츠 시설을 갖추기로 했다. 한강 건너편에 경비행장을 건설해서 외국의 부유층 관광객의 유치에 대비한다는 계획도 포함되어 있었다. 그러나 그와 같은 종합관광시설계획은 4대 의혹사건이 말썽이 되면서 축소되고 중단될 수밖에 없었던 것이다.

셋째는 아직 한국관광이 널리 홍보되지 않았고 따라서 외국인이 거의 찾아오지 않았다는 점이다. 워커힐을 이용한 외국인(유엔군 제외)은 1965년에 10만 명을 넘었으나 1970년에도 겨우 12만 명밖에 되지 않았다. 그 수는 이용객이지 결코 숙박객이 아니었으니 한심한 숫자였다.

넷째는 접근이 어려웠다는 점이다. 1960년대에는 아직 강변도로도 없었고 천호대로는 착수도 되지 않았다. 워커힐을 가려면 일단 도심부로 들어가서 을지로·왕십리·성동교·광나루길을 이용할 수밖에 없었다. 워커힐이 준공 개관될 당시, 지금 한양대학교 앞에 있는 성동교는 넓이가 5.6m밖에 안 되었다. 거기서 광나루까지 가는 광나루길은 길 넓이가 겨우 10m였으며 그것도 워커힐 개관에 맞추어 부랴부랴 포장될 정도였으니 교통사정이 말이 아니었던 것이다.

다섯째는 19만 평이라는 광대한 부지에 30개에 달하는 건물과 각종 시설이 흩어져 있어 효율적인 관리가 어려웠다는 점이다. 1963년 개관 당시 직원수가 555명이나 되었으니 그 연간 인건비만 따져도 엄청난 액수였다.

개관된 지 얼마 안 되서 워커힐을 찾았던 잡지 ≪쇼(SHOW)≫의 외국인 기자가 워커힐 적자경영을 걱정하던 관광공사 신두영 사장에게 "라스베거스도 17년이 지나서야 정상적으로 운영되었고 모나코도 80년이 걸렸다. 워커힐은 지금 열었는데 뭐가 그리 급합니까? 젊은 미군들이 어디서 돈이 나와서 이런 델 오겠습니까? 이 다음에 그들이 나이가 들어 사장도 되고 돈도 벌면 그때 가서야 옛날 생각이 나서 찾아올 겁니다"라고 안심시켜주었다고 한다. 그러나 한국정부로서는 엄청난 오산이고 재정적 타격이었다.

3. 워커힐이 미친 파급효과

워커힐-국제관광공사는 워커힐 경영전환에 특단의 노력을 기울이기 시작했고, 교통부를 비롯한 정부 각 부처도 지원을 아끼지 않았다. 우선 워커힐 내의 '머슈즈하우스'를 미8군 전용 휴양센터로 임대차 계약했다. 1964년 6월 1일이었다. 1965년 3월 26일에 개최된 제14차 PATA 총회는 숫제 워커힐이 그 회장이었다. 태평양지역 관광관계자들부터 홍보해야 되겠다는 심산이었다. 1966년에 들어서는 7월에 WCOTP(세계교직단체연합회) 총회, 9월에는 APU(아시아의원연맹) 예비회의, 기아해방운동 아시아 - 극동지역 총회, FAO(국제식량농업기구) 아시아-극동지역총회, 국제군인체육회총회 등을 연거푸 개최하고 있다.

1966년 10월 31일부터 11월 2일에 걸쳐 방한한 존슨 미국 대통령의
숙소를 워커힐로 정했으며, 10월 31일 아시아지역방공연맹 총회도 워커
힐에서 개최했다. 조선호텔·롯데호텔 등이 개관되는 1970년대 중반까지
는 동시통역시설을 갖춘 국제회의장은 워커힐밖에 없었기 때문에 각종
대규모 국제회의는 그 후에도 워커힐이 거의 독점했다.

당초에는 외국인밖에 숙박할 수 없었던 것을 1964년부터는 내국인의
이용·숙박도 허용했다. 1960년대 각 부처장관은 연말연시에 국장급 이
상 간부를 부부동반으로 워커힐 하나비 쇼에 초청하는 것을 연례행사처
럼 했다. 워커힐 경영에 조금이라도 도움이 되기 위한 노력이었다.

워커힐 운영주체였던 관광공사 사장은 1963년 9월 11일부터 총재로
이름을 바꾸었다. 신두영·이원우·오재경·김일환으로 이어지는 관광공
사 사장이 성동교 확장, 광나루길 확장·정비를 서울특별시장 윤치영·김
현옥에게 부탁했을 리는 없다. 이원우·오재경이 모두 공보부장관을 지
낸 인물이고 김일환은 상공·내무·교통부장관을 역임한 전력을 가지고
있었지만 김현옥 시장에게 건설공사 부탁을 해봤자 별로 효과가 없었을
것이다.

박정희 대통령이 직접 서울시장에게 워커힐 가는 길을 확장·정비하라
는 명령을 내리지도 않았을 것이다. 박 대통령의 성품이 꼭 어느 특정건
물, 특정시설을 도와주라고 지시하지는 않는 것으로 알려져 있다.

워커힐 가는 길, 워커힐이 위치하는 서울의 동부지역 개발이 촉진된
것은 박정희 대통령의 잦은 나들이 때문이었다. 워커힐 건설의 책임자였
던 임병주의 회고에 의하면, 워커힐 공사 당시 박정희 최고회의 의장은
1주일에 한두 번은 꼭 공사장을 둘러보고 공사진행상황을 보고받았는데
특별한 경우가 아니고서는 새벽 2시를 전후한 한밤중에 박종규 경호실
장만 대동하고 찾아왔다는 것이다.

1963년 4월에 워커힐이 개관되고 난 뒤에도 박 대통령은 자주 이곳을 찾았다. 13개의 빌라는 경호하기에도 쉬웠고 일체의 잡음이 절연된 공간이었다. 1966년 가을에 존슨 미국 대통령 내외가 투숙했던 에메랄드 빌라를 비롯하여 모든 빌라는 1개의 거실, 1개의 부엌과 3~4개의 방으로 구성되어 있었다. 거실과 방마다 욕실과 화장실이 별도로 있었고 철저한 방음장치가 되어 있었다. 그러므로 박 대통령이 휴식을 취하는 데 안성맞춤이었다.

1970년대의 초, 서울시내 중구·성동구 일대에는 이유 없는 정전이 잦았다. 갑자기 약 10분 정도 정전이 되는 것이었다. 그러면 시민들은 "박 대통령이 워커힐에 가고 있군" 하고 수군거릴 정도였다. 박 대통령의 잦은 워커힐 나들이는 1970년대 중반에 청와대 앞 궁정동에 안가(安家)라는 이름의 비밀휴식처가 건설될 때까지 계속되었다. 청와대 앞 안가는 끝내 그를 죽음의 길로 인도했다.

능동에 있던 이 나라 최초의 골프장 "서울컨트리클럽을 없애고 그 자리에 어린이대공원을 조성하라"는 지시가 내린 것은 1970년 12월 4일이었다. 워커힐을 오가는 길에 보게 되는 한가로이 골프를 치고 있는 족속들의 꼴이 볼썽사나워서 내린 지시였다고 한다.

역대 서울특별시장이 절대 권력자였던 박 대통령에게 잘 보이기 위해서, 서울시장이 일을 열심히 하고 있다는 것을 인식시키기 위해서는 워커힐 가는 길을 확장 정비하고 그 연변에 건설공사를 벌이는 것이 가장 쉬운 방법이었을 것이다.

한양대학교 앞 성동교가 놓이기는 일제하인 1938년 5월이었다고 하나 1960년대 중반까지 그 다리 넓이는 5.6m에 불과했다. 길이 473m의 이 다리를 넓이 13m로 확장하는 공사는 1964년에 착공되어 1966년 8월 15일에 준공되었다. 윤치영 시장이 착공한 것을 김현옥 시장이 부임하자 이른바 돌관(突貫)공사로 준공했던 것이다.

1966년 4월 4일에 부임한 김현옥 시장은 4월 25일의 기자회견에서 5월 16일(쿠데타기념일)에 착공할 10대 건설사업이라는 것을 널리 시민에게 공약한다. 10대 사업의 첫째가 뚝섬일대의 토지구획 정리사업이었고, 둘째가 성동교에서 워커힐 입구에 이르는 도로확장이었다. 김 시장이 부임할 당시 성동교에서 워커힐에 이르는 도로 즉 광나루길의 넓이는 10m에 불과했다. 7,340m에 달하는 이 길의 넓이를 30m로 확장하는 공사는 1966년 5월 30일에 착공하여 그해 12월 29일에 준공했다.

1960년대 말에는 불도저니 패이로더니 하는 중장비는 크게 보급되지 않았고 도로건설현장에서는 아직도 괭이와 삽, 심지어는 지게 따위도 볼 수 있었다. 그런 시대에 8km의 긴 길을 넓이 10m에서 30m로 확장하고 포장까지 마치는 데 불과 7개월밖에 걸리지 않았으니 문자 그대로 돌관공사였음을 알 수 있다.

대통령의 워커힐 나들이는 갑자기 결정되기도 했지만 대개는 하루 전에 결정되었고 경호의 필요상 서울시 경찰국장을 통해 시장에게도 알려졌다. 대통령 행차가 오후에 있을 때는 거의 예외없이 헬멧 쓰고 작업복 입고 지휘봉을 손에 들고 공사현장을 감독하는 시장의 모습을 볼 수 있었다.

나는 1992년에 『성동구지(城東區誌)』를 편찬하면서 성동구(현 광진구 포함) 관내에 구획정리사업이 집중되어 있음을 알 수 있었다. 뚝섬지구 40만 평은 1966년 4월부터 실시되었고, 화양지구 64만 평은 1966년 8월부터, 중곡지구 95만 평은 1969년부터, 화양추가지구 46만 평은 1972년부터 실시되었다. 즉 성동교를 지나 광나루에 이르는 일대 중에서 건국대·세종대·어린이대공원·워커힐을 제외한 거의 모든 지역이 구획정리사업으로 이루어졌던 것이다.

김포공항에서 워커힐까지의 접근을 더욱더 빨리 하는 방법은 강변도로의 축조였다. 1960년대에서 1970년대 중반에 걸쳐 '강변'이라는 것은 한강의 북안(北岸)이었고 남안(南岸)은 강남이었다. 즉 강남지구·잠실지구가 개발되기 이전에 서울시민에게 한강은 서울의 끝이었고 강변은 한강의 북안만을 가리키는 개념이었다.

김현옥 시장이 한강개발계획을 수립하여 대대적인 사업을 시작한 것은 1968년의 일이었다. 기왕에 있던 한강제방을 더 높이고 넓혀 도로로 사용하고 제방이 없던 곳은 새로 제방을 쌓아서 한강 양안을 제방 고속화도로로 하는 동시에 여의도를 개발하여 대규모 택지를 조성한다는 내용이었다. 제방도로는 강남·강북을 동시에 구축했으나, 강남에는 기존의 제방이 없었고 강북에는 제방이 이미 여러 군데 축조되어 있었기 때문에 공사의 진척은 강북도로가 더 빨랐다.

한강은 길이가 길기 때문에 동시에 착공하여 동시에 진행할 수는 없었으므로 3공구로 구분했다. 용산구 원효로 4가를 기점으로 서쪽으로 제2한강교(현 양화대교) 북단까지 5.9km 구간은 1969년에 개통되었다. 원효로 4가에서 뚝섬유원지까지 10.46km 구간은 김현옥 시장에 의해서 공사가 진행되다가 1970년 4월 15일에 시장이 바뀌어 양택식 시장에 의해 마무리되었다. 뚝섬유원지에서 광나루까지의 10.86km는 양 시장이 기공하여 1972년 말에 마무리지었다. 김포비행장에서 워커힐까지의 소요시간이 크게 단축되었음은 당연한 일이다.

1972년 말만 하더라도 서울시내를 달리고 있던 자동차는 승용차·화물차·버스를 합하여 7만 대가 채 안 되었다(1972년 말 차량총수 6만 8,492대). 그러므로 강변도로에서는 고속도로 이상으로 막힘 없이 달릴 수 있었다. 장난기가 많은 어떤 사람이 차량으로 야간에 제2한강교를 출발해서 워커힐까지 달려봤더니 정확히 8분 30초밖에 걸리지 않았다고 해서 시청 간부회의에서 화제가 된 일이 있었다. 당시의 서울시 기획관리실장 겸 도시계획국장은 바로 나, 손정목이었다.

충무로 2가를 기점으로 하는 3·1고가도로(현 청계고가도로)가 기공된 것은 1967년 8월 15일이었고, 우선 동대문(오간수문)까지의 제1차 공사가 끝난 것은 1969년 3월 22일이었다. 이 고가도로는 김현옥·양택식 시장에 의해 계속 연장되어 마장동 종점까지(너비 16m, 길이 5,650m) 완공된 것은 1971년 8월 15일이었다. 이 3·1고가도로 끝에서 강동구 시 경계까지 너비 50m, 길이 1만 4,500m에 달하는 천호대로 공사는 1974년 10월 착공되어 1976년 7월 5일에 준공되었다. 천호대교·군자교 등이 포함된, 서울시내에서 가장 긴 도로가 개통된 것이다.

어린이대공원 부지(서울컨트리클럽) 21만 8천 평이 서울시로 이관된 것은 1972년 10월 말이었다. 서울시는 1973년 1월 하순부터 이른바 '100일 작전'이라는 이름의, 밤낮 없는 강행군을 전개하여 그해 5월 5일에 개장했다.

1960년 후반에서 1970년대에 걸쳐서는 서울시내 전역에서 엄청난 건설공사가 전개되었다. 영동·잠실지구 등 강남의 개발은 전적으로 구획정리사업에 의한 것이므로 서울시 자체 재정지출은 별로 대단치 않았다. 그에 비해 강북지역의 도로·교량사업은 거의가 자체 재정에 의한 건설이었다. 그런 강북지역 개발 중에서 서울의 동부 즉 왕십리·마장동에서 광나루에 이르는 일대에의 투자는 실로 눈부신 바 있었다. '워커힐 건설'이 미친 파급효과가 얼마나 컸던가를 실감케 하는 것이었다.

이렇게 동부건설이 진행되는 과정에서 이 일대 즉 화양·능곡·중곡·구의·광장·자양 등 각 동 일대의 인구수가 급격히 늘어났음은 당연한 일이었다. 워커힐이 개관된 1963년 말과 1970·1980년의 각 동별 인구수를 비교해보면 다음과 같다.

동리명	1963년 말	1970년	1980년
화 양 동	1,697	36,035	26,956
능 동	2,171		21,201
중 곡 동	2,086	27,729	79,753
구 의 동	4,425	20,122	25,431
광 장 동	4,367		18,805
자 양 동	3,273	13,484	57,647

* 중간에 행정동의 통합·분리가 있었다(1970·1980년은 인구센서스).

오늘날 서울의 동부지역, 광진구에 많은 인구가 모여 살게 된 직접적 원인은 바로 워커힐 건설이었다. 그리고 광나루 건너 지난날 경기도 광주군 구천면이었던 천호동 일대가 개발되어 강동구가 된 것도 워커힐 건설이 직간접 원인이 되었음을 부인할 사람은 없을 것이다.

중앙정부 및 서울특별시의 이러한 노력에도 불구하고 워커힐 운영난은 계속되었다. 관광공사가 워커힐을 민간에 불하키로 결정한 것은 1973년 1월 30일이었다. 공매입찰은 그해 3월 6일에 실시되었고 선경개발·극동건설 등 2개 회사가 참여했지만, 처음부터 낙찰자는 선경으로 결정되어 있었고 극동건설은 들러리였다. 관광공사가 결정한 자산매각 예정가격은 26억 3천만 원이었는데 선경개발이 응찰한 가격은 26억 3,200만 원이었다. 정말 호랑이 담배 피우던 시절이었다. 건물과 시설은 고사하고 땅값만 해도 1평당 1만 4천 원이 안 되는 헐값이었으니, 지금 이러한 부정을 저질렀다면 언론과 국민여론이 결코 용납하지 않았을 것이다. 워커힐이 '선경개발(주) 워커힐'로 그 이름을 바꾸고 새로운 출발을 한 것은 공매입찰이 있은 지 10일 후인 1973년 3월 16일이었다.

사전에 인수기업이 내정되고 불하 예정가격이 사전에 알려지고 한 사례는 비단 워커힐만이 아니었다. 1973년 7월 3일에 장충체육관 앞에 있던 영빈관과 그 부대시설 일체가 삼성계열의 (주)임피어리얼에 28억 4,420만 원에 불하될 때도 인수기업이 사전에 정해져 있었고 불하가격도 사전에 알려져 있었다. 1974년 6월 3일에 반도호텔이 낙찰가격 41억 9,800만 원으로, 이어 1974년 11월 20일에 소공동 국립중앙도서관이 8억 3,600만 원으로 각각 (주)롯데호텔에 매각되었을 때에도 인수기업과 불하대금이 사전에 알려져 있었고 수의계약 또는 수의계약과 다름없는 공매입찰이 실시되었다. 모두가 제4공화국 정권에 의해 저질러진 공공연한 부정이었다.

(1996. 4. 15 탈고)

참고문헌

동아일보사 편. 1990, 『철저해부 주한미군』.

서울신문사 편. 1979, 『駐韓美軍 30年』, 杏林出版社.

≪월간조선≫ 1986년 11월호, 「현대사 추적 1―秘話 5·16」.

≪월간조선≫ 1986년 12월호, 「현대사 추적 2―다음은 임자 차례야」.

≪월간조선≫ 1987년 1월호, 「현대사 추적 3―朴大統領과 金炯旭 실종」.

정인하. 1996, 『김수근건축론』, 도서출판 미건사.

제40회 국회 교통체신위원회 회의록(1964. 2. 11).

제40회 국회 제2차 회의록.

제45회 국회 내무위원회 제17차 회의록(1964. 11. 12).

(주)워커힐 편. 1993, 『워커힐 20年史』.

D. W. 콩데. 1988, 『남한 그 불행한 역사』, 좋은 책.

한국관광공사 편. 1987, 『관광공사 25년사』.

한국역사연구회 현대사연구반 편. 1991, 『한국현대사』 3, 풀빛.

서울특별시 시사자료·시정개요·통계연보 등

박흥식의 남서울 신도시계획안 전말

민간인이 추진한 신도시 건설

1. 기업가 박흥식과 불광 - 수색 신도시계획안

박흥식의 일생

인명록·인명사전 류를 보다가 당연히 들어가야 할 인물이 등재되지 않았음을 알았을 때의 놀라움은 엄청나게 큰 것이다. 박흥식의 이름 석 자가 대한민국 인명록에서 사라진 것은 1988년부터의 일이다. 정말 어이없는 일이다.

박흥식(朴興植). 그가 친일을 했다는 사실, 친일파의 거두였다는 사실 자체를 부인할 사람은 없다. 그러나 그가 큰 인물이었고, 적어도 20세기 한국의 인물 중에서 30명 정도를 꼽는다면 틀림없이 들어갈 인물이라는 점을 부인할 사람도 아마 없을 것이다.

일제시대, 서울에는 모두 5개의 백화점이 있었다. 미스코시(三越, 현 신세계백화점), 조지아(丁子屋, 현 미도파백화점), 미나카이(三中井), 히라다야(平田屋), 그리고 화신백화점이었다. 일본의 대표적 백화점인 미스코시 경성

지점이 충무로 입구에 문을 연 것은 1906년이었다. 그후 1920년대에 들어서면서 일본인 거리였던 본정통(현 충무로) 일대에 순 일본인 경영의 조지야·히라다야·미나카이 등의 백화점이 입지했다.

1903년 8월 6일(음), 평안남도 용강에서 태어나 향리에서 초등학교를 졸업한 박흥식은 18세 되던 1920년에 당시로 봐서는 거금이었던 5만 원을 자본으로 인쇄업을 시작했다. 그는 2천 석 부농의 외아들이었다. 경쟁업자가 없었다는 것도 유리한 조건이었지만 그의 노력과 성실성 때문에 인쇄사업은 날로 번창했다. 그가 큰 야심과 포부를 품고 서울 중심지인 황금정(현 을지로) 2가 180번지, 식산은행 건물 일부를 임대하여 '선일지물'이라는 종이회사를 차린 것은 24세 때인 1926년이었다. 이어서 그는 종로네거리 동북쪽 모퉁이에 있던 귀금속상 화신상회를 인수, 화신백화점을 출범시켰다. 화신상회가 주식회사가 된 것은 1932년 5월이었고 당시의 자본금은 100만 원이었다.

화신상회 바로 옆 건물에 동아백화점이 들어선 것은 1932년 1월이었지만 그해 7월 중순에 이 동아백화점은 그 상호와 경영권 일체를 화신상회에 양도했다. 동아백화점의 최남 사장은 지난날 탑골공원 서편에서 동아부인상회를 경영하는 등 잡화업계에서는 박흥식보다 앞선 인물이었지만, 일본 오사카 공장에서의 물품 직수입, 상품권 발행, 금전등록기설치, 문화주택을 경품으로 주는 등의 대담한 상행위 등 새로운 경영방법을 구사하는 화신상회의 적수가 될 수 없었던 것이다.

동아백화점을 흡수한 화신은 두 건물 사이에 육교를 가설, 양쪽을 오가면서 쇼핑을 할 수 있도록 하고, 당시 시인으로 이름을 떨치던 주요한과 소설가 조벽암 등을 채용하여 광고업무를 맡기는 등의 재치도 발휘했다. 화신의 면모를 일신하고 세상을 떠들썩하게 한 일은 전국의 주요 잡화점을 사실상 화신의 지점으로 하는 연쇄점의 발상이었다. 이 구상은

1934년 1월에 처음 신문지상에 발표되었고 그해 6월 15일자 신문에 정식 발표되었는데, 6월 20일에는 이미 연쇄점 신청자가 400여 명에 달했고 7월 20일에는 거의 3천 명의 신청자가 쇄도했다.

1935년 1월 초순에 이들 3천여 명 이상의 연쇄점 신청자 중에서 경영상태 등을 기준으로 하여 엄선한 결과, 우선 제1차로 조선의 주요 시가지에 걸쳐 300여 개 점포를 선정 발표했다. 그후 이들 연쇄점에는 화신이 일본 등지의 생산공장에서 염가로 수입한 물품들이 공급되었고 이들 공급물품의 견본을 전시하는 견본시장과 대규모 창고도 마련되었다. 각연쇄점은 이 견본시장에서 상품을 임의로 선정하여 주문하는 체제였던것이다. 그로부터 조선의 주요시가지에 설치된 '화신연쇄점'은 각 고을에서 최고의 대형 잡화점으로 발전해갔다. 이 연쇄점사업을 시작할 때그는 조선식산은행에서 3천만 원을 대부받았다. 당시의 3천만 원은 오늘날의 화폐단위, 물가지수와 견주어볼 때 1천억 원도 넘는 큰 금액이었다. 이런 거금을 한반도 경제침략의 본거지였던 식산은행으로부터 빌렸다는 것은 바로 '일제 침략행위에 적극적으로 참여한다'는 서약을 한것을 의미했다.

목조 4층 건물이던 화신백화점에 큰 화재가 난 것은 제1차 연쇄점선정결과를 발표한 지 채 1개월도 안 된 1935년 1월 27일 오후 7시30분이었다. 동관·서관 중 서관 건물에 이웃한 빈터에 있던 허술한 사과창고에서 처음 불이 났는데 과일장수가 촛불을 켜놓고 그대로 둔 것이원인이었다.

종로네거리 즉, 서울 중심지의 중심에 주위를 위압하다시피 그 모습을자랑했던 화신에 대화재가 났다는 것은 서울시민에게는 큰 충격이었다. 특히 주위에 고층건물이라곤 전혀 없던 시대라서 활활 타오르는 불길은도성 안팎 어디에서도 볼 수 있었고 삽시간에 성 안팎에서 몇 만 명에 달하는 구경꾼이 몰려들었다. 이 사태에 더 놀란 것은 당국이었다.

이 사건을 ≪조선중앙일보≫ 1935년 1월 27일자 호외는 다음과 같이 보도하고 있다.

소관 종로경찰서는 물론이거니와 시내 각 경찰서에서는 전서원을 비상소집하여 총동원체제를 갖추었으며 헌병대까지 동원하여 부근 요소에 비상경계망을 펴는 동시에 전시내가 발칵 뒤집히다시피 몰려오는 군중의 교통차단을 하였는데 남대문통 1정목과 종로 1정목, 동 3정목, 인사동·안국동·수표정 부근 일대에는 교통차단으로 말미암아 실로 인산인해를 이룬 형편이다.

이 화재로 불타 없어진 건물의 연면적은 약 270평 가량이었고, 건물·상품 등의 손해액은 약 45만 3천 원이었으나 다행히 44만 원의 보험에 가입해 있었다.

당시의 박흥식은 삼십대의 혈기왕성한 청년이었다. 그는 바로 부흥계획에 착수했으며 500여 점원들도 일치단결 그에 협력했을 뿐 아니라 조선총독부·식산은행·보험회사 등도 협조하고 나섰다. 화신이 서관에 인접한 대창무역(주) 부지까지 새로 매입하여 연건평 2천 평이 넘는 지하 1층 지상 6층의 새 모습으로 준공된 것은 1937년 10월 초순이었고 이 새 사옥에서 성대한 개관식을 거행한 것은 그해 11월이었다.

박흥식이 뛰어난 경영인이었던 점은 이렇게 화재복구를 거뜬하게 해냈기 때문만이 아니다. 그는 화재가 나던 해 9월 하순에 평양에서 경영난을 겪고 있던 평안백화점을 인수하여 12월 1일부터 화신 평양지점으로 개관했으며, 다음해인 1936년 3월 초에는 전조선의 화신연쇄점을 묶어 자본금 2백만 원의 주식회사 체제로 발족했다.

그는 바로 화신백화점의 새 건물이 완공될 무렵에 중추원 참의가 되었고, 1937년에 중일전쟁이 일어나자 군용비행기 헌납운동에 앞장섰으

종로 네거리에 버티고 서서 백화점의 왕으로 군림했던 화신백화점. 그것은 조선 민족 전체의 자랑이었다.

며, 1944년 10월에는 조선비행기공업(주)을 창립하는 등으로 일본 제국
주의에 협력했다. 화신연쇄점 창업 때의 3천만 원 대부, 백화점 화재복
구 때의 조선총독부 및 식산은행으로부터의 적극적 지원이 그를 제1급
친일파가 되지 않을 수 없게 한 것이다. 그러나 그가 비록 제1급 친일파
였을지라도 충무로 일대의 일본계 일본백화점들과의 경쟁에서 한치도
지지 않고 종로네거리에 버티어 백화점 왕으로 군림한 것은 전 경성 조
선인은 물론이고 조선민족 전체의 자랑이었다. 그 당시 화신백화점을
선전한 노래의 한 구절만 보아도 알 수 있는 일이다.

　　　종로 십자가 봄바람 부는데 웃음꽃 피는 화신의 전당
　　　안으로는 융**화** 밖으로는 **신**용 그 이름도 아름답다 **화신**이여

　화신백화점은 모든 상품의 박리다매를 그 경영지침으로 삼았으나 그

중에서도 특히 경성 조선인 사회에서 인기가 있었던 것은 6층 식당의 비빔밥이었다. 경성 조선인들은 일요일에 가족과 더불어 화신에 가서 엘리베이터로 6층에 올라가 비빔밥 먹고 돌아오는 것이 최고의 나들이였다고 한다. 당시에는 엘리베이터를 타보는 것도 큰 자랑거리였던 것이다.

그의 일제시대의 발자취를 더듬으면서 흥미로운 것은 두 가지이다. 그 첫째가 우가키 총독에게 부탁하여 당시 대전형무소에서 옥고를 치러 건강이 극도로 악화된 도산 안창호를 출옥시켜 2년여 동안 보호한 일이며, 둘째는 창씨개명을 하지 않았다는 점이다. 일제가 전조선인에게 강요하여 가나야마, 리노이에, 보쿠다다라는 일본식 이름으로 바꾸어 부르게 한 창씨개명은 1940년 2월 11부터 시작하여 6개월간에 이루어졌다. 이 기간이 끝나도 창씨를 하지 않은 사람은 기차표를 살 수 없었고 화물이나 소포도 보낼 수 없었으며 각급 학교 입학시험에는 숫제 원서접수도 되지 않았다.

그런데 박흥식은 끝내 창씨개명을 하지 않았다. 훗날 반민족행위 특별재판부 재판정에 선 그는 "내가 창씨개명을 하지 않았다는 한 가지만 보더라도 친일파가 아니라는 증거가 아니냐"라고 강변했다. 그러나 그가 창씨개명을 하지 않았던 것은 이 제도가 결코 강요된 것이 아니고 '조선인 개개인의 충성심의 발로'라고 선전한 총독부 당국의 계략에 의하여 의도적으로 제외된 몇몇 친일파 중 하나에 속한 때문이었을 것으로 추측된다.[3]

1945년에 광복이 되어서도 그의 왕성한 기업활동에는 변함이 없었다. 광복이 되자마자 바로 화신무역(주)을 설립하여 홍콩 등지에 해산물·인

---

3) 이렇게 의도적으로 제외된 예로는 박흥식 외에도 김대우 같은 경우가 있다. 김대우는 큐슈제국대학을 졸업한 후에 조선총독부에 들어가 일제에 충성을 다하여 1945년 광복 당시에는 경상북도 지사의 자리에 있던 제1급 친일인물이다. 확증은 없지만 「황국시민의 서사」를 착안하여 제안한 것이 김대우였다고 전해지고 있다.

6·25전쟁으로 화신의 내부가 파괴되어 못쓰게 되자 박흥식은 그 맞은편에 신신백화
점을 세워 재기에 성공한다(지금 신신백화점 자리에는 제일은행 본점이 들어서 있다).

삼·흑연 등을 수출했고, 1947년에는 흥한피복(주)을 설립했고 장학재단
인 흥한재단도 설립했다.

'반민족행위처벌법'이 제정 공포된 것은 대한민국 정부가 수립되고
나서 한 달 남짓이 지난 1948년 9월 22일이었으며, 다음해 1월 5일부터
효력이 발생했다. 박흥식이 반민족행위처벌 특별검찰부에 출두하여 제1
호로 구속 수감된 것은 이 법이 발효된 지 일주일 후인 1월 11일이었다.
이어서 최린·이종영·이성근·이승우·김우영·노덕술·최남선·이광수 등
숱한 인물이 구속되었다. 중추원 참의였던 자, 일제 고등경찰관으로 애
국지사를 고문 치사케 한 자, 친일문필가로 학병권유 등에 앞장선 자,
독립·애국지사를 일본경찰에 상습적으로 밀고한 자 등 수십 명이 체포·
구금되어 특별검찰의 엄준한 문초를 받았다. 매일 신문은 그에 관한 기
사로 메워질 정도였다.

그러나 이 반민족행위 특별위원회 활동은 얼마 안 가서 용두사미가
되어버렸다. 이승만 정권이 그들의 처벌을 강하게 반대했기 때문이다.

박흥식은 구속된 지 103일이 지난 1949년 4월 21일 병보석으로 풀려 나왔다. 구속도 제1호였고 풀려난 것도 제1호였다. 그리고 그해 9월 26일에 있었던 공판에서 박흥식은 무죄언도를 받았다. "그 어려웠던 일제 하에서 이 겨레의 상권을 수호했고 민족자본 육성의 기수로서 한(韓)민족의 긍지와 명예를 떨쳤다. 그러므로 그의 친일파로서의 기소사실은 편파적이었다"는 것이 그 이유였다.

6·25한국전쟁으로 화신백화점은 불탔으나 바로 옆 서쪽, 지금은 제일은행 본점이 들어선 자리에 신신백화점을 신축하여 재기에 성공했으며, 1950년대 말까지도 그는 이 나라 안 최고의 사업가였을 뿐 아니라 최고의 거부였다.

박정희 소장에 의한 군사쿠데타가 일어난 1961년 5월 16일로부터 1주일이 지난 5월 23일 밤, 박흥식은 자택에서 연행되어 바로 마포형무소에 수감되었다. 개풍재벌의 이정림, 삼호재벌의 정재호 등 경제인 11명, 백두진·송인상 등 전직관료 10명, 백인엽·엄홍섭 등 전직군인 5명 등이 그와 함께 연행되어 수감되었다. 박흥식은 구속된 지 43일 만에 다시 석방되었고 5억 9천만 환의 벌과금을 물었다.

그의 사업에 결정적인 타격을 입힌 것은 흥한화섬(興韓化纖)의 설립 운영이었다. 서울에서 춘천으로 가는 길을 따라 가다보면 구리시를 바로 벗어날 무렵 왼쪽으로 거대한 공장이 보인다. 대지 16만 평, 연건평 3만여 평에 달하는 이 공장이 바로 박흥식이 당시 군사정권의 종용에 따라 1962년에서 1966년까지 4년 6개월에 걸쳐 이루어놓은 비스코스 인견사 공장이었다. 외자 1,051만 달러, 내자 41억 원, 합계 약 2,600만 달러를 투자한, 당시 이 나라 최대규모의 생산시설이었다.

그러나 1977년에 발간된 『화신 50년사』에 의하면 이 기업이 실패한 원인으로 내자조달·외자도입에 관한 중앙정부의 약속불이행, 달러환율의 인상, 국내수요 및 수출부진 등 여러 요인을 들고 있다. 그러나 한마디로 말하면 이미 국제적으로 사양산업이 되고 있던 인조견직 제조업에 뒤늦게 뛰어들었다는 한 가지 이유가 결정적인 요인이었다. 이 공장시설 자체가 일본 '도요레이온'에서 도입한 중고품이었다. 일본에서 이미 국제적 시장성이 없는 것으로 판단하여 처분하기로 방침이 선 것을 헐값으로 도입해서 대규모로 투자한 점이 사업가 박흥식 일생일대의 계산착오였던 것이다. 흥한화섬 도농공장 준공으로부터 불과 1년 10개월밖에 지나지 않은 1968년 10월 15일에 이 회사주식 50.003%를 산업은행에 양도하여 운영권 일체를 넘겨버렸고 그로부터 만 1년이 더 지난 1969년 10월 15일에는 그가 가진 나머지 주식 약 30만 주 전량을 산업은행에 무조건 양도함으로써 가히 빈털터리가 되어버렸다.

그는 그 후에도 냉방기·냉장고 등을 제조하는 화신전기(주), TV 등 전자제품을 제조하는 화신소니, 고급의류를 생산하는 화신레나운 등의 사업을 일본 유수의 기업들과 합작으로 설립 운영했으나 단 한 가지도 성공하지 못했다.

300억 원의 부도를 내고 화신그룹 일체가 도산한 것은 1980년 10월이었다. 그의 가회동 저택, 정확히는 종로구 가회동 177-1번지, 대지 900평, 건평 120평의 저택은 20세기 전반기 서울 부호의 살림살이를 상징하는, 이를테면 문화재와 같은 것이었다. 그는 이 마지막 남은 재산, 그것도 은행에 이중삼중으로 저당잡힌 이 집을 1987년에 처분하고 거처를 강남구 역삼동 아파트로 옮겼다. 이 주소이전으로 그의 이름은 『한국인 인명록』에서 사라져버렸다. 연락할 방법이 없어진 것이다.[4]

4) 그 후에도 끈기 있게 그의 거처를 찾아낸 신문기자가 있어 근황을 취재하려고 연락하면 "여생을 조용히 살다 가겠다" "세인의 입에 오르내리고 싶지 않다"는 대답으로 일체의 취재에 응하지 않았다고 한다. 사실상 그는 강남으로 거처를 옮긴 직후부터 투병생활을 하고 있었다. 담석증과 파킨슨씨병이었다. 그가 서울대학병원

일제하의 불광 - 수색 신도시계획안

유통업 그것도 주로 백화점 경영으로 이 나라 최고의 부를 축적한 박홍식이 '신도시개발계획'에 관심을 가진 것은 아마도 1920년대에 일본의 도쿄·오사카 교외에 세워진 민간기업에 의한 신도시계획에 큰 영향을 받았을 것 같다. 오사카 교외, 지금은 다카라즈카라고 불리는 지역에 고바야시라는 기업가가 전철을 놓고 온천을 파고 유명한 소녀가극단을 발족케 하는 등으로 신도시를 개발한 것은 이미 1910년대부터의 일이다. 이때 놓여진 전철이 발전한 것이 오늘날의 한큐이며, 한국인 중에도 일본을 여행한 사람들 중 많은 수가 오사카역의 한큐백화점을 이용한 경험이 있을 것이다. 오늘날 일본 관서지방 최대기업의 하나인 한큐는 원래 전철업과 신도시개발에서 출발하여 그 전철의 시발점인 오사카역에 백화점까지 운영하게 된 것이다.

도쿄의 신주쿠역을 기점으로 하는 도큐전철의 시작은 전원도시주식회사가 최초였다. 일제 초기, 통감부·총독부의 한반도 침략정책에도 깊숙이 관여한 정치적 경영인, 시부자와 에이이찌의 넷째아들 시부자와 히데오가 영국 런던 교외의 신도시건설을 모방하여 전원도시주식회사를 설립하고, 도쿄 교외의 조후라는 지역일대에 45만 평의 토지를 매수한 것은 1921년이었다. 그후 시부자와는 이 기업을 끌고가지 못하고 좌절하지만 당시 이 회사 중역으로 초빙한 고토 게이타라의 경영수완에 의하여 신도시도 개발되고 신도시를 위해서 부설된 전철도 건설하여 현재는

에서 사망한 것은 1994년 5월 10일이었다. 1930년대부터 1950년대 말까지 한국 최고의 기업가이자 제일의 부호였던 박홍식의 사망을 보도한 당시의 한 신문기사는 "한국기업사의 축소판"이라고 평하고 있다. 그러나 오히려 "한국기업이 20세기 전반에서 후반으로 넘어가는 과정에서의 희생자"라고 평하는 것이 더 타당한 표현일 것 같다.

도쿄급행(주), 약칭 도큐라고 하는, 도쿄 초대의 민간인경영 전철회사로 발전했다.

박흥식이 처음 신도시계획을 구상한 때는 화신백화점에 화재가 나던 1935년 봄이었다고 하니까 좀 이상한 느낌이 든다. 즉 백화점이 불타 없어지고 새 백화점 설계가 진행되고 있는 과정에서 아마도 그에게 여가가 생긴 듯하다. 그 여가를 이용하여 구상한 것이 당시 일본에서 진행되고 있던 전원도시 조성계획이었다. 그는 백화점 및 연쇄점 사업을 위해 뻔질나게 일본을 오갔고 그 길에 오사카 교외의 다카라즈카에도 가보았고 도쿄 교외의 덴엔조후도 구경했을 것이다. 그가 신도시 건설의 제1 후보지로 잡은 것은 당시의 고양군 은평면, 지금의 불광동 너머 숫돌고개에서 수색까지의 일대였다고 한다.

1960년대 후반에 김현옥 시장의 총애를 받아 서울시 도시계획과장·국장을 역임하고 지금의 서초구·강남구가 되어 있는 지역일대에 영동구획정리사업을 시작한 윤진우는 우리나라 도시계획사에 길이 그 이름이 남을 인물이다. 그가 서울대학교 공과대학 건축과를 나와 내무부 토목국 도시과에 들어간 것은 1953년 10월이었고 1959년까지 근무했다. 아직 건설부가 생기기 전, 우리나라 토목·건축·도시계획 업무 일체를 내무부 토목국에서 관장하던 시대였다.

윤진우의 회고에 의하면 그가 토목국 도시과에서 근무할 때 1930년대에 박흥식의 화신산업에서 수립했다는 불광동 - 수색 일대의 신도시계획 안의 도면을 본 일이 있었고, 젊은 마음에 '희한한 계획도 있구나'라고 생각했다는 것이다. 왜냐하면 그가 내무부 토목국에 근무했던 1950년대만 하더라도 불광동 - 수색 일대는 황량한 농촌취락만이 점점이 흩어져 있고 하루종일 택시 한 대 버스 한 대도 지나다니지 않는, 시골 그 자체였기 때문이다.

서울시가 불광지구 및 성산지구 구획정리사업을 시작한 것은 1964~65
년경이었고, 이 사업이 진행되던 1960년대 후반기가 되어서야 '불광동'이
니 '수색'이니 하는 땅이름이 서울시민에게 알려지게 되었기 때문이다. 박
홍식은 불광동 - 수색에 이르는 일대에 이상적인 신도시를 조성하고 그곳
에서 종로네거리 화신백화점 지하실까지 터널을 뚫어 지하철을 관통시킨
다는 계획안을 작성하여 당시의 조선총독 우가키를 설득하는 데 성공했다.
우가키 총독을 불광동 숫돌고개까지 데리고 가서 설명을 했더니 우가키가
그 원대한 구상에 탄복하고 흔쾌히 승낙했다는 것이다.

이 계획이 실현되지 않았던 이유로『화신 50년사』는 두 가지를 들고
있다.

첫째는 1936년 8월에 우가키 총독이 바뀌고 후임으로 온 미나미 지로
총독으로부터, 이 위성도시계획을 위해서 만들어질 회사 사장으로 일본
도쿄에 본사가 있던 동양척식(주)의 일본인 사장을 앉히고, 박흥식은 부
사장으로서 사실상 실권자가 되라는 종용을 받았다는 것이다. 미나미
총독의 이와 같은 제의를 전해온 총독부 고관에게 박흥식은 "이 사업을
처음부터 창안 추진해온 사람으로서 사장을 하라면 자신이 있습니다만,
아무리 실권이 있다 해도 부사장을 하라면 자신이 없습니다"라고 대답
했다는 것이다.

두번째 이유는 1937년 7월에 일어난 중일전쟁으로 건축자재 등 모든
물자가 품귀해져서 결국 이 사업은 미결의 장으로 남고 말았다는 것이다.

1950년대에 윤진우가 이 계획안을 보고 '희한한 계획'이라고 생각했
다는데 그보다도 20년이나 앞선 1930년대에 이 계획이 실현에 옮겨질
수 없었다는 것은 오히려 당연한 일이었다.

독립문에서 불광동에 이르는 무악재길의 넓이가 10m도 안 되던 시대
에 불광동에서 인왕산을 뚫고 종로네거리까지 지하철을 놓는다는 계획

은 실현성을 논하기에 앞서 오히려 엉뚱한 생각이었다는 것이 나의 솔직한 느낌이다. 그러나 여하튼 간에 그 계획도가 어느 시점에서인가 사라져버려 전혀 찾을 길이 없다는 것, 그리고 이 신도시계획 대상지의 넓이가 얼마나 되었으며 정확한 지점이 어디에서 어디까지였는가도 전혀 알수 없다는 것은 정말로 애석한 일이다.

2. 남서울 신도시계획안

박흥식의 남서울 도시계획안이 수립되기까지

1961년 5월 16일의 쿠데타에 의해 성립된 군사정권이 박흥식·정재호·이정림·최태섭 등 29명을 부정축재 혐의자로 긴급 구속한 것은 5월 23일부터였고 6월 30일부터 몇 명씩 나뉘어 석방되었다. 군사정권에 협력하겠다, 자기의 재산 중 일부를 헌납하겠다는 서약을 받고 하나둘씩 석방되었던 것이다.

5월 23일 밤에 가회동 자택에서 첫번째로 구속되어간 박흥식이 석방된 것은 구속된 지 43일이 지난 7월 5일이었다. 그를 석방하면서 군사정권 부정축재처리위원장이었던 육군 소장 이주일은 최고회의의 의사라면서 연구과제 하나를 주었다. "장차 예상되는 수도 서울 인구증가에 대비한 주택건설계획을 민간기업인 입장에서 구상하여 제출하라"는 것이었다. 군사정권의 최고회의가 이런 과제를 박흥식에게 준 것은 그를 조사하는 과정에서 그가 1930년대 중반에 신도시계획안을 수립한 일이 있었음을 알게 된 때문이었다.

이 과제를 받은 박흥식이 한강 대안에 전혀 개발되지 않은 상태로 방치되어 있는 경기도 시흥군 과천면·신동면, 광주군 은주면·중대면 일대 2,400만 평의 땅에 중앙정부가 직접 이상적인 신도시를 건설하면 능히 30만 명 이상의 인구를 수용할 수 있다는 것을 제안했다. 이 단계에서는 그저 한갓 의견서 또는 건의서에 불과한 것이었다.

박홍식의 제안에 접한 최고회의는 이를 여러 가지 각도에서 검토한 끝에 당시의 재정여건으로 중앙정부가 직접 이 사업을 추진하는 것은 불가능하므로 "제안자인 박홍식이 개인사업으로 추진하라. 사업추진에 필요한 자금조달 등에는 직접 간접의 지원을 아끼지 않겠다"라고 종용했다. '자금조달에 대한 지원'의 내용은 바로 외국으로부터의 자금도입 즉 상업차관을 허용하겠다는 것이었다.

1961년 후반의 군사정권은 다음해부터 착수하게 될 제1차 경제개발 5개년계획의 성안으로 들떠 있었다. 제1차 5개년계획의 주된 내용은 '농촌진흥, 농업생산력 제고에 의한 식량 자급자족'에 있었지만 한국경제 전체에 활력을 불어넣는 일이라면 무엇이든 포함시킬 작정이었다.

훗날 제1차 5개년계획의 성과 중에서 가장 성공적이었다고 평가되는 울산 대규모 공업단지 개발계획도 당초의 5개년계획에는 들어가 있지 않았고 1962년에 경제개발계획이 시작된 두 달 후에 보완계획이라는 이름으로 추가되었던 것이다. 울산 특별건설국 서무과장으로 근무했던 김의원의 저서『실록 건설부』에 의하면 울산을 처음 개발할 때 그에 참여한 기업가도 공무원도 공업원단위(工業原單位)도 제대로 알지 못했다고 한다. "이를테면 종이 1톤 생산하는 데 물은 얼마나 필요하고 노동력은 얼마, 전력은 얼마, 공장부지는 얼마나 필요한지도 몰랐던 시대였다"는 것이다.

그런 상황에서 경제건설을 하겠다는 군사정부 고위층 입장에서는 민간기업이 서울근교에 대규모 신도시를 건설하고 대량의 주택을 건설해

박정희 최고회의 의장에게 남서울계획안을 설명하는 박흥식.

주면 그만큼 농촌 유휴노동력도 흡수할 수 있고 시멘트·철근·목재 등 관련기업의 발전도 촉구되리라고 생각했을 것이다.

박흥식이 일본 및 미국, 유럽으로 떠난 것은 1962년 1월 20일이었다. 남서울 신도시계획과 그 밖의 사업들에 관한 상업차관 교섭을 위해서였다. 이 출장에서 그는 미국·서독의 기업체로부터 남서울 신도시계획 추진을 위한 5천만 달러의 상업차관 교섭에 성공했으며, 그것과는 별도로 도농(陶農)에 새로 건설할 비스코스 인견사 공장을 위한 상업차관 교섭에도 성공했다. 1961년 말 우리나라 국민 1인당 평균소득이 82달러에 불과한 시대였으니 신도시건설비로 5천만 달러, 흥한화섬 건설·운영비로 1천만 달러의 상업차관을 교섭했다는 것은 엄청난 일이었다. 그 당시만 하더라도 박흥식이 주도한 화신그룹의 기업성을 국제사회가 인정하고 있었음을 알 수가 있다.

두 달에 걸친 외국여행에서 돌아온 박흥식이 그간의 성과를 최고회의에 보고한 것은 다음달인 4월 초순이었다. 박흥식의 보고를 접한 군사정권이 내린 결론은 "비스코스 인견사 공장 건설 및 운영에 관한 상업차관은 인정한다. 그러나 신도시계획을 위한 상업차관은 곤란하다. 신도시건설이 국가적 견지에서는 절대로 필요한 사업임을 인정하나 수입대체산업이나 수출진흥사업 등 제조업 이외의 사업에 정부가 지불보증의 책임을 지는 상업차관 도입을 인정할 수 없다. 그러므로 상업차관이 아닌, 다른 형식의 외자도입을 외국기업체와 교섭해보라"는 것이었다.

박흥식은 그해(1962년) 8월에 다시 외국여행길에 올랐다. 신도시건설을 위한 상업차관이 아닌 외자도입을 교섭하기 위해서였다. 당시의 일본에는 아직 박흥식의 친일성과 기업능력·경제력을 높이 평가하는 인사들이 적지 않게 생존해 있었다. 조선총독을 지낸 우가키와 아베도 건재했고 경성전기(주) 사장을 지낸 호즈미, 조선전업(주) 사장이었던 구보다, 조선상공회의소 회두(會頭)를 지낸 가다 등이 모두 건강하게 살아 있었다. 그들 중 일부는 1960년대까지도 일본경제계의 최일선에서 활약하고 있었고 일부는 은퇴한 상태였지만 모두가 정치계·경제계에 큰 영향력을 미칠 수 있는 인물들이었다.

당시 일본 최대기업이었을 뿐 아니라 지금은 세계적인 대기업이 되어 있는 미스이물산(주)이라든가 이토추상사가 박흥식의 신도시건설 사업을 돕겠다고 나섰다. 매년 1천만 달러씩 10년간, 총 1억 달러의 구상무역(求償貿易) 협정에 성공한 것이다. 즉 "일본에서 시멘트·페인트·위생기구·철근·철강재·파이프·전선·발전기·기계류 등을 수입하여 그 중 일부는 신도시건설에 쓰고 나머지는 국내에서 판매하여 그 대금을 신도시건설 비용에 충당한다. 그 대신에 한국에서는 매년 1천 달러 상당액의 생우(生牛)·돼지·김·무연탄 등을 일본에 수출한다. 10년간에 걸쳐 틀림없이 수출한다는 것은 대한민국 정부가 보증한다"는 내용의 협정이었다.

일본에서 돌아온 박흥식은 이 구상무역 협정내용을 최고회의 의장에게 보고했고 최고회의는 적극 추진하라는 지시를 내렸다. 이 지시가 내려진 것은 1963년 1월이었으며 지시에 접한 화신산업(주)은 바로 서울시에 「남서울 도시계획사업 인가신청서」를 제출했다.[5)]

계획안의 내용

1963년 7월까지 오고간 공문은 '화신산업(주) 사장 박흥식'의 이름이었다. 그러나 다음달 8월부터의 공문은 '홍한도시관광주식회사 발기인 대표 박흥식'으로 되어 있다. 남서울 도시계획의 추진을 위하여 '홍한도시관광주식회사'라는 이름의 새 회사가 창립되었던 것이다. 회사이름에 '관광'이라는 문구가 들어간 것은 남서울 계획의 내용에 '한강랜드'라는 대규모 위락시설이 포함되어 있었기 때문이었다.

홍한도시관광(주) 사무실은 종로구 신문로 187번지 화신산업(주) 내에 있었고 신도시계획의 기술적 업무는 바로 남쪽에 붙은 창고건물에서 이루어졌다. 일제시대 화신연쇄점의 물품보관창고의 일부였던 것이다. 이

---

5) 여담이 될지는 모르나 박흥식은 대식가였다고 한다. 그 역시 하루에 세끼 식사를 했지만 그 식사량이 능히 보통사람의 3인분을 넘었다고 한다. 게다가 승용차에 한약재를 넣어 특수 제작한 부꾸미(전병)와 그의 농장에서 농약 없이 재배한 사과와 배를 싣고 다니면서 시도 때도 없이 먹었다고 한다. 그는 여러 자리에서 "자기는 지금까지 자기보다 더한 대식가는 딱 한 사람밖에 보지 못했다"고 공언했다고 한다. 내가 그를 본 것은 서너 번, 그것도 서울시장실에 출입하는 것을 보았을 뿐이다. 그러한 내가 가진 그에 대한 인상은 한마디로 '몸집이 큰 사람'이라는 것이다. 양택식 시장도 대식가에 속했고 85kg의 체중이었지만 박흥식은 양 시장보다 한 차원 더 큰 몸집이었다. 키도 더 컸고 더 비만체였다. 두 사람이 마주 서 있는 것을 봤을 때 양 시장이 소인으로 보였다. 아마 박흥식의 체중은 100kg을 훨씬 넘었을 것이다. 그렇게 체구가 커서 배포도 크고 욕심도 컸던 것일까. 평생을 통하여 50kg 전후의 체중을 유지해온 내 입장에서는 도저히 상상을 할 수가 없다. 그러나 한 가지 분명한 것은 체구가 컸던 만큼 착상도 컸고 그에 반비례하여 그 내용은 엉성한 것이 아니었던가 하는 점이다.

창고건물의 남쪽 담이 당시의 경기여자고등학교였다. 지금 그 자리에는 미국대사관을 짓기 위한 건설공사가 진행중다.

홍한도시관광(주)의 발기인대표는 박홍식이었지만 실제로 사장업무를 본 것은 이창근이었다. 1900년에 평안남도에서 출생한 이창근은 일본 명치대학 재학중인 1923년에 일제 고등문관시험제도 제1회 행정과에 조선인으로서는 유일하게 합격하여 세인을 놀라게 했다. 조선총독부에 들어가 본부에서 출세가도를 달렸으며 1942년에 충북지사, 1944년에 경북지사를 역임했다. 대한민국 정부가 수립된 후 박홍식과 더불어 반민족행위처벌법으로 구속되어 몇 달간 옥고를 치렀으며 그 후는 화신에 들어가 화신무역 전무이사로 있다가 홍한도시관광(주) 사장이 되었던 것이다.

당시 이 남서울계획에는 토목계의 제1인자 최경렬을 비롯하여 많은 사계의 권위자들이 참여했는데 계획 총괄책임자는 건축계의 대부격인 이천승이었으며 실무는 박동식이 주관했다. 박동식은 건설부 도시계획 계장으로 있다가 잠시 서울시 구획정리과장도 역임한 인물이다.

내가 홍한도시관광(주)의 작업장에 가서 이 계획의 내용을 들은 것은 1965년 여름이었다고 기억하는데, 대형의 입체모형이 창고건물을 메우다시피 차지하고 있었고 흰색의 도로선이 종횡으로 그어져 있었던 것이 매우 인상적이었다. 내가 입체모형을 접하기는 그것이 처음이었다. 아마 한국 최초의 모형이었을 것이다.

홍한도시관광(주)이 이 계획서를 제출했던 1963년 1월에는 이미 서울시 행정구역이 확장되어 종래의 경기도 시흥군 신동면(현 서초구 일대)은 서울시 신동출장소 관할이었고 광주군 은주면(현 강남구 일대)은 성동구 은주출장소 관할, 광주군 중대면은 역시 성동구 송파출장소 관할이 되어 있었다. 그러므로 「남서울 도시계획사업 인가신청서」는 서울시에 제출되었고 중앙정부(경제기획원·상공부·건설부)에는 그 사본이 송부되었다.

홍한도시관광(주) 창립사무소가 서울시에 제출한 계획내용을 요약하면 다음과 같다.

1. 구역면적: 2,410만 평
2. 사업지
   가. 영등포구 신동출장소 관내 일부
   나. 성동구 은주출장소·송파출장소 관내 일부
   다. 경기도 시흥군 과천면 일원
3. 사업비: 약 270억 원
4. 사업기간: 약 11개년
5. 현황(1963년 현재): 인구 1만 9,380명 가구 3,230호
6. 토지이용계획
   총면적: 2,410만 평(약 8천만㎡)
   거주가능면적: 1,110만 평(약 3,6,60만㎡)
   거주불가능면적: 1,300만 평(약 4,340만㎡)

   토지이용계획내역:

   주택지 502만 6,700평(45%)   상업지역 52만 6천 평(5%)
   공업지역 28만 평(2.5%)   학교용지 76만 1천 평(7%)
   공원 127만 평(11%)   가로 276만 4천 평(25%)
   기타 47만 2,300평(4.5%)   합계 1,110만 평(100%)

7. 계획인구: 32만 명(1가구당 5명 기준, 1ha당 100명)
   다만, 만약에 1ha당 150명일 때는 48만 명 수용
8. 수용가구수: 6만 4천 가구(1가구당 90평 기준)
9. 재원조달: 이 사업을 위한 재원은 택지조성이 끝난 후 주택을 건립하여
   실수요자에게 매각한 대금으로 충당하되 우선 본 사업을 위하여 일본국
   과 12년간 수출 1억 2,310만 4천 달러, 수입 1억 103만 7천 달러(차액
   22,06만 7천 달러는 금리 해당액) 상당을 구상무역 방법에 의하여 교역
   하되 5천만 달러 해당의 물자를 3년간에 시중은행의 원화 지급보증과
   상환용 외환매도 사전승낙서에 의하여 선차수입(先借輸入)하고 제5차년

도부터 제12차년도까지 물자수출 대전(代錢)으로 상환한다.

가. 자금내역

① 총사업비: 약 270억 원(약 1억 달러)

② 소요자금: 약 150억 원(약 0.55억 달러)

내자 15억원 외자 135억 원(5천만 달러)

나. 자금조달방법

① 내자는 주식공모(발기인·공공기관·토지 소유자 및 기타 일반인)로써 출자한다.

② 외자는 일본국 4개회사로 구성된 '대한(對韓)도시계획교역회사단'과 한일간 장기 특수 구상무역방법에 의하여 교역하는 조건으로 5천만 달러 상당의 건설자재를 선차수입하여 조달함.

다. 상환방법

택지분양대전(代錢)을 재원으로 하여 무연탄·해태 및 축산물 등의 대상물자를 정부와 대상(代償)수출보증하에 수출하여 상환한다.

이 사업내용을 알기 쉽게 적어보기로 한다.

① 박흥식이 대주주가 되는 흥한도시관광(주)은 한강 남쪽 송파·가락동 일대에서 삼성동·역삼동·서초동·반포동·방배동을 거쳐 경기도 시흥군 과천면 일대에 이르는 2,400만 평의 땅을 대상으로 이상적인 전원도시를 약 11년간에 걸쳐 개발한다.

② 2,410만 평 중 개발가능면적 1,100만 평의 토지는 흥한도시관광(주)에서 일괄 매수한다. 만약에 토지와 가옥을 팔지 않겠다는 소유자가 있으면 공권력의 힘을 빌려 강제수용한다. 이렇게 일괄매수한 토지를 대상으로 한 가구당 90평(약 300㎡)의 이상적인 주택을 지어 토지·건물을 같이 분양하거나 토지만을 분양한다. 도로율은 25%로 하고 각급 학교·공원·위락시설도 조성한다. 이상적인 전원도시로 하기 위하여 거주밀도 1ha당 100명 정도로 하며 150명은 넘지 않기로 한다. 그러므로 목표인구는 32만 이상 48만 명 이내가 된다.

③ 조성되는 신도시는 결코 베드타운이 아닌, 자족도시가 되어야 하기 때문에 상업·공업지역을 적절히 배치한다.

④ 총사업비는 약 270억 원이지만 신도시건설에 투자되는 직접자금은 150억 원(5,500만 달러)이다. 이 소요자금 중 내자는 15억 원(10%)에 불과하며, 나머지 90% 즉 135억 원(5천만 달러)은 외자로 충당한다.

⑤ 내자 15억 원은 주식을 발행하여 조달한다. 물론 발기인인 박흥식 개인과 박흥식이 소유주로 있는 화신그룹이 대주주로 참여하나 나머지는 주택공사와 같은 공공기관, 토지 소유자 및 널리 일반인도 참여케 한다.

⑥ 외자 135억 원(5천만 달러)은 일본의 4개 기업체로 이루어진 회사단에서 도입한다. 이 5천만 달러는 홍한도시관광(주)이 사업개시 후 3년 이내에 각종 물자를 도입하여 이를 매각한 대금으로 사업비에 충당한다. 일본의 회사단으로부터는 계속해서 5천만 달러분의 물자를 수입한다.

일본에서 수입하는 1억 달러분 물자에 대하여 한국(홍한도시관광)에서는 12년간에 걸쳐 매년 1천만 달러분, 합계 1억 2천만 달러분의 해산물·축산물을 수출함으로써 상환한다.

계획안의 문제점

홍한도시관광(주)이 제출한 남서울계획안을 면밀하게 검토한 중앙정부는 다섯 가지 문제점을 제기했다. 건설부와 보건사회부 및 상공부가 제기한 문제점이었다.

그 첫째가 도시계획법시행령을 개정해야 한다는 점이었다. 당시의 도시계획법시행령 제3조 제6항 제5호는 행정청이 아닌 자가 도시계획사업을 집행할 경우, 「사업지구 내의 토지면적의 3분의 2 이상에 해당하는 토지 소유자의 동의서」를 첨부하도록 되어 있었다. 홍한의 입장에서는 남서울지역에 거의 토지를 소유하고 있지 않았을 뿐 아니라 엄청나게 많은 토지 소유자로부터 동의서를 받는다는 것도 결코 쉽지 않았다. 그 많은 토지 소유자가 설령 동의를 해준다 할지라도 3분의 2에 해당하는 면적의 동의서를 받는 데만 1~2년 이상이 걸릴 것이다. 결국 도시계획법시행령을 개정해야 사업을 착수할 수 있다는 것이 문제점 제1호였다.

두번째로 지적된 것은 이 사업의 시행으로 적지 않은 수의 농민이 농토를 잃게 되는데 그들에게 새 농토를 알선 이주시키는 문제와 노동력을 흡수하는 문제였다.

세번째는 이 사업이 방대한 넓이의 대상지역을 일괄 매수하도록 되어 있는데 토지·가옥을 팔지 않겠다는 자가 나올 때의 대책이었다. 이에 대한 대책으로 정부는 '택지 또는 주택을 분양해준다' '주식을 분양한다'는 식의, 매우 낙관적인 생각을 제시하고 있다.

네번째는 일본기업단과 장기 구상무역을 허가하는 경우에 일어나는 법률적인 문제였다. 그것도 두 가지로 나누어진다.

그 한 가지는 당시는 아직 일본도 외화사정에 여유가 있지 않았다. 그러므로 미국·한국 등 교역상대국에 따라 수입외화 할당량에 제한이 있었다. 즉 1년간 한국으로부터는 얼마 정도를 수입하고 그 이상은 안 된다는 액수가 정해져 있었다. 그러므로 '홍한'과 장기계약을 맺은 일본기업단에서 홍한을 통한 수입을 할 때에는 미리 정해진 수입할당량과는 별도로 수입할 수 있다는 양국 정부간의 합의가 이루어져야 한다는 전제가 필요했다. 홍한에서 장기로 수입하는 것도 수입쿼터 안에 포함시키면 홍한 이외의 기업이 일본에 수출할 양이 그만큼 줄어든다는 문제가 생기는 것이었다. 1년간 수출액이 1천억 달러를 넘는 오늘날에는 상상도 할 수 없는 일이지만 1963년 당시 한국의 수출총액은 겨우 7천만 달러였다. 7천만 달러 정도의 수출밖에 하지 못하던 때에, 홍한에서 일본기업단에게 매년 1천만 달러의 수출을 해버리고 그것이 대일본 수출쿼터에 포함되어버리면 홍한이 아닌 다른 무역업자에게 큰 타격을 준다는 것이었다.

다른 한 가지는 당시는 한국정부가 대일수출 일원화원칙이라는 것을 시행하고 있었다. 즉 수산물·축산물을 여러 업자가 마음대로 수출하면 일본에서 값을 멋대로 낮출 수가 있으니까 반드시 품목별 수출조합을 통해서만 수출할 수 있었던 것이다. 해태를 예로 들면 해태생산조합이 대일수출창구로 통일되어 있었다. 그러므로 박흥식의 홍한이 일본기업단에 수출하는 수산물·축산물은 수출 일원화원칙에서 제외시켜야 한다는 것이 큰 문제점으로 제기된 것이었다.

다섯번째는 홍한은 남서울계획 사업비로 충당하기 위하여 사업개시후 3년 내에 일본기업단에서 우선 5천만 달러분의 물자를 수입해 들여와 그것을 매각한 대금으로 사업을 추진토록 계획하고 있었다. 그리고 미리 들여오는 5천만 달러의 외화상환은 한국의 시중은행의 지급보증이 있어야 했다. 1963년 당시의 시중은행은 예외 없이 대한민국 정부가 대주주였으니 시중은행의 지급보증이라는 것은 바로 대한민국 정부의 지급보증이었던 것이다. 일개 민간기업의 사업에 정부가 지급보증을 할 수 있는가 하는 것이었다.

1963~65년에 대한민국 정부에서 도시계획을 담당하고 있던 부서는 건설부 국토보전국 도시과였다. 한반도의 도시계획은 1934년의 나진시가지계획부터 시작되었지만 1963년까지의 도시계획이란 것은 고작해야 30~40만 평 규모의 구획정리사업뿐이었다.

한국에서 수백만 평에 달하는 도시를 개발하기 시작한 것은 1962년부터의 일이고 울산공업단지 조성이 그 최초였다. 그러므로 홍한의 남서울계획이 제출되었던 1963년까지는 신도시개발의 수법, 그것이 미치는 사회경제적 파급효과 등에 관한 지식은 거의 없는 거나 같았다. 도시계획이라는 것은 가로세로의 도로선이나 긋고 그래서 생기는 구획 내에 집이나 짓고 하는 정도의 것으로 알려져 있었던 것이다.

박흥식의 요청에 의하여 최경렬·이천승 등이 남서울계획안 수립에 참여한 것은 1962년부터였고, 서울시에 있던 박동식이 이 계획안 수립에서 실무를 관장한 것은 1963년 5월 말부터였다.

1905년에 평안남도에서 출생한 최경렬은 일본 쿄토제국대학 토목과를 졸업하고, 일제하에서는 총독부 토목부 기사(고등관)로 있으면서 한강인도교를 비롯한 이 나라 안 주요도로와 교량의 설계·시공에 관여했다. 광복 후에는 수리조합연합회 회장을 맡기도 했다. 제2공화국 장면 정권하에서는 국토건설본부 기술부장으로 기용되었다가, 1961년 3월부터 5월까지 2개월 간, 서울특별시 부시장을 역임하기도 했다. 1950년대에서 60년대에 걸쳐 한국 토목계의 대부였다. 즉 토목과 관련된 일이라면 일의 크고 작고를 불문하고 그의 의향에 따르지 않을 수가 없었던 것이다. 1950년대에서 1960년대에 걸쳐 토목계를 대표하는 인물이 최경렬이었다면 건축계를 대표한 인물은 이천승이었다.

박동식의 이력서는 다행히 서울시에 남아 있었다. 1922년에 경남 합천에서 태어나 일본에서 초등학교를 다닌 후 일본 도쿄고등공업학교 부속 공업학교, 와세다대학 부속 고등공업학교 토목과를 나왔으며 1945년 말까지는 도쿄시 토목국의 지구출장소에 근무했다. 광복되자 귀국한 후로는 경상남도 도로과에 다년간 근무했으며, 1958년부터 내무부 토목국 도시과 도시계획계장, 1961~62년에 경남 건설과장, 1962년 3월에 다시 국토건설청 도시과 도시계획계장, 6월에 서울시 구획정리과장으로 와서 그해 연말까지 근무하다가 1963년 초에 화신산업으로 가서 남서울

남서울 계획안 중 주거지계획도(1963).

도시계획의 실무책임자가 되었다.

남서울계획에 참여했던 주요인물 세 사람 중 최경렬·박동식은 도로기술자였고 이천승은 건축가였다. 그들이 도시계획을 깊이 알 까닭이 없었고 설령 알았다 한들 가로망계획, 구획분할 정도에 불과했을 것이다.

나는 지금의 시점에서 박흥식의 남서울계획이 지니고 있던 문제점을 생각해본다.

첫째가 그 계획면적이다. 대상지역 2,410만평, 개발예정지역 1,100만평이라는 넓이는 오늘날의 상식으로도 짐작이 되지 않을 정도의 엄청난 넓이였다. 나는 1972~74년의 3년간 서울시 도시계획국장 자리에 있으면서 지금은 강남구·서초구가 되어 있는 영동 1·2지구 구획정리사업을 주관했으며, 지금은 송파구가 되어 있는 잠실지구 구획정리사업도 주관한 바 있다. 1970년대 서울시는 영동지구 800만 평, 잠실지구 400만 평의 구획정리사업을 추진하면서 엄청난 고역을 치렀다. '구획정리 2과'

라는 전담기구를 두었고 출장소·구청 등 새로운 행정기구를 만들어야 했으며 주민을 유치·정착시키기 위하여 여러 가지 잔재주도 부려야 했다. 세법을 개정하여 세제상의 특혜조치도 강구했다.

서울시가 영동·잠실지구 개발을 추진한 초기, 즉 1970년의 1인당 국민소득은 248달러였으며 1975년에는 591달러였다. 국민 1인당 소득수준이 250~600달러였던 시대, 서울특별시라는 거대한 기구가 영동지구 800만 평, 잠실지구 400만 평의 구획정리사업을 하는 데도 온갖 고초를 다 겪어야 했던 것이다. 그런데 박흥식의 홍한이 2,410만 평의 신도시를 개발하겠다고 한 1962년 말의 1인당 소득수준은 겨우 87달러에 불과했으며 1966년 말에도 고작 125달러였다. 1970년대에 서울시가 영동·잠실 1,200만 평을 개발하는 것도 대단히 힘들었는데 그보다 10년이나 앞서 한 민간기업이 2,410만 평을 개발한다는 것은 하나의 꿈에 불과했다.

그것이 꿈에 불과한 어이없는 계획이라는 것을, 계획을 세웠던 당사자들도 알지 못했고, 그것을 접수하여 몇 년간에 걸쳐서 다루었던 서울시나 중앙정부도 알지 못했으니 정말로 기가 막힌 일이었다. 당시 이 계획을 다루었던 경제기획원·상공부 및 건설부 등 각 부장·차관들의 견해가 어떤 것이었는지는 알 수 없다. 다만 매우 짤막하기는 하나 윤치영 서울시장의 의견이 공식기록으로 남아 있다. 1964년 9월 18일, 국회 내무위원회가 서울시 국정감사를 하는 자리에서의 시장 답변 중의 한 구절이다.

(……) 서울시에서는 남서울계획이 있는데 약 30만 가량의 인구를 옮길 계획입니다. (어떤) 민간인이 설계를 해가지고 온 것인데 이것을 보면 대단히 잘되어 있다는 것을 참고로 말씀드립니다.

두번째 문제는 박흥식과 그의 회사인 홍한도시관광(주)이 남서울지역에 토지·가옥을 전혀 소유하고 있지 않았으며, 정부의 허가가 나는 대로 대상토지를 일괄매수하겠다는 점이다. 그와 같은 부동산 취득이 과연 쉽게 이루어질 수 있을 것인가. 박흥식과 계획수립 당무자들은 아마도 군사정권의 강한 뒷받침이 있으면 지주들이 쉽게 매수에 응할 것이라고 생각했겠지만 그것이 그렇게 쉽게 될 턱이 없다. 매수에는 응했을지는 모르지만 박흥식과 그의 회사 자체가 결코 공권력이이 아니니 땅값을 계획발표 시점에서 동결시킬 수도 없었고, 사업개시 직후부터 강제수용할 방법도 없었다. 1,100만 평이라는 방대한 토지를 매수하는 데는 매매교섭·가격흥정 등에 적어도 2~3년 정도의 세월이 흐를 것이고 그동안의 땅값앙등을 막을 방법이 없었을 것이다.

대한민국 정부가 울산공업단지 1,160만 평을 개발한 것은 1962년부터였고 '울산특정공업지구'라는 것을 군사정권의 각령 제403호와 제404호로 발표하여 토지매수에 들어갔다. 그때는 비상계엄령이 선포되어 있었고 군사정권이 무엇이든 할 수 있는 시대였다. 정부의 토지매수에 응하지 않는 지주가 있었다면 당장 구속되어 엄중한 처벌을 받았을 것이다. 포항공업단지 1,200만 평을 조성한 것은 1967년부터였는데 그때는 경상북도를 시켜 공공용지라는 명목으로 토지를 매수시켰으며, 2년 후에 포항종합제철(주)이 경상북도로부터 그 용지를 양도받는 형식을 취했다.

대한민국 정부는 그 후에도 계속하여 1967년부터 여천공업단지, 1969년부터 구미공업단지를 조성했으나 이때까지도 특별한 법적 조치 없이 방대한 양의 토지를 일괄매수했다. 1960년대 말까지는 군사정부, 제3공화국 정권의 강한 공권력으로 이러한 공업단지 조성이 가능했던 것이다.

그러나 1970년대에 조성한 반월·창원공업단지는 1960년대와는 사정이 달랐다. 1973년 12월 24일자로 제정 공포된 '산업기지개발촉진법'에 의해, 공업단지 조성계획의 발표와 동시에 대상지역 일대를 '지가고시지역'으로 지정하여 땅값을 동결해놓고 토지매수에 들어갔다.

박홍식의 남서울계획은 어디까지나 민간사업이고 신도시건설이었으니 강력한 공권력이 발동될 성질이 아니었다. 박홍식이 남서울계획안을 수립했을 때 크게 참고가 되었던 개발사례가 있었다. 일본 도쿄 근교에서 진행되던 도큐다마 전원도시 계획이다.

앞에서 1930년대에 박홍식이 불광동 - 수색 간 신도시계획안을 구상했을 당시에 참고했던 계획이 도쿄 근교의 덴엔조후 신도시계획이었고, 그것을 성공시킨 인물이 고토 게이타였으며, 그로 인해서 도큐라는 대규모 민간 전철회사가 생겼다는 것을 소개한 바 있다. 1960년대에 박홍식이 참고했던 개발사례 역시 고토 게이타의 도큐가 추진한 다마지역의 전원도시개발사업이었을 것이다.

이 다마지역 신도시는 도쿄 도심에서 서남 쪽으로 15km 내지 30km에 달하는 구릉대상(帶狀)지역이며 개발계획 총면적은 4,300ha(약 1,300만 평)였다. 이 정도의 넓이면 민간기업이 토지를 전면매수한다는 것은 기술면·자금면에서 모두 불가능했으므로, 우선 그 중 15%에 해당하는 660ha(약 200만 평) 정도를 매수한 후 대상지구를 4~5개 지역으로 나누어 구획정리사업을 했다. 즉 각 지구별로 구획정리사업조합을 만들어 그 업무 일체를 도큐(주)가 대행하는 방식이었다. 이른바 '도큐 방식'이라는 것이었고 1953년부터 시작하여 1960년대 말까지 계속된 사업이었다. 물론 전철회사이기 때문에 도쿄 도심부에서 이 개발지역의 끝까지, 그리고 요코하마에서 이 지역까지 전철을 놓아 교통문제는 해결한다는 계획이었다.

박홍식이 남서울계획안을 수립했을 당시 이 도큐 신도시는 한창 진행 중이었다. 나는 1967년에 일본에 가서 이 사업의 현지에 직접 가보았다. 내가 가봤을 때 이 사업은 매우 어려운 상태에 놓여 있었다.

그 사업을 어렵게 한 원인 중의 하나가 토지 소유자들의 강한 반발이었다. 특히 개발지역의 중심을 달리는 전철용지를 팔지 않겠다는 것이었으니 계획이 제대로 추진될 리 없었다. 둘째는 사업추진 중에 땅값이 다락같이 올랐다는 점이었다. 그렇게 땅값이 올라가면 민간기업의 자금 동원능력으로서는 도저히 대처할 방법이 없었던 것이다.

결국 이 사업은 도큐가 주체가 된 구획정리사업조합에 의해서 50% 정도가 개발되었고 나머지는 토지 소유자들 스스로의 구획정리조합에 의해서 개발되었다. 땅값이 오르고 연선지역의 인구가 늘고 해서 도큐가 사업으로서 실패한 것은 아니었지만 회사가 당초에 계획한 내용대로는 완성되지 못하고 말았다. 결과적으로는 반은 성공, 반은 실패한 계획이었다.

뒤에서 상세히 설명되지만 나는 강남지역의 땅값앙등, 이른바 '말죽거리 신화'로 불리는 광적인 땅값상승을 서울시 기획관리실장·도시계획국장 자리에서 직접 체험한 바 있다. 그런 나의 입장에서 평가할 때 박흥식의 남서울계획이 실제로 실시되었다면, 계획은 중도에서 실패했을 것이고 결국은 만신창이가 된 채로 서울시가 인수해서 마무리지었을 것이다.

세번째 문제는 주택 1호당 대지면적 90평(약 300㎡), 1ha(3천 평)당 거주밀도 100명이라는 계획이다. 계획목표가 이상적인 전원도시건설이었으니 이 계획의 표본에는 1920년대 일본에서 계획된 덴엔조후의 가구당 100평, 그리고 1946년에 제정된 영국의 신도시법에 의해 건설된 수많은 전원도시의 1가구당 면적이었을 것이다.

그러나 우리나라의 경우, 특히 서울의 경우는 그 사정이 전혀 다르다. 남서울계획이 수립된 1960년대 전반기 우리나라의 평균 주택수준은 '20평 미만의 협소한 대지 위에 15평 미만의 작은 건물을 지어 주인집·셋방살이를 합쳐 10명 정도가 거주하는' 실정이었다. 1960년에 실시한 국세조사에서 밝혀진 바에 의하면 한 가구가 거주하는 주택평수는 겨우 6평 정도에 불과했다. 그러한 시대에 한 가구당 100평의 대지라는 것은 건전한 상식을 가진 사람이라면 생각할 수 없는 규모였다.

국민 1인당 소득수준이 1만 달러를 넘는 지금의 시점에서도 한국인 한 가구당 평균거주면적(대지)은 20~25평 정도밖에 되지 않는다. 그리하여 현재 서울시민의 거주밀도는 평균 1ha당 400명에 달하고 있다. 1만 달러가 넘는 시대에 1ha당 400명인데 겨우 100달러 시대에 이상적 아니라 아무리 초이상적이라 할지라도 한 가구당 100~150평이라는 계획은 건전한 상식인의 발상이라고 할 수 없다.

네번째 문제는 교통수단에 관한 고려가 전혀 없었다는 점이다. 2,400만 평 즉 여의도의 30배에 달하는 광활한 신도시계획을 수립하면서 도시 내부의 교통수단, 모(母)도시인 서울시가지와의 교통수단에 관한 계획이 전혀 수립되지 않았다.

1963년 당시, 한강다리는 겨우 한강인도교와 광진교가 있었고 제2한강교(현 양화대교)가 건설 중이었다. 강남에 30만 내지 40만의 신도시가 생길 경우, 그 인구를 강북으로 통근·통학시키는 교통수단은 무엇인가. 자가용승용차인가 버스인가. 가락동·송파동에서 과천까지에 이르는 신도시 내부교통은 어떻게 할 것인가.

이 글을 쓰면서 1962년 말 현재 서울시내 자동차 보유대수를 찾아보았더니 총 1만 1,562대, 그 중에서 승용차는 겨우 6,531대, 버스는 1,090대였다. 당시의 승용차라는 것은 거의가 지프였는데 그나마 자가용은 1,900대뿐이었다. 교통사정이 이러한데 강남에 인구 30~40만의 신도시를 만들면 기성 시가지인 강북과의 연결은 어떻게 해결할 셈이었던가.

오늘날의 한남대교 즉 제3한강교가 기공된 것은 남서울계획안이 백지로 돌아간 지 4개월 후인 1966년 1월 19일이었으며 1969년 12월 25일에 완공되었다.

3. 계획 좌절의 과정

중앙정부의 태도

앞에서도 언급한 바 있지만 남서울계획안은 박흥식이 제안한 것이 아니었고 처음에는 군사정권이 종용한 것이었다.

군사쿠데타가 일어난 1961년 당시의 상황은 민간기업이 자진해서 "이러한 일을 하겠노라, 정부가 지원해달라"는 요청을 할 시대가 아니었다. 박흥식이 부정축재자로 구속되고 43일 만에 석방될 때 "이러한 것을 연구해보라"는 과제가 떨어졌고, 그것을 연구해서 올렸더니 "개인사업으로 추진하라, 정부가 적극적으로 지원하겠다"는 것이었다. "외국자본을 상업차관으로 들여오라"는 것도 군사정권이었고, "제조업이 아닌 사업에 상업차관은 곤란하니 다른 방법을 강구하라"는 것도 군사정권이었다.

1962년 8월에 일본의 4개 기업체로 구성된 '기업단'과 연간 1천만 달러씩 10년간, 구상무역협정에 성공한 박흥식이 남서울계획안을 서울특별시장에게 제출한 것은 1963년 1월이었고 그 사본은 바로 건설부장관에게 송부되었다. 이 사업에 관하여 신청자(박흥식·홍한도시관광)와 대한민국 정부가 취한 발자취를 요약하면 다음과 같다.

· 1963년 1월, 신청인이 일본기업단과 체결한 무역협정 결과를 청와대에 보고하였던바 이 사업을 적극 추진하라는 박정희 최고회의 의장의 지시가 있었다.
· 1963년 1월, 서울특별시장에게 도시계획사업인가 신청서 제출
· 1963년 3월, 상공부장관에게 대일 장기구상무역 승인신청서 제출
· 1963년 5월 29일, 박 최고회의 의장 주재 아래 최고회의 관계관과 행정부 관계장관 연석회의가 개최되었으며 그 자리에서 "이 사업을 추진키로 하는 정부방침을 결정"하고 그해 7월 5일자 내각수반 명의 통지서를 신청자에게 송부했다.

· 1963년 7월, 상공부장관으로부터 도시계획사업을 위한 '대일 장기 구상무역 내인가(內認可)'가 내려졌다.

· 1963년 7월, 경제기획원장관이 신청자에게 도시계획사업에 수반된 '대일 장기구상무역 협상(계약체결)'의 '권한부여증명서'를 교부했다.

· 1963년 8월, 서울특별시장으로부터 홍한에게 '남서울지구 도시계획사업 내(內)인가서'를 교부했다.

· 1963년 8월, 상공부장관이 화신산업에 '남서울지구 도시계획사업'에 수반한 선차(先借)수입물자 3천만 달러에 대한 대상(代償)물자 수출보증의 내(內)인가서를 교부했다.

· 1964년 4월, 박흥식이 일본에 가서 구상무역의 일본측 취급상사(三井物産·伊藤忠商事·東食·日本糧穀)로 구성된 '대한 도시계획 교역회사단'과 10개년간 5천만 달러의 구상무역과 2천만 달러의 선차물자 수입계약을 체결했다. 박흥식은 동시에 일본국 통상성·농림성 당국과 해태·축산물 및 무연탄의 특수쿼터 수입에 관한 교섭에 성공하고 한국정부의 본인가를 받은 후, 일본측 취급상사로 하여금 일본정부에 신청서를 제출하면 즉시 허가하겠다는 약속을 받았다.

· 1964년 5월, 박흥식이 일본에서의 성과를 박정희 대통령과 관계장관·서울특별 시장에게 보고하였더니 정일권 국무총리 명의로 본건인가를 위해 각 부처 관계관을 망라한 심의위원회를 구성하라는 지시가 내려졌다.

· 1964년 8월 심의위원회 구성, 심의위원회는 다음과 같이 구성되었다. 위원장 - 건설부장관, 부위원장 - 국무총리실 기획조정실장, 위원 - 기획조정실 기획조정관·심사분석관, 경제기획원 경제협력국장·경제기획국장, 내무부 지방국장·상공부 상역국장, 재무부 국고국장·외환국장, 농림부 농지국장·산림국장, 건설부 국토보전국장·계획국장, 문교부 문예체육국장·보건사회부 사회국장, 교통부 관광국장, 서울특별시 도시계획국장·건설국장, 경기도 건설국장

1964년 8월 21일에 최초의 심의위원회를 개최하고 모두 4차의 본회의, 2차의 소분과회의(현장답사)를 거친 후 9월 10일에 결론을 내렸다. 결론은 "이와 같은 계획은 필요하고 권장해야 할 것이나 홍한이 제출한 계획은 여러 가지 문제점을 내포하고 있으므로 다음과 같은 대안으로 추진하는 것이 좋겠다"는 것이었다. 심의위원회가 제시한 대안은 다음

과 같다.

1. 본 지역의 기본계획은 광역적인 견지에 입각한 서울 도시계획의 내용에 따라서 수립한다.
2. 본 지역은 생산성이 높은 신산업도시(新産業都市)로 개발토록 한다.
3. 본 사업 시행기관으로서 홍한도시관광주식회사가 참여하고 지방자치단체 및 토지 소유자 등으로 공단을 조직하여 시행토록 한다.
4. 재원조달을 위한 대일 구상무역은 정부지불보증이 없는 상업차관이나 국제간 은행융자로 대체하고 상환은 수출대전(代錢)으로 충당한다.
5. 본 사업을 위한 대상수출품목은 일본정부의 본사업에 대한 대한(對韓) 수입 쿼터 증가의 보증을 받아야 한다.
6. 수출계획품목은 국내 생산능력을 감안하여 조정토록 한다.
7. 토지수용을 할 경우 적절한 보상 외에 사회대책을 강구토록 한다.
8. 본 사업의 원활한 추진을 위하여 필요한 입법조치를 취한다.
· 1964년 10월 31일, 대통령비서실장은 대통령의 지시에 의하여 국무총리에게 "화신산업이 신청한 사업들에 대하여 미결상태로 방치하지 말고 조속히 명확한 결정을 내리도록" 통첩했다.
· 1964년 12월, 앞의 대통령 지시에 의하여 건설부장관은 경제각료회의에 이 사업 추진안을 3차에 걸쳐 부의했으나, 1965년 1월 16일의 경제각료회의에서 대일 장기 구상무역에 대한 검토 및 이 사업의 실효성을 보다 구체적으로 검토하여 재상정키로 의결했다.

계획의 종말 – 서류반려

앞에서 박흥식의 남서울계획안에 대해 1964년 말까지 대한민국 정부가 취한 태도를 개괄적으로 살펴보았다. 그것을 통해서 우리는 1962~63년까지는 분명히 이 사업을 지원하겠다는 정부의 의지를 엿볼 수 있다. 특히 1963년 7월과 8월에 걸쳐 경제기획원장관·상공부장관 및 서울특별시장에 의한 구상무역 내인가, 구상무역협상 권한부여 증명서 교부,

남서울지구 도시계획사업 내인가 등이 내려질 단계에서는 이 사업의 실현을 의심할 여지가 없었음을 알 수가 있다.

그러나 1964년 8월 건설부장관 주재 아래 20명으로 구성된 심의위원회가 설치된 이후부터 그 분위기가 미묘하게 달라지고 있음을 알 수가 있다. 즉 허가하지 않겠다는 방향으로의 자세전환이 있었던 것이다. 심의위원회가 제시한 대안 중 몇 가지를 다시 고찰해본다.

첫째 "이 지역의 기본계획은 광역적인 견지에 입각한 서울 도시계획의 내용에 따라서 수립한다"라고 되어 있는데 1964년 당시 서울시 도시계획에는 신편입지역인 강남의 도시계획이 수립되어 있지 않았다. 홍한의 남서울계획은 서울시 기본계획이 수립될 때까지 기다려야 한다는 것이었다.

둘째 이 사업계획의 시행기관으로 새로운 공단을 조직하고 홍한은 그 공단에 참여하도록 되어 있는데, 그것은 홍한에 의한 사업의 독자성을 인정할 수 없다는 것이었다.

셋째 이 사업의 재원조달은 정부의 지불보증이 없는, 상업차관이나 국제간 은행융자로 대체하라고 되어 있는데, 당시의 우리나라 경제사정에서 정부의 지불보증이 없는 상업차관이나 국제적 은행융자를 기대한다는 것은 불가능한 일이었다. 결국 정부가 지불보증을 해줄 수는 없다, 기어코 하겠다면 다른 방법으로 외국자금을 끌어들여오라는 것이었다. 결국 이 사업에 대한 완곡한 거절이었던 것이다.

이 심의위원회의 태도로 볼 때 10월 31일자 '대통령 지시에 의한 비서실장 통첩'은 "안되는 것이면 빨리 안된다는 결론을 내리라"는 뜻의 대통령 지시를 통첩한 것임을 알 수가 있다.

1965년에 들면 '허가하지 않겠다'는 정부의 의지가 더욱 뚜렷해진다. 그 첫째는 1965년 1월 16일의 경제부처 각료회의가 "대일 구상무역

박흥식의 남서울계획 대신에 서울시가 제시한 강남지구개발 조감도(1966. 2. 5).

및 본 사업계획의 실효성을 재검토하여 다시 상정하라"는 것을 의결한
다. 이 시점에서 정부는 이미 박흥식의 남서울계획을 부결하는 자세를
분명히 하고 있다. 박정희 대통령의 '불허가 방침의사'를 정확하게 읽은
후의 의결이었다고 추측된다.

　서울특별시가 "군사상 목적으로 제3한강교를 건설하겠다. 되도록
1965년도 내에 착공하겠다"는 뜻을 건설부장관에게 상신한 것은 1965
년 5월 초순의 일이었다. 건설부장관은 5월 20일의 경제장관 회의에 서
울시의 제3한강교 건설계획을 상정했으며, 그 석상에서 "제3한강교 가
설은 원칙적으로 찬성한다. 다만 그 건설시기는 건설부장관과 서울특별
시장이 다시 협의하라"는 것이 의결되었다.

　서울시에 의한 제3한강교 건설계획은 홍한의 남서울계획을 사실상 불
가능하게 하는 결정이었다. 남서울의 대상토지 일괄매수가 이루어지기
전에 제3한강교가 착공되면 남서울의 땅값이 한꺼번에 뛰어올라 사업추
진이 불가능해지기 때문이다. 이 글을 쓰면서 혹시나 하는 생각으로

1965년도 서울시 예산서를 뒤져보았다. 서울시는 1965년도 당초예산에 제3한강교 교각 1개 건설비로 500만 원을 계상하고 있었다. 이 점으로 미루어볼 때 청와대와 서울특별시는 이미 1964년 말부터 박흥식의 남서울계획과는 전혀 별도의 계획을 상정하고 있었던 것이다.

이 무렵 현대건설(주)이 "압구정지구를 매립하여 대규모 주택지 개발사업을 실시하겠다"는 신청서를 은밀히 제출했다. 이를 알아차린 홍한은 건설부장관·서울특별시장에게 "이미 내(內)인가된 남서울 도시계획사업지역 내의 일부를 개발하여 주택사업을 실시하겠다는 신청자가 있음은 심히 부당하니 이를 적극 제지해달라"는 요청서를 제출했다. 1965년 7월 1일의 일이었다.

홍한의 신청에 접한 서울특별시장은 7월 26일자로 다음과 같이 회신하고 있다. 이 공문의 전문을 소개하면 다음과 같다.

서도계 125.1-6638 1965. 7. 26
수신: 시내 종로구 신문로 1가 187 홍한도시관광주식회사
　　　발기인대표 박흥식 귀하
제목: 남서울 도시계획사업지역내 일부개발 제지요청
1. 1965. 7. 1자 귀하가 제출한 남서울 도시계획사업지역내 일부개발 제지요청에 대하여
2. 당시로서는 현재 제3한강인도교 가설문제와 아울러 강남지구(남서울)의 도시계획을 추진중에 있으며
3. 본도시계획은 아직 확정은 되지 않았으나 이 계획에 차질을 가져올 개발은 억제할 방침임.
4. 당시나 홍한도시관광주식회사가 재정 및 법률적 뒷받침을 이룩하여 도시계획사업을 집행하기까지는 토지 소유자나 기타 합법적인 절차를 밟은 구성체로부터 기본적인 도시계획의 차질을 가져오지 않은 한도의 부분적 시가지 개발사업을 추진하는 것은 억제할 도리는 없다고 생각됩니다. 끝.
　　　　　　　　　　　　　　　　　　　　　　서울특별시장　윤치영

서울시의 이 공문은 몇 가지 입장을 밝히고 있다.

첫째 현재 서울시는 제3한강교 가설문제와 아울러 강남지구 도시계획을 수립하고 있고, 이 도시계획이 확정되지는 않았으나 이 계획에 차질을 가져올 어떠한 개발사업도 억제할 방침이다. 즉 기본계획이 수립되기 이전에는 어떤 특정인의 주택지 개발사업도 허가하지 않는다. 물론 귀 회사의 사업계획도 서울시 도시계획이 확정될 때까지는 추진될 수 없다.

둘째 강남의 도시계획이 확정되고 나면 서울시가 개발할 수도 있고 또 홍한이 재정적·법률적 뒷받침을 이룩하게 되면 홍한도 개발할 수 있다.

셋째 도시계획이 확정된 후, 서울시나 홍한이 개발사업을 실시하기 전에, 다른 토지 소유자나 기타 합법적인 절차를 밟은 개인 또는 기업체로부터 주택지 개발사업 실시인가 신청이 들어오면 그것을 허가해주지 않을 수 없다. 즉 서울시가 1963년 8월에 귀 회사(박홍식)에 교부한 내인가는 어디까지나 내인가였을 뿐이지 본(本)인가가 아니었다. 귀 회사가 내인가를 받은 상태에서는 배타적 권리를 주장할 수 없다.

이 서울시 공문은 홍한(박홍식)에 대해서는 결정적인 선고였다. 이 공문이 시달된 7~월에 박홍식은 부산하게 움직였고 여러 부처·기관에 이중 삼중의 신청서를 제출했지만 모두가 허사였다.

박홍식에게 대통령비서실 또는 비서실의 지시를 받은 어떤 기관에서 "남서울 도시계획사업 실시계획 인가신청서를 자진 취하하라"는 지시가 내린 것은 서울시의 앞의 공문에 접한 지 2개월도 되지 않은 1965년 9월이었다. 1961년 9월부터 만 4년간, 남서울개발을 위해 동분서주했던 박홍식의 노력은 한갓 물거품이 되었고 문자 그대로 일장춘몽이었다.

서울시장 윤치영이 기자회견을 자청하여 "남서울을 서울시가 독자적으로 개발하겠다"는 것을 대대적으로 발표한 것은 1966년 1월 7일이었고, 그날 ≪조선일보≫는 그림까지 끼워서 그것을 크게 보도했다. 서울시가 제3한강교 건설기공식을 거행한 것은 그로부터 12일이 지난 1월 19일이었고, 시공자는 현대건설(주)이었다.

같은 평안북도 출신으로 박흥식과 교분이 두터웠던 서울대학교 환경대학원 명예교수 노융희에게서 남서울 계획이 좌절된 데 대한 이야기를 들은 일이 있다. "박 회장이 박 대통령과 두 차례 독대를 했대. 계획이 처음 추진될 때에는 아주 기분이 좋았다는 거야. 그런데 마지막에 만났을 때는 태도가 냉랭하더라는 거야. 박 회장 추측으로는 아마 중간에 누군가가 '친일파와 손을 잡아서는 여론이 좋지 않을 겁니다, 박흥식에게 특혜를 줘서는 안 됩니다'라고 중상했을 것으로 생각하고 있었어"라는 대답이었다.

이 글을 쓰면서 나는 1961~63년까지의 군사정권은 외화(달러)도 필요했고 정치자금도 챙겨야 했을 것이라는 점, 1964년경부터는 외화나 정치자금을 굳이 박흥식을 통하지 않더라도 조달할 수 있게 되었으리라는 점, 그리고 비스코스 인견사 공장 하나만 갖고도 쩔쩔매고 있는 박흥식에게 남서울개발과 같은 공익적 사업을 맡기는 것이 불안했을 것이라는 점 등을 생각할 수 있다.

20세기 전반기 이 나라를 대표하는 기업가가 박흥식이었다면 20세기 후반을 대표하는 기업가가 삼성재벌의 창시자 이병철이라는 점에 이의를 갖는 사람은 없을 것이다. 지난날 화신백화점이 그 위용을 자랑했던 바로 그 자리에 지금 이병철의 딸 이명희가 제1주주로 있는 신세계백화점 종로점이 건설되고 있음을 보고 인간의 영고성쇠를 새삼 실감한다.

(1996. 6. 29일 탈고)

참고문헌

건설부. 1965, 『南서울地域建設計劃槪要』, 建設部.

金儀遠. 1996, 『實錄建設部』, 景仁文化社.

『南서울都市計劃事業 - 推進狀況報告 및 要望事項』, 興韓都市觀光(株), 1965.

石田賴房. 1987, 『日本近代都市計画の百年』, 自治体硏究社.

日本 地域開發センター 편. 1969, 『民間ディベロッパー』, 鹿島硏究出版會.

『朝鮮産業の決戰再編成』, 東洋經濟新報社 朝鮮經濟年報, 1943.

『朝鮮産業の共榮圈參加体制』, 東洋經濟新報社 朝鮮經濟年報, 1942.

和信産業(株). 1977, 『和信五十年史』, 和信産業(株).

인명록·인명사전, 각종 연표, 신문기사 등.

새서울 백지계획, 도시기본계획과 8·15전시

1. 새 행정수도 건설계획

불도저 김현옥 시장의 등장

조선왕조의 태조가 개성에 있던 수도를 한양으로 옮겨온 지 600년이 지났다. 성석린이 초대 한성판윤에 임명된 것은 1395년 6월 13일(음력)이었는데, 관선 마지막인 최병렬 시장(1995. 6. 30)까지 모두 1,425명이 한성판윤·경성부윤·서울특별시장의 자리를 거쳤다. 발령받은 그날로 해직된 자도 있었고 5~6년 이상이나 그 자리를 지킨 자도 있었다. 1990년대에 들어서도 1주일, 11일, 2개월 시장이 있었다.

여하튼 그들 1,425명 중에서 가장 출중한 인물이 김현옥이었다. 나는 『서울 600년사』 제6권에서 김현옥 시장에 대해 서술하면서 그 마지막에 "김현옥 이전에 김현옥 없고 김현옥 뒤에도 김현옥은 없다"고 썼다. 그는 1966년에서 1970년대까지의 재임 4년간 실로 엄청난 일을 저지른 인물이었다. 내가 여기서 '저질렀다'는 표현을 쓰는 것은 "엄청난 것을 이룩했고 파괴했고 조성했으며 동시에 해서는 안 될 일도 했다"는 뜻이다. 숱한 지하도를 팠고 140개가 넘는 보도육교를 놓았으며 청계고가도로도 그가 만들었다. 남산에 두 개의 터널을 뚫었고 불광동길·미아리길도 그가 넓혔다. 한강개발·여의도개발·강남개발도 처음 시작한 것이 그였다. 400동의 시민아파트를 지었고 광주대단지도 그가 만들었으며, 봉천동·신림동·상계동 등지에 거대한 불량지구 마을도 그가 만들었다.

한마디로 그는 일에 미친 사람이었다. 숱하게 많은 공약을 남발했으며 적잖게는 공약(空約)으로 끝났다. 하루에 많을 때는 10건이나 되는 특별지시를 내렸으며 시청직원들은 이 특별지시를 처리하는 데 밤낮이 없었다고 한다. 그러므로 그는 당연히 서울 도시계획에도 엄청나게 많은 발자취를 남겼다.

그가 서울특별시장으로 부임한 것은 1966년 4월 4일이었다. 그리고 와우아파트 붕괴사건의 책임을 지고 그가 떠난 것은 1970년 4월 16일이었다. 만 4년 13일간의 행적을 추적하면서 나는 불철주야·좌충우돌 등의 낱말이 '김현옥 서울시장 4년간의 행적'을 표현하기 위해서 마련된 것이 아닌가 착각할 정도였다.

나는 김현옥 시장만큼 자기선전, 자기과시가 많았던 행정가는 없었던 것으로 알고 있다. 그는 한 달에 한 번씩 색다른 구호를 내걸었다. 도시는 선(線)이다, 풍성한 서울의 가을을 거두자, 질서는 시민의 위대한 예술이다, 선택+준비+실천+집념+증거+…… 등은 그가 내건 구호들 중에서 골라본 것이다.

그는 수없이 많은 기자회견·기자간담회를 가졌고 하루가 멀다하고 시민과의 대화시간을 가졌다.

백지계획의 발설과 그에 대한 반응

시장으로 부임한 지 약 50일이 지난 1966년 5월 27일 오후, 그가 공보실장을 데리고 기자실을 찾았다. 잡담을 하기 위해서였다는 것이다. 그 자리에서 불쑥 "인구 150만 명을 수용하는 새 행정수도를 만들어내겠다"는 말을 내뱉었다. 결코 사전에 계획되고 준비된 말이 아니었다. 행정수도를 만드는 데 얼마나 많은 경비가 드는지 계산해보고 한 말도 아니었다. 그런 것이 왜 필요한가? 그 후보지는 어디인가? 등 쏟아지는 기자들의 질문에 그는 다음과 같이 대답했다.

독립문 - 적선동 - 중앙청 - 원남동 - 동대문 - 을지로 6가 - 퇴계로 - 서울역 - 독립문을 잇는 선이 서울의 제1순환도로로 계획되어 있다. 그런데 이 제1순환도로는 아직 완성되지 않았고 여러 군데를 새로 뚫어야 완성이 된다. 이 제1순환도로를 조성하는 데만 50억 원의 예산이 든다. 게다가 지금 서울의 도시계획을 제대로 하자면 막대한 건설비도 건설비려니와 수용하는 땅과 건물에 대한 보상비가 엄청나서 배보다 배꼽이 더 큰 형편이다. 그럴 바에야 그 돈으로 언젠가는 만들어야 할 행정도시를 앞당겨 건설하는 것이 옳지 않겠는가.

새 행정수도는 3~4천만 평의 넓이에 100만 내지 150만 정도의 인구가 거주하는 규모가 적당하다고 생각하고 있다.

새서울 백지(白紙)계획을 8·15까지 완성해서 발표하겠다. 새서울 후보지와 계획의 단행은 박 대통령께서 결정하실 것이니 나로서는 아직 아무런 복안도 없다.

백지계획이란 이런 것이다. 도시건설의 후보지를 먼저 작정하지 않고, 그러니까 신설할 도시의 지형이나 그에 따르는 여러 조건을 고려하지 않은 채 백지 위에다가 가령 도심을 어디다 두고 정부청사는 어디에 짓고 주택가는 어디다 만들고 도로폭은 몇 미터로 한다는 등의 설계를 그려넣는다는 것이다.

백지계획이 어떤 것인지를 알고 있었고 그에 관한 설명을 하고 있으니 그것이 신문지상에 보도되기를 기대했고 또 보도가 불러일으킬 파장과 파급효과까지 계산에 넣고 말했으리라 추측된다.

김 시장이 기대했듯이 그의 발언은 바로 효과를 나타냈다. 다음날인 5월 28일자 ≪동아일보≫는 3면을 거의 채우다시피 하여 이 과제를 크게 다루었다. 김 시장의 발언을 소개한 뒤 이구, 손정목, 김중업 등 이른바 전문가 5명의 의견을 제시했다.

1990년대 후반의 시점에서 1966년에 김현옥 시장에 의한 새서울계획의 발설, 그리고 나를 포함하여 명색이 전문가라는 사람들의 논평을 읽어보면 정말 가소롭다는 생각밖에 들지 않는다.

1965년 말 현재 서울시 인구수는 347만 명이었고 1인당 소득수준은 105달러에 불과했다. 도시계획의 경험이라는 것은 겨우 40만 평 정도의 구획정리사업을 몇 군데 해보았다는 것밖에 없었다. 그런 시대에 4천만 평의 땅에 인구 100~150만 명 수용규모의 신도시를 구상하고 그것을 옳으니 그르니 하고 논평했다는 사실 자체가 말이 안 되는 일이라고밖에 달리 표현을 할 수가 없다.

하나의 도시를 만든다는 것이 얼마나 힘들고 또 그것이 미치는 파급효과가 얼마나 큰 것인가를는 그로부터 10년이 지난 후, 여의도 80만 평, 영동 800만 평, 잠실 400만 평, 광주대단지 300만 평을 조성하는 데 천신만고하는 체험을 겪고난 뒤에야 알 수 있었다. 1966년의 새서울건설계획안은 그것이 백지계획이건 실제계획이건 간에 허황된 꿈에 불과했던 것이다.

도시계획가 박병주

박병주는 1925년에 경상남도 동래군에서 태어나 동래읍(현 부산시 동래구)에서 성장했다. 일제시대 5년제 부산공업학교를 졸업하고 일본 고베공업고등학교 토목과에 입학했다. 아마 부산공업학교를 졸업할 때 뛰어난 성적이었을 것이다. 당시 공업학교를 나와서 일본의 고등공업학교에 입학하는 사람은 전교를 통틀어 한두 명 정도에 불과했다.

고베고등공업학교를 졸업한 후 철도국에서 근무하다가 1948년부터 8~9년간 모교인 부산공업학교 토목과 교사로 재직했다. 그가 건축가 김중업 등과 만나는 것은 한국전쟁이 일어나서 정부가 부산을 임시수도로 삼았던 1950~53년이었다.

김중업과 함께 경주 국립공원계획을 처음으로 시작한 것은 1957년이었고, 그와 경주도시계획과의 인연은 그로부터 30년 이상 계속되었다. 김중업과의 공동작업 때문에 서울에 올라와야 했던 그는 1957년에 서울 성동공업학교로 근무처를 옮겼다. 거기서 1년 반 재직하다가 건축가 엄덕문의 초청으로 산업은행이 관장하던 ICA주택부 기술부실장으로 갔다가, 1960년대 초에 대한주택공사 단지연구실로 근무처를 옮겼다.

그가 한양대학 건축과(야간부)를 다닌 것은 성동공업학교 교사시절과 ICA주택에 근무할 때의 일이다. 그는 1967년에 홍익대학교 공과대학 도시계획과장으로 자리를 옮길 때까지 대한주택공사 단지연구실장으로 있으면서 엄청나게 많은 일을 했다. 마포아파트단지계획, 동부이촌동 공무원아파트단지계획, 화곡동 10만·30만 단지계획, 성북동 대교(大敎)주택단지계획 등이 모두 그가 주관한 작품이다.

그가 도시계획기술사시험에 제1회로 합격한 것은 1965년이었고 한정섭·이성옥이 합격동기들이었다.

그는 그림솜씨를 타고났는데 주전공분야인 도면 그리기는 고베고등 공업학교를 다닐 때 체계적으로 배웠을 것이다. 그가 성동공업학교에 재직하면서 1958년에 발간한 『토목제도(土木製圖)』라는 책은 1960년대 말까지 10여 년 간 이 나라 공업고등학생과 대학생용 교재로는 유일한 것이었다. 그의 그림솜씨는 이런 토목제도나 건축제도가 아닌 일반그림으로 더욱 발휘되었다. 정규적인 회화교육을 받지 않았기 때문에 그의 그림은 수채화나 유화가 아닌 펜화로 출발하여 담채화로 발전했다.

홍익대학교 교수로 재직하는 24년간, 그는 평교수생활보다도 공대학장·대학원장 등의 보직을 맡는 기간이 훨씬 길었지만, 그렇게 바쁜 교직의 틈틈이 이 나라 도시계획 전반에 정력적으로 관여했다. 1960년대 후반부터 1980년대 초까지 이 나라 안 모든 도시계획에 그의 손길, 그의 입김이 닿지 않은 곳이 없을 정도였다.

그는 약 4반세기에 걸쳐 이 나라 안 도시계획계의 실질적인 제1인자였다. 마산·전주·경주·구미 등 주요 지방도시의 계획을 수립했고 서울의 여의도·잠실 그리고 도심부 재개발계획에도 깊이 관여했다. 그리고 그 기간, 그와 나는 언제나 동반자였다. 그가 중앙도시계획위원이 된 것은 나보다 약 1년이 늦은 1969년이었지만 그 자리를 그만둔 것은 1990년 6월의 같은 날짜였다. 말과 글은 내가 앞섰고, 그림은 그의 독무대였다. 그러나 1990년대 후반에는 그는 '그림 그리기'가 더 유명할 정도로 많은 시가지 그림을 그렸고, 회갑·정년퇴임·고희 기념 등 여러 차례의 개인전을 가졌으며 『그림으로 본 한국의 도시』라는 두터운 그림책도 발간했다. 아마 이 그림책은 20세기 말, 이 나라 안 도시경관을 그린 유일한 자료로서 오랜 훗날까지 남을 것이다.

새서울 백지계획이 그려지기까지

서울시 도시계획위원회 상임위원 이성옥이 박병주를 찾아가서 '새서울 백지계획'을 그려달라고 의뢰한 것은 김 시장의 발설이 있은 지 약한 달이 지난 그해 6월 하순이었다. 시장이 직접 발설했고 그것이 신문지상에 크게 보도되었으니 시청 도시계획 간부들 입장에서는 신중한 검토가 거듭되지 않을 수 없었을 것이다.

도시계획을 알고 도시설계를 할 수 있고 그림을 잘 그리는 사람을 고르고 또 고른 결과가 박병주였다. 이성옥이 박병주에게 이 작업을 의뢰할 때 제시한 조건은 "4천만 평 정도의 넓이와 상주인구 100만 내지 150만 명의 규모 그리고 도시의 외곽을 무궁화형으로 해달라"는 것뿐이었고 "그 밖의 일체는 박 선생에게 일임한다"는 것이었다. 박병주의 당시의 직함은 '대한주택공사 단지연구실장'이었으니 이 작업은 아르바이트였다. 내가 당시의 서울시 예산서를 찾아보았더니 이 작업비는 50만 원이었던 것 같다.

작업의뢰를 받은 박은 "여러 가지 외국문헌을 보고 많은 연구를 했다"고 말하고 있으나, 1960년대 중반의 한국에는 그렇게 많은 외국문헌이 들어와 있지 않았다. 1960년대 우리의 정보원은 주로 일본이었는데 한일간의 국교가 정상화된 것이 겨우 1965년 6월 22일이었을 뿐만 아니라, 아직 일본에서도 도시설계와 관련된 출판물이 그렇게 많지 않았다. 1966년 전반까지 일본에서 발간된 신도시계획·도시설계에 관한 출판물을 찾았더니 겨우 1964년에 가지마(鹿島)에서 발간된 『신도시의 계획』(1961년 런던 주의회 편, 사사나미·나가미네 공역)과 『세계의 신도시개발』(1965년 일본도시센터 발행) 두 권뿐이었다. 유명한 스프라일겐(P. D. Spreiregen)의 『도시 설계(アーバン デザイン, Urban Design)』가 일본에서 번역 출판된 것은

새서울 백지계획이 발표된 지 5개월 뒤인 1966년 12월이었다.[1]

1966년 전반까지 일본에서 발간된 두 권의 신도시계획·도시설계 책에는 브라질의 새 수도 브라질리아의 평면도와 로마 교외의 신도시 '에율'의 평면도는 소개되어 있으나, 르코르뷔지에의 '300만을 위한 오늘의 도시' 평면도는 소개되어 있지 않았다. 그렇다면 박병주는 어디서 어떤 방법으로 르코르뷔지에의 300만 도시계획을 봤을까?

박병주만큼 세계 각국 유명도시를 다녀본 사람도 드물 것이다. 그러나 그의 광적이라 할 만한 세계도시여행도 1970~80년대에 들어서였지 1960년대에 갔던 것은 아니다. 르코르뷔지에의 '3백만을 위한 오늘의 도시'가 우리나라에 널리 소개된 것은 1970년대에 들어서의 일이지 1960년대 중반까지는 소개되지 않았다고 기억한다.

박병주의 기억에 의하면 그가 ICA주택 기술실(부실장)에 있을 때 미국인 기술고문들이 여러 명 교체되어 왔다갔는데 그들이 가져온 잡지나 서적에서 보았거나, 아니면 1966년 5월에 일본 도쿄에서 개최된 국제도시주택계획가모임(IFHP) 총회에 참석했을 때 그곳에서 본 것 같다고 하나 확실하지가 않다. 여하튼 어디에서 어떻게 그 그림을 봤건 간에 그의 뛰어난 조형감각은 충분히 그것이 담고 있는 이미지를 확인할 수 있었을 것이다.

박병주가 1966년 7월에 그린 새서울 백지계획은 르코르뷔지에가 그린 '300만을 위한 오늘의 도시'의 모방이라고 생각한다. 그것이 모방인 것은 두 개의 그림을 같이 놓고 검토해보면 명백해진다. 두 개 백지계획의 다른 점은 르코르뷔지에의 것이 옆으로 긴 직사각형 안에 정사각형을 마름모로 넣었고, 시가지를 형성하는 블록이 남북으로 긴 직사각형을

---

1) 이 책은 박병주에 의해서 한국어로 부분 번역되어 1967년에 발간되었고, 윤정섭·주종원에 의해서 완전 번역되어 1977년에 발간되었다.

되풀이 배치한 것이었던데 반해 박병주의 새서울계획은 정사각형 안에 정사각형을 마름모로 넣었고, 시가지를 형성하는 블록이 정사각형을 되풀이 배치하였다는 점뿐이다. 그 밖의 것은 보면 볼수록 닮은꼴이다. 직교(直交)하는 격자형 가로, 방사선 가로도 똑같이 닮았다.

르코르뷔지에의 '300만 도시'가 마름모의 내부를 도심(업무·상업지역)으로 한 데 반해 새서울계획은 마름모를 둘러싼 정사각형 내부 전체를 업무·상업지역으로 하고 있다. 또 '300만 도시'는 마름모의 네 꼭지점을 십자로 연결하여 기본간선도로로 하고 십자길의 끝부분에 네 개의 상징건물을 배치했다. '300만 도시'가 구태여 수도일 필요가 없었으니 이 네 개의 상징건물은 시청사도 되고 상공회의소·증권거래소도 될 수가 있다.

새서울계획은 마름모의 네 꼭지점을 연결하는 십자의 선을 그어 관청가로 하고 정부를 구성하는 여러 개의 대형건물을 배치했다. 그리고 역시 네 개의 꼭지점을 특별히 구획하여 북쪽에 대통령 관저, 남쪽에 입법부(국회)를 두었으며 동과 서에는 행정부와 사법부를 대칭으로 배치했다. 관아지역, 업무·상업지역은 대형 고층건물로 하고 그 외곽은 낮은 건물지대로 했으며 서쪽의 남북 외곽에는 대규모 운동장을 포함하는 공원시설이 배치되었다.

새서울계획이 '300만 도시'처럼 옆으로 뻗을 수 없었던 것은 무궁화라는 테두리에 맞추기 위해서 불가피한 일이었다. 새서울 백지계획은 어디까지나 정사각형의 되풀이였고 그 바깥에 그려넣은 타원의 다섯 개 꽃잎은 단순한 테두리일 뿐이었다. 그러니까 무궁화는 있어도 그만 없어도 그만인 모티브였다.

만약 무궁화 모습에 충실하려고 했으면 사각형이 아니고 오각형의 시가지를 그렸어야 했을 것이다. 오각의 시가지가 없는 것은 아니다. 그 규모가

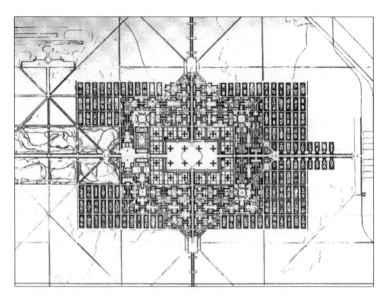

르코르뷔지에, '300만을 위한 오늘의 도시' 평면도.

작기는 하나 일본 북해도 하코다데에 있는 오능곽(五稜郭)은 다섯 개의 꼭 지로 이룩된 성곽이고 미국 워싱턴에 있는 국방성 펜타곤도 오각형 건물 이다.

그리고 무궁화에 충실하려고 했으면 오각형의 시가지는 충분히 그릴 수 있었다고 생각한다. 그러므로 박병주에게 있어 새서울 백지계획의 무궁화는 처음부터 테두리일 뿐이었고 그 이상도 그 이하도 아니었던 것이다.

지금까지 새서울 백지계획이 르코르뷔지에가 그린 '300만 도시'의 모 방이라고 지적되지 않았던 것은, 두 개의 계획을 같이 놓고 면밀히 검토 하지 않았기 때문이었거나 아니면 등한했기 때문이었을 것이다. 그러나 모방이건 아니건 간에 당시 이만한 그림을 그릴 수 있었던 것은 박병주 밖에는 없었을 것이라 생각한다. 이 그림을 스케치했던 당시의 그의 의

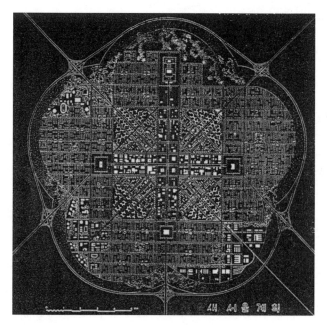

새서울 백지계획.

기양양했던 모습을 상상해보고 혼자서 웃으면서 이 글을 쓰고 있다.

당시 박병주의 집은 성북구 종암동, 달동네 바로 밑에 위치한 ICA주택이었다. 그렇게 넓은 집이 아니었기 때문에 마당에 천막을 치고 10여명의 젊은 건축학도가 작업을 했다. 한양대학교 건축과 3·4학년 학생들이 주축이었다. 현재 청주대학교 건축과 교수인 최효승은 당시 대학원 2년생이었는데 이 작업의 리더격이었다고 하며 현재 목원대학 건축미술과 교수인 김정동은 당시 대학 1학년 학생으로 이 작업장에서 잔심부름을 했다고 한다.

작업내용은 2m 사방의 백지계획 평면도, 역시 2m 사방의 모형, 그리고 부분투시도였다고 하는데, 현재 전해지고 있는 것은 검은색 바탕의 평면도 사진뿐이다. 그리고 그것이 모방이었건 아니건 간에, 또 그것이 발표된 후의 평가가 어떠했던 간에 이 그림은 이 나라 도시계획 역사상 하나의 획이었고 결코 지워질 수 없는 유산으로 남을 것이라 생각한다.

2. 서울시 도시기본계획

주원과 대한국토계획학회

한국 국토계획·도시계획 분야에서 주원(朱源)이라는 인물은 신화적 존재라 할 수 있다. 여기서 신화적이라는 것에는 그의 학력·경력에 검증되지 않는 부분이 있다는 뜻도 포함되어 있다.

1906년에 함경남도 함흥에서 태어난 그는 1924년에 함흥고보(중·고교)를 졸업했다. 그후 일본에 가서 도쿄 제1외국어학교 무역경제과를 다녔다고 한다. 당시 도쿄외국어학교라는 것은 일본에서도 알아주는 명문학교였다. 그의 유창한 영어회화와 해박한 경제학 지식은 이 학교에서 터득한 것이라 추측된다. 일본에서 학교를 마치고 돌아온 그는 1940~45년에 안변군·함경남도 도청·함흥부에서 속관(屬官)으로 근무한다. 그 기간에 그의 글이 조선총독부에서 발행한 ≪조선행정≫ ≪조선지방행정≫ 등의 잡지에 발표되었는데 국토계획·도시계획에 관한 글은 아니다.

그가 어디에서 어떻게 해서 국토계획·도시계획을 공부했는지는 확실히 알 수가 없다. 여하튼 광복과 한국전쟁을 치르는 1946~50년대, 그는 국토계획·도시계획분야에서 이 나라 안의 제1인자였다. 여기서 제1인자라고 하는 것은 그밖에는 다른 사람이 없었다는 뜻이다.

서울대학교 공과대학 건축과에서 도시계획을 강의하기 시작한 것은 정부가 부산에 피난 가 있을 때, 서울대학교 부산 가(假)교사 시절부터의 일이고 1953년에 서울에 돌아온 후에도 계속되었다. 한정섭·윤정섭·장명수 등이 서울대학 건축과에서 도시계획을 배운 주원의 제자들이었다. 김의원은 경북대학교 사범대학에 다닐 때부터 주원에게 사숙했다고 하며, 오석환·김경린 등은 내무부 토목국 도시과 과장·계장으로 있을 때 주원의 가신이 되었다. 1953년에 서울시 도시계획위원회 상임위원이 되고 그 밑에 한정섭·윤정섭·김의원 등이 연구원으로 재직했다. 당시 이성옥은 내무부 토목국 도시과에서 근무했는데 주원이 1961년에 서울시 도시계획위원회 상임위원을 그만둔 후에 상임위원 자리를 계승했다.

주원은 1953~67년까지 중앙도시계획위원을 지냈는데 단순한 위원의 한 사람이 아니고 거의 회의를 주도하는 위치에 있었다. 5·16군사쿠데타가 일어난 후 국가재건최고회의 자문위원, 외자도입 심의의원, 서울신문사 주필 등을 역임했으며, 1967년 10월 3일부터 1969년 2월 15일까지 만 1년 반 동안 건설부장관을 역임했다.

그는 건설부장관을 그만둔 후에도 경제과학심의회 상임위원, 국토계획조정위원회 위원장, 대한건설진흥회 회장 등을 역임하여 1988년에 사망할 때까지 이 나라 국토계획·도시계획 분야에서 최고권위자로 군림했다. 그 누구도 그의 권위에 도전할 수 없었던 것이다. 그가 광복 후부터 1980년대 말까지 이 나라 국토·도시계획 분야에서 군림할 수 있었던 데는 세 가지 이유가 있었다. 그 세 가지는 바로 그의 공적이었다.

첫째는 그가 이 나라에 최초로 국토계획·도시계획의 개념을 도입했다는 점이다. 1960년대까지만 하더라도 이 나라 도시계획의 주류는 토목이었고 건축은 부수적이었다. 그런데 주원이 처음으로 국토·도시계획에는 토목·건축의 기술적 측면에 앞서 사회경제적인 측면이 중요하다는 것을 강조하고 그것을 인식케 한 것이다. 그는 국토·도시계획의 실무자는 아니었다. 그는 오히려 경국제세가(經國濟世家)였다.

두번째는 그가 많은 인재를 양성했다는 점이다. 그에게서 직접 지도를 받았을 뿐 아니라 그에 의해서 진로가 개척된 사람들, 예컨대 한정섭·윤정섭·이성옥·김의원·한근배·장명수 등은 그후 한국 도시계획계에 주류적 인맥을 형성했다. 그가 서울대학교 환경대학원의 창설에 직접·간접으로 기여한 것도 인재양성이 무엇보다도 앞서야 된다는 열의 때문이었다. 그가 기른 인물들 중 몇몇은 그의 가신들이었고 그에 대한 존경심은 신앙에 가까울 정도였다.

40세도 안 되는 나를 중앙도시계획위원회 위원으로 발탁 위촉한 것은 그가 건설부장관이 된 지 1년 후의 일이었다. 이 중앙도시계획위원이 계기가 되어 그후 나의 30년 경력이 쌓아질 수 있었다. 그리고 나는, 그가 1984년에 1억 원의 사재를 털어 창설한 현정(弦汀)국토계획상(학술부문) 제1회 수상자이기도 하다.

그가 끝까지 그 권위를 유지할 수 있었던 세번째 이유는 그가 1958년에 창설한 '대한국토계획학회' 때문이었다. 그는 이 학회의 회장(또는 실질적 회장)을 1976년까지 독점하다가 그 후에는 명예회장을 지냈다. 그의 명예회장은 종신직이었고 그의 사후에는 명예회장이 된 사람이 없었다.

지금은 대한국토·도시계획학회로 그 명칭을 바꾸었지만 이 학회가 끼친 공적은 대단히 크다. 도시계획 학계·실무계(용역업체)·행정계를 통틀어 이 학회를 거치지 않은 사람은 거의 없을 것으로 생각한다. 초창기부터 1970년대 중반까지 약 20년간, 이 학회는 주원에 의해서 관리·운영되었고 1976년에 그가 회장직을 물러나 명예회장이 되고난 뒤에도 그는 항상 이 학회의 정점에 있었다.

서울시 도시기본계획 수립과 모형작업 과정

　김현옥 시정의 특징은 즉흥적·저돌적인 점에 있었다. 그는 어떤 일을 착상하면 그 자리에서 시행에 옮겼고 마구 밀어붙였다. 예산의 뒷받침 같은 것은 문제가 되지 않았다. 그가 일을 저지르면 그에 맞추어 예산이 다시 짜이고 그 일이 합리화되었다. 김현옥이 예산의 뒷받침 없이 일을 저질렀고 예산조치가 그것을 뒤쫓아간 것임은 그가 시장으로 부임한 1966년 4월부터 그해 12월 말까지의 9개월간 여덟 번이나 추가경정예산을 편성·시행했다는 사실에서 충분히 알 수가 있다.

　김 시장이 8월 15일을 기해서 도시계획을 대대적으로 홍보하겠다고 생각한 것은 아마 그해 5월 하순경이었을 것이다. 그를 위해서 마련해야 할 것이 두 가지였다. 한 가지가 새서울 백지계획이었고 다른 한 가지가 도시기본계획이었다. 평면도도 평면도였지만 모형이 필요했다. 전시효과를 거두려면 대형모형이 필수적이라고 생각했던 것이다.

　김 시장이 주원을 만나 기본계획 수립의뢰를 한 것은 5월 하순이었다. 주원은 그해 5월 5~20일에 서울에 없었다. 일본 도쿄에서 개최된 IFHP(International Federation Housing Planning)총회에 참석한 때문이었다. 일본에서 돌아온 주원에게 김 시장은 ① 도시기본계획의 수립, ② 600분의 1 청사진에 계획내용(주로 가로망) 표시, ③ 기본계획 모형제작 등 세 가지를 의뢰했다. 계약금액은 300만 원이었고 납품기한은 7월 말이었다.

　6~7월 2개월간 서울시 도시계획(기본계획)을 수립하고 600분의 1 청사진에 광장·가로망과 토지이용계획 내용을 기입 표시하고 3천분의 1 모형까지 만든다는 것은 그 물량면에서 불가능한 일이었다. 그러나 1966년의 시점에서는 이를 거절할 수 없었다. 1인당 소득수준이 125달러밖에 안 되는 시대였다. 국토계획학회도 가난했고 회원 각자도 가난했으니 이런 일

서울시 학술용역 제1호 도시기본계획 보고서.

을 마다할 수 없었다. 그동안 학회가 한 일 중에서 똑똑한 계획은 1965년에 한 '부산광역 도시계획 수립' 단 한 건뿐이었으니 학회로서도 보람이 있는 작업이었다.

서울시가 국토계획학회에 의뢰한 '도시기본계획안 수립'은 서울시 학술용역 제1호였다. 서울시는 1960년대에 측량이나 지하도·교량 등의 설계용역을 외부업체에 발주하고 있지만 학술용역을 의뢰한 일은 없었다. 그럴 만한 안건도 없었고

학술용역의 필요성에 관한 인식도 없었기 때문이다.

기본계획 수립에 참여한 학회회원은 이일병 한양대학교 교수, 윤정섭 서울대학교 교수, 김경린 건설부 도시계획과장, 김의원 건설부 기획조정실 기획계장, 이성옥 서울시 도시계획위원회 상임위원 등이었는데 윤정섭·김의원이 주도적 역할을 했다.

기본계획이 수립되어가면서 도면작업도 동시에 진행되었다. 이 도면 작업은 학회의 제도사 한두 명이 할 수 있는 분량이 아니었다. 날짜에 맞추기 위해서는 훨씬 더 많은 인원이 필요했기 때문에 건설부 및 서울시의 도시계획과 직원들이 동원되었다. 퇴근시간이 되면 작업장에 직행해서 야간작업을 했던 것이다. 서울시가 발주한 용역을 건설부 과장·계장과 직원, 그리고 서울시 직원들이 아르바이트로 종사했던 것이다. 오

늘날 이런 일이 행해졌더라면 당장에 감사대상이 되고 면직 등 중징계처분을 받았겠지만 1960년대에는 이런 일이 가능했다.

3천분의 1 모형을 만드는 일도 보통 일이 아니었다. 사방 27m나 되는 대형모형이었다. 이 모형작업은 당시 홍익대학교 건축과 조교로 있던 강건희가 담당했다. 모형제작 비용은 기본계획 용역비 총액(300만 원)의 절반인 150만 원이었다. 홍익대학교 건축과 3·4학년 학생 약 30명이 붙어서 이 작업을 했다. 다행히 7월이 방학이었으니 작업하기는 편했다고 한다.

서울시 도시기본계획의 내용

서울시 도시기본계획의 내용을 간단히 간추려보면 다음과 같다.

① 계획기간은 1966~85년의 20년간이며 목표인구는 500만으로 잡았다. 1965년 말의 인구수가 347만이었으니 20년간 약 150만 명이 더 는다고 추정한 것이다. 서울시 총면적과 토지이용 추세 및 전국의 인구증가 추세 등 각종 요인을 검토할 때 목표년도인 1985년의 서울 인구수는 450~500만이 적정인구라고 추산한 것이다.

② 계획의 수법으로 전국성·지역성·종합성·능률성·과학성 등 5개항을 들고 있다.

· 전국 각 지역의 중심지로서의 서울(전국성).

· 서울 중심 반경 40Km권 내에 들어가는 중부지역 중심지로서의 서울(지역성).

· 인간활동의 질과 양을 풍요롭게 하고 자원과 산업·가계(家計) 그리고 각종 사회적 시설의 일체성 유지(종합성).

· 국가발전은 생산과 생활활동량의 극대화에 있다. 그러므로 교통·통신·시장·주택·학교·공원 등 일체의 시설이 생산·생활활동 극대화를 위한 수단으로서 능률향상을 지향해야 한다(능률성).

· 계획의 신뢰도를 높이기 위해 통계 및 기술혁신에 따른 과학성이 제고되어야 한다(과학성).

③ 기능분산과 인구배분

　　서울을 균형 있게 개발하기 위해서는 구 시가지에 집중되어 있는 기능을 분산

해야 한다. 서울의 기능 중에서 가장 큰 것은 정치와 행정인데 이를 입법·사법·행정으로 구분하여 입법부를 남서울(현 강남·서초구)에, 사법부를 영등포에 입지케 하고, 행정부는 용산일대에, 그리고 현 행정중심부인 세종로지역은 대통령부로 하여 대통령관저 및 대통령 직속기관을 배치토록 한다.

④ 토지이용계획

시역 내 총면적 713.24㎢(100%)를 다음과 같이 배분한다.

주거지역 241.22㎢(33.8%)	업무·상업지역 35.78㎢(5.0%)
경공업지역 61.93㎢(8.7%)	녹지지역 354.66㎢(49.7%)
문교지역 19.65㎢(2.8%)	

이 지역구분을 다시 특별지구로 세분한다. 즉 주거지역을 주거전용지구·아파트지구, 업무·사업지역을 상가지구·재개발지구·관아지구, 녹지지역을 공원·올림픽촌·동식물원·민족문화센터·과학관·수족관·묘지 등으로 세분한다.

⑤ 교통계획

4개 순환선, 14개 방사선을 간선가로망으로 하되 7개의 고속도로와 4개의 지하철을 건설한다. 7개 고속도로와 4개 지하철망은 다음과 같다.

고속도로: 미아리 - 도봉동(제1호선), 청량리 - 망우리(제2호선), 숭인동 - 상일동(제3호선), 퇴계로 - 신월동(제4호선), 만리동광장 - 삼정리(제5호선), 서대문광장 - 수색(제6호선), 무악재 - 갈현동(제7호선)

지하철: 서울역 - 청량리(제1호선 8.5km), 서소문 - 을지로 - 성동(제2호선 7.5km), 갈현동 - 종로 2가 - 을지로 2가 - 퇴계로 - 천호동(제3호선 28km), 우이동 - 종로 4가 - 퇴계로 - 말죽거리(제4호선 24km)

노면전차는 철거하고 교통량이 집중되는 광화문네거리와 시청앞광장은 지하차도를 계획한다. 특히 시청앞광장 지하는 지하도시화한다.

⑥ 재개발지구·고도지구·미관지구

서울 도심에는 무질서한 주택이 밀집하여 도시미관상 보기 싫고 주거환경을 해치는 동시에 사회악의 근원이 되는 불량지구가 수없이 많다. 그 중에서 우선 긴급한 영천지구·낙산지구·용산지구·종로 3가지구 등 7개 지구 134만 평을 재개발지구로 지정하여 재개발한다.

서울역 앞·남대문·시청 앞 등 7개 지구 12만 3천 평을 미관지구로 지정하여 빌딩의 위치, 설계내용, 간판·타일 등에 이르기까지 시가 통제하기로 한다. 서울시의 번화가인 명동·충무로지역, 서대문지역, 무교·서린지구 등 4개 지구 32만 6천 평을 고도지구로 지정하여 건물의 최저고도를 제한한다.

⑦ 신시가지개발

1963년에 서울시에 편입된 지역은 구획정리방식에 의해 신시가지로 개발한다. 이 신시가지개발은 뚝섬·창동·망우지구를 합하여 동서울개발, 천호동·송파·강남지구의 남서울개발, 불광동·성산·김포·시흥지구의 서서울개발로 한다.

⑧ 도시계획 해제지역

재정형편상 전혀 실현 가능성이 없으면서 가로계획 또는 공원계획용지로 묶여
있는 지역을 과감히 해제함으로써 사유재산의 피해를 최소화한다. 제1단계 해제지
역은 간선가로 206개 중 17개, 세(細)도로 818개 중 256개, 공원용지 146만 평을
해제한다.

⑨ 집행 및 재정계획

이 계획은 제1단계 3개년(1966~68년), 제2단계 5개년(1969~73년), 제3단계
10개년(1974~83년)의 3단계로 나누어 집행한다(이 3단계 집행내용에는 도로·하
천·공원·주택 등의 집행계획은 있으나 고속도로·지하철계획은 들어 있지 않은데
아마 그것은 재정계획을 수립할 수 없었기 때문인 것 같다).

이 계획의 집행에는 1966년 기준 불변가격으로 모두 3,235억 원의
자금이 소요되는 것으로 되어 있다. 이 3,235억 원은 당시 서울시 일반
회계·특별회계 예산 130억 원의 60%인 78억 원의 24년분 합계 1,872
억 원에 앞으로 구획정리사업 및 주택사업 등을 활발하게 전개함으로써
팽창할 특별회계예산 증액분을 합쳐서 산출한 것이었다.

국토계획학회가 기본계획의 개요를 서울시에 제출한 것은 1966년 8
월 11일경이었다. 서울시장은 기자회견을 자청하여 이를 13일에 발표였
다.[2] 국토계획학회가 서울 도시기본계획의 정식보고서를 서울시에 제출
한 것은 그해 12월 말이었다.

---

2) 이 기본계획 개요는 그해 10월에 발간한 잡지 ≪시정연구≫ 1966년 제3호에 도시
계획국장 주우원의 이름으로 그 전문이 소개되어 있고, 서울시 도시계획과 이름으
로 잡지 ≪공간≫ 창간호인 1966년 11월호에도 소개되어 있다.

3. 계획의 발표와 평가

새서울 백지계획안에 쏟아진 언론의 화살

서울시장이 출입기자들을 초청하여 새서울 백지계획안을 발표한 것은 1966년 8월 11일이었다. 5천만 평의 대지에 인구 150만 명을 수용한다는 내용이었다.

제2부시장 차일석이 박병주의 집을 방문한 것은 8월 7~8일경의 일이다. 그날은 비가 와서 부시장 차가 높은 곳으로 올라가지 못해 큰길에서 박병주의 작업장까지 걸어갔다고 한다. 아직 작업은 마무리되지 않았고 따라서 사진을 찍을 수가 없어 그림의 스케치와 내용설명만 듣고 돌아갔다고 한다.

서울시가 8월 11일에 발표한 것은 박병주의 스케치를 도면화한, 매우 조잡한 것이었다. ≪서울신문≫과 ≪동아일보≫가 이 백지계획을 보도했다. 그리고 이틀 후인 8월 13일 오전에 김현옥 시장은 '대서울 백서'라는 제목을 달아 도시기본계획안을 발표했다. 이 발표는 미리 팜플렛이 만들어져 있어 각 신문은 팜플렛의 내용을 그대로 옮겼다. 결코 작은 분량이 아니었기 때문에 각 신문이 이 기사를 위해 큰 지면을 할애했다. 이 계획안을 가장 소상하게 보도한 것은 ≪중앙일보≫였는데 11단에 이르렀다. 서울시는 이 도시기본계획의 홍보효과를 높이기 위해서 '도시계획 해제구역'도 동시에 발표했는데 ≪조선일보≫는 8월 14일자 지면에 이 해제구역만을 떼어서 크게 보도했다.

≪중앙일보≫가 대서울백서(기본계획안)의 내용을 비교적 상세히 보도한 데 반해 ≪조선일보≫ ≪한국일보≫는 처음부터 보도를 하지 않았다. ≪동아일보≫는 기본계획 내용은 아주 짤막하게 소개하면서 비판기사를

더 크게 보도했다. 8월 13일자 ≪동아일보≫ 기사를 제목만 살펴보면, '서울시장 말의 성찬(聖餐)' '하던 일 끝나기도 전에 공약 양산' '전시효과 꿈 같은 얘기' '시민들 어리둥절 엄청난 사업발표' '교통난 더 악화 헛구호 31% 완화' 등이다. ≪동아일보≫의 이 비판기사 보도는 모든 언론의 비판을 불러일으켰다.

8월 18일자 ≪조선일보≫는 '공약 양산 서울시정'이라는 제목을 붙여 역시 가혹한 비판기사를 보도했다. 제목만 소개하면, '공약양산 서울시정' '계획과 현황 그 실적을 평가해본다' '어마어마한 즉흥계획에 시행 착오 거듭하는 집행' '완공도 않고 준공테이프 (……) 갖가지 넌센스 빚어' '실현성 없는 가공(架空)의 독단(獨斷)들' 등이다.

새서울 백지계획과 도시기본계획안을 조목조목 들어가면서 가혹하게 비판한 것은 ≪중앙일보≫였다. ≪중앙일보≫는 8월 18~23일의 3회에 걸쳐 각 전문가들에 의한 비판의 소리를 요약 보도했다. 이때 ≪중앙일보≫가 의견을 청취한 전문가들은 김수근(종합기술공사 부사장), 김중업(건축가), 박병주(주택공사 단지연구실장), 손정목(중앙공무원교육원 교수), 윤장섭(서울대학교 건축과 교수), 이천승(건축가), 정인국(홍익대 건축미술과 교수), 최경렬(전 서울시 부시장) 등이었다.

8월 13일에 도시기본계획안을 발표할 때 김현옥 시장도 많은 비판이 쏟아질 것을 예견하고 있었다. 그리하여 그는 발표석상에서 "준열한 비판과 보다 좋은 대안을 제시해달라. 그와 같은 비판과 대안제시를 겸허하게 받아들여 12월 말까지 완전한 계획을 수립하겠다"는 것을 강조했다. 또 그는 기본계획의 시행년도가 20년 이상의 장기간에 걸치는 것도 고려하여 12월 말까지 완성되는 기본계획의 내용을 '서울도시계획법' 또는 '수도권정비법'이라는 이름으로 법제화하여 누가 시장이 되더라도 변경할 수 없도록 못박아놓겠다는 약속까지 했다.

그리고 그는 백지계획과 기본계획안에 대한 비판이 쏟아지자 (1966년) 8월 18일자 ≪조선일보≫ 기자와의 대담에서 "본인이 시장으로 취임한 후, 내 앞의 어느 시장보다 일을 많이 벌여놓고 혹은 그 중에는 독선적이고 졸속에 흐른다는 세평을 받고 있음을 잘 알고 있다. 그러나 지금 내가 하고 있는 일, 하고자 하는 사업들은 벌써 이루어놓았어야 할 일들로 오히려 늦은 감이 있는 것이다. (……) 너무 서두른다고들 하지만 나의 소신, 나의 의지에 한 점의 사심도 없으며 다만 보다 살기 좋은 서울의 내일을 위해 이 한 몸을 내던질 결심일 뿐이다"라는 소신을 밝혔다.

여하튼 1966년 8월에 서울시가 발표한 도시계획안은 엄청난 파문을 일으켰다. 김현옥 시장에 의한 그와 같은 연이은 발표는 장안의 화제가 될 수밖에 없었다. 그렇다면 당시의 언론은 새서울 백지계획과 도시기본계획안에 대해 어떤 비판을 퍼부었는가를 고찰해보기로 하자.

새서울 백지계획에 대한 평가

무궁화모형의 새서울 백지계획에 대한 비판은 매우 간단했다. "도시계획은 훈장(勳章)이 아니다. 무궁화 속에 도시를 그린다는 것은 우스운 이야기다" "중학생의 용기화(用器畵) 수준이다" "만화도시다"라는 것이 그 대표적인 비판이었다. 바깥에 그저 형식적으로 그어져 있는 무궁화 모형에만 관심을 가졌을 뿐, 그 내용이 담고 있는 기능이나 가로망 등에 대해서는 아무도 유심히 들여다보지 않았던 것이다. 흥미 있는 것은 이 그림을 그렸던 장본인인 박병주의 평이었다.

건축을 중심으로 회화·조각·공예 등 조형예술에 관한 전반을 다룬 전문잡지 ≪공간≫이 창간된 것은 1966년 11월이었다. 이 잡지의 발행처는 김수근 건축사무소인 '공간사랑'이었으니 바로 김수근이 발간한 잡지였다. 이 잡지를 "풍류인(風流人) 김수근의 외도"라고 평하는 사람도 있기는 하나 이 잡지가 특히 우리나라 건축발전에 미친 영향은 실로 엄청난 것이었음을 부인할 사람은 없을 것이다.

그런데 ≪공간≫ 창간호는 '새서울 백지계획' '서울 도시기본계획'과 '8·15전시'의 특집호와 같았다. 잡지의 머리에 당시의 서울 도심부 전경 사진을 실었고 이어서 8·15전시에 출품된 각종 모형사진을 실었으며, 이어서 새서울 백지계획·도시기본계획의 내용을 소개한 데 이어 「서울 도시계획 전시회에 대한 평가」라는 글을 실었다. 이 평가를 한 사람이 바로 박병주였다. 이 평가에는 당연히 백지계획에 대한 평가도 있다. 자기가 그린 작품에 대한 평가였다. 그 부분을 소개하면 다음과 같다.

본 계획은 소위 '백지 서울계획'이란 이름으로 발표 전부터 많은 관심을 모았고 8·15전시 개시 수일 전에는 이른바 무궁화 도시의 계획이 신문지상에 보도되었다.

신문보도는 한결같이 "도시계획은 훈장과는 다르다. 무궁화 속에 도시를 그린다는 것은 우스운 얘기"라고 비꼬았다. 신문은 이 백지계획을 대서특필했고 그 후보지의 예상기사까지 취급하리만치 떠들썩했다. 신수도 건설을 그렇게 가볍게 본 신문보도도 우습거니와 확고한 방침도 결정되지 않는 마당에 마치 신수도 건설방침을 굳힌 것 같은 인상을 던진 시 당국의 처사도 이해가 가지 않는다.

여하간에 이 무궁화 도시로 하여 도시계획전시회의 관심은 더욱 커졌고 나아가서 신수도건설의 필요성 여하에도 많은 생각을 모으게 하였음은 다행한 일이라 하겠다. (……)

본 계획은 금번 도시계획 전시품 중에서 가장 중요한 작품의 하나라고 본다. 그 이유는 작품내용은 고사하고 (그것이) 의도한 방향이 매우 중요하기 때문이다. 앞서도 언급한 바와 같이 서울 도시문제를 논함에 있어 한 번은 수도 기능문제를 다루어야 하기 때문이다. 필자가 이렇게 그 의의를 찬양하는 데 반하여 작품내용에 뒷받침이 되는 보다 구체적인 검토가 결핍되어 있다는 점에 유감의 뜻을 표하지 않을 수 없다. 이 기회에 시 당국에 기대하고자 하는 바는 이것을 계기로 수도 분리계획의 연구를 보다 더 적극적으로 계속하여 그 장단점이 뚜렷하게 대비되어야 할 것이라고 믿는 바이다.

이 글을 보고 그 누가 새서울 백지계획이 박병주가 그린 것임을 알 수 있을 것인가. 사실상 이 백지계획을 그린 자가 누구인가는 오랫동안 베일에 가려 있었다. 시 당국이 작가의 이름을 밝히지 않았고 그림을 그린 장본인이 그것을 밝히지 않았으니 알 까닭이 없었다.

박병주가 홍익대학교 도시계획과 교수로 부임한 1967년 이후 그와 가장 절친하고 자주 만났으며 허물없이 지낸 사람은 나 손정목이었다. 그런데 그러한 내가 1990년대까지의 4반세기 동안 백지계획의 작가가 박병주라는 것을 알지 못했으니 다른 사람이 알 까닭이 없었다.

1992년인가 93년인가의 어느 날 두 사람만의 술자리에서 "손 선생, 새서울 백지계획을 그린 사람은 나였소"라는 실토를 듣고 놀라지 않을 수 없었다. "그 사실을 왜 지금까지 비밀로 해왔습니까"라는 반문에 그는 "김중업 등이 '도시는 훈장이 아니다' '중학생이 그린 용기화 수준이다' 등으로 평가한 때문에 부끄러움이 앞서 지금까지 비밀로 한 것이오"라고 했다.

나는 이 글을 쓰면서 ≪공간≫ 창간호에 발표된 새서울 백지계획의 평면도를 여러 번 되풀이해서 검토해보았다. 우선 이 그림의 정교함에 주목해야 한다. 고층·저층의 건물 하나하나가 살아 있는 것처럼 정교하다. 무궁화도시이다, 훈장을 닮았다는 식으로 웃어넘길 그림이 아니다. 비록 르코르뷔지에의 '300만을 위한 오늘의 도시'를 닮기는 했으나 이 그림은 우리나라 도시계획발전사에 길이 남겨야 할 것으로 생각한다. 그리고 그 작가가 박병주라는 사실도 오히려 자랑스럽게 생각한다.

서울시 장기 계획의 틀, 도시기본계획안

"일고의 가치도 없는 고무풍선"이니 "기술·과학성은 전혀 생각도 않고 세워졌다"는 도시기본계획안에 대한 비판의 구체적 내용을 소개하면 다음과 같다.

① 서울의 20년간 장기계획을 어떻게 몇몇 사람이 그것도 2개월밖에 안 되는 짧은 기간에 수립할 수 있는가. 400만 시민 각계각층의 의견을 들어 보다 장기간에 걸쳐 충분한 심의를 거친 후에 세워야 되지 않았던가.

② 수도기능의 단핵(單核) 집중을 막기 위해 행정부·입법부·사법부를 각각 용산·영등포·강남으로 이전한다는 것은 바로 '남향한 삼두(三頭)마차'와 같다. 이렇게 정부기능만 분리시키면 도심부에 집중되는 업무기능과 사람이 분산된다고 생각하는 것은 큰 오산이 아닌가.

③ 이미 세워둔 가로망 계획선을 대담하게 해제한다고 하는데 그것은 무엇인가 의혹이 있는 것이 아닌가.

④ 7개 노선 93.38km의 고속도로와 4개 노선 68km의 지하철을 놓는다고 되어 있는데 그에 관한 재정적 뒷받침이 전혀 없다. 도시기본계획이라고 하나 그 실제내용은 예나 다름없는 '도로건설계획'에 불과하다. 이 기본계획은 마스터플랜이 무엇인지 그 뜻도 알지 못하는 '지도 위의 그림'에 불과하다.

⑤ 지금 지하를 종횡으로 달리고 있는 상수도·하수도망의 길이가 얼마나 되는지 그 구조가 어떻게 되어 있는지의 조사도 안 되어 있는 처지에 20년간의 상수도 공급계획, 하수 처리계획 같은 것은 환상에 불과하다. 시간당 50mm의 비만 와도 온 시내가 물바다가 되는데 하수도망이나 제대로 갖추어라.

⑥ 기술혁신이나 과학의 발달에 대한 고려가 전혀 없다. 이 비판은 전 시내 가로등을 형광등으로 바꾸어 대낮과 같이 밝게 하겠다는 이른바 '가로백주조명계획'이라는 것에 대하여 퍼부어진 비판이었다.

⑦ 통일을 대비해서 서울-인천-개성을 연결하는 삼각지대 개발계획을 세워야 하는데 그에 관한 고려가 전혀 되어 있지 않다. 통일이 되면 금강산이 당연히 서울시민의 휴식처가 될 것인데 그에 관한 고려도 전혀 없다.

⑧ 이 도시기본계획안이 실시되는 데 3,235억 원이 필요하다는데 그것은 우리나

라 1년간 총예산의 약 3배에 해당하는 액수이다. 서울시 재정은 제5차 추가경정예산까지 해서 겨우 139억 6천여만 원밖에 되지 않는 처지에 3,235억 원이라는 천문학적 금액은 '꿈의 환상'에 불과하지 않은가.

⑨ 서울시는 수도가 된 지 570년이 더 되는데 현재까지 개발된 면적은 총면적의 11.7%인 2,530만 평 정도밖에 되지 않는다. 이 좁은 땅에 67만 호의 주택을 지어서 375만이 살고 있다. 그런데 도시기본계획은 신편입지구 중에서 8,416만 평을 구획정리로 개발하여 서울시 만원현상을 해결하겠다고 하는데 과연 그만한 넓이가 20년간에 개발된다고 생각하는가.

도시기본계획안이 수립된 그해, 1966년 10월 1일 현재로 국세조사가 실시되었다. 그때 집계된 서울의 인구총수는 379만 3,280명이었다. 1967년의 서울시 당초 예산규모는 일반·특별회계를 합쳐서 170억 원이었다.

1966년은 제1차 경제개발 5개년계획이 끝나는 해였다. 이 제1차 5개년계획이 끝나면서 그 지긋지긋한 '보릿고개' '절량농가'라는 현상도 끝이 났다. 삼성재벌에 의한 사카린 밀수사건이 터져 세인을 놀라게 한 것도 1966년이었고, 그해 8월 9일에 서울의 쌀값이 한 가마당 4천 원을 돌파하여 크게 문제가 되었다. 당시 공무원봉급(4급을 주사보)은 6,960원이었다. 서울의 신편입지구였던 영동(현 강남·서초구) 일대의 땅값 평균이 한 평(3.3㎡)당 2천 원 정도였고, 서울시내를 달리던 자동차의 총수는 겨우 2만 대, 택시요금은 기본 2km가 50원, 500m를 초과할 때마다 10원이 추가되었다. 1966년도 중앙정부 세입세출 총예산규모가 1,200억 원이었으며 공식 달러환율은 275 대 1이었다. 그러한 시대에 3,250억 원이라는 금액은 어마어마한 것이었고 인구 500만의 미래는 아득할 수밖에 없었다. 강의 남북을 잇는 제3한강교는 겨우 교각의 기초만이 건설되었고 경부고속도로는 아직 상상도 하지 못하고 있었다.

그러한 시점에서 서울시 기본계획안이 수립·발표되었고 미래를 제대로 예측도 하지 않았던 몇몇 전문가라는 사람들이 언론을 통해 마구 욕설을 퍼부었으니, 비판을 위한 비판도 있었고 통일이 어쩌니 금강산이 서울시민의 휴식처가 되느니 하는 되지 못한 이야기도 나온 것이었다.

이 기본계획이 고속도로를 놓는다 지하철을 달리게 한다는 등을 제시한 것은 의지의 표현에 불과했고, 기본틀은 4개 순환선, 14개 방사선이었다. 그리고 이 가로망계획은 윤정섭·김의원 등이 서울시 도시계획상임위원회에 재직하고 있을 때 그들에 의해서 이미 거의 짜여 있었고 부분적으로는 측량도 마치고 있었던 것이다. 그러므로 "2개월의 짧은 기간에 몇몇이만 모여서 짰다"고 하는 비판은 내용을 잘 모른 데서 나온 문자 그대로 비판에 불과했다.

실제의 서울시는 1966~85년에 이르는 20년간 실로 엄청난 변화를 체험했다. 1966년의 시점에서는 상상도 할 수 없었던 변화였다. 1985년 센서스 결과로 밝혀진 서울의 인구수는 964만에 달하고 있었고 1985년 말 현재 서울의 지하철은 1호선(9.8km)·2호선(54.2km)에 이어 3·4호선 (59.2km)도 완전 개통되어 있었다.

1970년대 들어서 본격적으로 시작된 도심부재개발, 그리고 1970년대 후반부터 시작된 불량지구재개발도 1985년경에는 엄청나게 진척되어 있었다. 서울시내 변두리에 전개되었던 신시가지개발도 1966년에는 미처 상상도 할 수 없었던 엄청난 면적이 구획정리 수법으로, 또는 택지개발촉진법에 의한 공영개발 수법으로 이루어졌다.

1966년에 수립된 도시기본계획안은 결코 꿈도 환상도 아니었고 오히려 겨우 이런 것이었느냐고 개탄할 정도의 규모에 불과했다. 그러나 이때 처음 수립되었던 도시기본계획은 엄청나게 큰 뜻을 담고 있다. 첫째는 그것이 최초의 기본계획이었다는 점, 둘째는 이 계획에서 처음으로 도심부재개발이니 고도지구·미관지구니 하는 개념이 도입되고 일반에 공개되었다는 점, 셋째는 불완전하나마 20년 장기계획이라는 것의 틀을 만들었다는 점이다. 1970~80년대에 걸쳐 전국 각 도시마다에 수립된 그 숱한 도시기본계획안이라는 것은 이 1966년 서울계획이 모델이 된 것이었다.

4. 8·15전시

김현옥 시장은 기발한 쇼맨이었고 탁월한 연출가였다. '도시는 선이다'라는 슬로건이 시청 정문에 게시되었을 때는 그 말이 지닌 의외성·함축성에 온 시민이 놀라워했다. "8월 15일까지 교통난 31%를 완화하겠다"는 공약에 접했을 때 많은 시민은 왜 30도 35도 아닌, 31%여야 하느냐에 오히려 감탄할 정도였다.

주요공사의 기공식·준공식을 3·1절이니 5·16, 8·15 또는 개천절을 택한 것도 그가 최초였다. '몇 월 며칠까지 완공하겠다'는 공약을 내건 것도 그였다. 세종로지하도도 무악재길도 삼일로도 그렇게 해서 개통되고 확장되었다. 그리고 가장 사람의 통행이 많은 시간에 이들 공사장 한가운데 헬멧을 쓰고 지휘봉을 든 그의 모습을 볼 수가 있었다. 한강개발을 할 때에는 시(詩)를 써서 각 언론기관에 돌리고 스스로도 그 시에 도취되는 그런 인물이었다.

그의 4년 재임기간의 그 숱한 자기과시 행위들 중에서 가장 으뜸인 것이 8·15전시였다. "내가 앞으로 전개해나갈 도시계획사업의 주된 내용을 모형과 도면으로 나타내어 전시함으로써 대통령을 비롯한 온 시민에게 널리 홍보하는 일" 그것이 8·15전시였다. 도시계획 내용을 이렇게 미술전람회처럼 전시한 일은 세계 어느 나라 어느 도시에서도 그 전례가

8·15도시계획 전시장 전경(1966. 8. 15).

없었다. 아마도 이렇게 대규모의 도시계획 전시를 한 행정가는 동서고금
의 역사상 김현옥이 처음이고 또 마지막이라고 생각하고 있다.

8·15전시에 관한 내용을 수소문하면서 "그것 전부 내가 했다"는 인물
이 적지 않게 있음을 알 수 있었다. 전시물만 트럭으로 아홉 대분이었다
고 하니 종사한 사람의 수가 엄청나게 많았을 것이다. 당시의 서울시
제2부시장은 차일석, 도시계획국장은 주우원, 도시계획과장이 윤진우,
종합계획계장이 현재 서울대학교 환경대학원 교수인 최상철, 그리고 도
시계획위원회 상임위원이 이성옥이었다. 이 엄청난 행사를 주관했던 행
정가는 이 다섯 사람이었다.

전시품 중에서 가장 큰 비중을 차지한 것은 강건희가 주관한 도시기
본계획 모형이었다. 이 모형은 평면이 3천분의 1, 높이가 4천분의 1로
작성되었다. 좌우 넓이가 28m 정도나 되었고 모형의 밑에는 1m 정도의
좌대를 만들었다. 강건희는 당시의 사정을 다음과 같이 회고하고 있다.

서울 도시기본계획 모형.

모형이 거의 완성되어갔을 때부터 청와대 경호실 사람이 출입했습니다. 작업장에서 전시회장까지 갈 때에는 경호실에서 호송을 했습니다. 전시회장에서 조립을 끝냈더니 사진도 못 찍게 하고 작업반원 전원을 내보냈어요. 저도 그 자리에 있지 못하도록 해서 부득이 나올 수밖에 없었습니다. 전시가 끝난 뒤에는 경호실에서 그 모형을 파괴해버렸습니다. 간첩들이 사진을 찍으면 안 된다는 이유였습니다. 그래서 저도 그 모형사진을 가지고 있지 않습니다.

시청앞광장에 전시장 가설공사가 시작된 것은 1966년 8월 초부터였다. 기둥을 세우고 지붕을 입히고 베니어판으로 벽면이 가려졌다. 좌우의 길이는 50m 정도, 남북의 길이도 40m 정도는 되었을 것이다. 벽면에는 가로망이 종횡으로 그어진 청사진이 붙여졌으며 가운데 공간에 기본계획의 모형, 새서울 백지계획의 평면도와 모형, 그 밖에도 20개가 넘는 모형이 전시되었다. 이때 전시된 그림과 모형은 다음의 23개였다.

대서울 도시기본계획, 세종로지하도 계획, 시청앞광장 계획, 서울근교 철도망 개량계획, 서울역사 개량계획, 주택단지계획, 아파트 건립계획, 아동공원시설계획, 가정공원계획, 금화(金華)공원 재개발계획, 남산공원개발계획, 1억본 수집 식

도시계획 전시장을 둘러보는 박정희 대통령.

재계획, 복사(伏砂)유하방지 및 하수도계획, 청계천 하수처리장 건설계획, 구의수원지현황, 보광동수원지 시설계획, 종합경기장계획, 동부지구계획, 여의도개발계획, 새서울 도시(백지)계획, 서울백주(白晝)조명계획

세종로에 있던 시민회관에서 8월 15일 오전 10시부터 광복절기념식이 거행되었다. 이 기념식이 끝나자 바로 박정희 대통령 일행은 김 시장의 안내로 이 전시장에 도착, 개관테이프를 끊었다. 김 시장의 안내와 각 모형들의 설명을 들으면서 장내를 한 바퀴 도는 데만 1시간 가까이 걸렸다. 오전 중에 이렇게 대통령과 고관들의 관람이 끝나자 오후부터는 일반시민에게 공개되었다.

이 전시회는 9월 15일까지 32일간 개최되었다. 관람인원 총수가 79만 6,998명에 이르렀으니 하루평균 2만 4,906명이 관람한 셈이다. 서울시는 이 입장자 비율이 서울시민의 23%에 달하며, 시내 전가구수를 64만 9,290가구로 잡을 때 한 가구당 1명 이상이 관람했다고 자랑하고 있다. 서울시는 이 전시를 관람한 사람을 상대로 미리 마련한 앙케이트 용지를 배부했는데 의견서를 제출한 사람은 모두 1만 9,727명이었으며 그 내용

은 다음의 표와 같았다.

그 중에서 특히 4,139명이 설문 외의 소감을 제시했는데 그 주된 내용은 다음과 같다.

① 계획대로의 실현을 바란다. 50.4%
② 너무 방대하여 실현이 의심스럽다. 18.7%
③ 너무나 비현실적 계획이다. 14.2%
④ 보다 신중한 검토와 연구를 바란다. 5.1%
⑤ 계획은 좋으나 재정적 뒷받침이 문제이다. 3.4%
⑥ 기타 (18개항) 8.2%

이 전시회가 끼친 공과를 각각 하나씩 들어보고 싶다. 그 공은 도시계획의 대중화이다. 그때까지 도시계획이라면 극히 일부 전문가들의 전유물이었고 일반시민은 전혀 알지 못했다. 그런데 이 전시회가 개최된 후 일반시민도 도시계획이라는 것에 대해 눈을 뜨게 되었다. "결코 먼 것이 아니다. 바로 신변의 문제이다"라는 것을 인식하게 된 것이다.

그런데 이 전시회에 전시되었던 청사진에는 신편입지구 즉 아직 도시계획이 이루어지지 않고 있던 지구의 간선가로뿐만이 아니라 세로망계획까지를 기입해두었다(앙케이트 4 참조). 이 세로망계획은 국토계획학회에서 그려넣은 것이 아니었다. 학회에서 그려온 간선가로망 그림을 시청 주변의 건설·토목설계사무소에 배분하여 그곳 말단직원을 시켜서 나누어 그리게 했다는 것이다.

전시장을 찾은 변두리 시민들은 사다리를 타고 올라가 이 가로망을 주의깊게 들여다보았다. 바로 자기 집, 자기 땅에 그려진 세로망을 확인하기 위해서였다. 그것은 서울시가 저지른 큰 과오였다. 훗날 지적측량을 마치고 제대로 세운 세로망계획이 이 전시회의 세로망과 일치할 리가

설문		비율
1. 이 전시회를 통해서 서울시가 어떠한 도시계획사업을 하고 있는지	잘 알게 되었다	39.9%
	대충 알게 되었다	53.6
	모르겠다	5.2
	무기입	1.3
2. 서울시 종합도시계획 모형을 보시고 느끼신 것은	잘되었다	75.0
	그저 그렇다	17.4
	모르겠다	5.6
	무기입	2.0
3. 새서울계획을 보시고 느끼신 것은	잘되었다	70.2
	그저 그렇다	19.7
	모르겠다	7.4
	무기입	2.7
4. 미계획지구의 가로 및 세로망 계획을 보시고 느끼신 것은	잘되었다	46.0
	그저 그렇다	17.1
	시정할 점이 있다	32.0
	무기입	4.9
5. 토지구획정리사업이란 것을 전시를 통해서 보니	장려할 사업이다	78.4
	그저 그렇다	10.7
	안하느니만 못하다	5.3
	무기입	5.6
6. 도시계획의 현실화는	좋은 계획이다	58.6
	그저 그렇다	4.1
	좀더 연구할 계획이다	34.8
	무기입	2.5
7. 이번 전시회는	도움이 되었다	65.9
	또 했으면 좋겠다	25.5
	하나 마나다	5.8
	무기입	2.8

없었다. 서울시는 그후 오랫동안 이렇게 함부로 그려넣었던 전시회 세로 망 때문에 곤욕을 치렀다. 자기 땅 바로 앞에 가로가 놓일 줄 알고 있었 는데 그 위치가 달라졌으니 부정이 있지 않았느냐 하는 시민의 항의 때 문이었다.

(1996. 5. 21 탈고)

참고문헌

「故 朱源 명예회장 年譜 및 追悼文」, ≪大韓國土計劃學會誌≫, 통권 제52호, 1988.

金允基. 1968, 『金市長』, 博愛出版社.

ロンドン州議會 편. 1964, 『新都市の計画』, 鹿島出版會.

박병주. 1966, 「서울都市計劃展示會 評價」, ≪空間≫ 1966년 11월호(창간호).

「서울都市基本計劃 소개」, ≪空間≫ 1966년 11월호(창간호).

서울시 도시계획과. 1966, 「都市計劃展示」, ≪市政研究≫ 1966년 10월호.

서울특별시. 1966, 『서울都市基本計劃』, 서울특별시.

『世界の新都市開發』, 日本都市センタ-, 1965.

小川博三, 『記念碑的都市』, 技報堂, 1970.

孫世寬. 1993, 『都市住居形成의 歷史』, 悅話堂.

주우원. 1966, 「서울都市基本計劃의 槪要」, ≪市政研究≫ 1966년 10월호.

P. D. スプライルゲン. 1966, 『ア-バンデザイン』, 靑銅社.

각종 연표·신문기사 등.

아! 세운상가여

재개발사업이라는 이름의 도시파괴

1. 방공법에 의한 소개도로

소개도로 시설

1914~18년의 제1차세계대전과 1939~45년의 제2차세계대전의 차이는 여러 가지 측면에서 거론될 수 있겠지만, 제2차대전을 특징짓는 요인 중에서도 항공기의 발달과 공습에 의한 피해가 큰 비중을 차지한다는 점에는 견해를 달리할 사람이 없을 것이다.

제2차세계대전 중에 나타난 영국의 레이더시설, 7,700km의 항속거리를 지니는 미국의 성층권 폭격기 보잉 B-29, 독일의 무인비행기 V-1호, 로켓 V-2호 등의 새로운 무기들로 인해 제1차대전 때와는 전쟁의 양상을 달리했다. 이와 같은 항공기의 활용이 전선이 아닌, 후방 민간의 피해를 더욱 막대하게 만들었다. 제1차대전 때 민간인 사망자수는 50만 정도였던 데 반해 2차대전 때 민간인 사망자수는 2천만 내지 3천만으로 추산되고 있다. 군인의 사망자 1,600만보다 훨씬 많은 수의 민간인이 폭격 등으로 후방에서 희생되었던 것이다.

일본정부가 방공법(防空法)이라는 것을 처음으로 제정·공포한 것은 1937년 4월이었지만 그때만 해도 그들은 항공기에 의한 폭격의 위력이 얼마나 대단한 것인가를 알지 못하고 있었다.

일본정부의 공습에 대한 대비는 1941년에 들어서 그 양상을 달리했다. 1939년 9월 1일, 독일 공군·육군의 폴란드 침입으로 제2차대전이 일어나고 독일공군에 의한 영국 본토 폭격, 영국공군에 의한 독일 주요 도시 폭격의 생생한 정보를 접하게 되자 지금까지의 방공태세로는 미국·영국과의 전쟁을 감내할 수 없음을 알게 된 때문이었다.

일본정부는 1941년 11월 25일자 법률 제91호로 종전까지의 방공법을 크게 개정·보완했다. 이 개정에서는 이른바 방공공지(防空空地) 및 방공공지대(防空空地帶)의 설정을 가능하게 하는 법적 근거를 마련하고 있다. 이때의 방공법 개정은 미국·영국에게 선전포고를 하기 위한 긴급대비책의 하나였다. 즉 일본정부는 이 방공법 개정이 있은 지 정확히 13일 후인 12월 8일에 진주만을 기습공격함으로써 이른바 태평양전쟁을 일으켰다.

태평양전쟁이 일어났던 1941년, 일본 본토나 조선의 각 시가지를 형성했던 건물은 대다수가 목조건물이었다. 당시의 폭격에는 일반폭탄 외에 소이탄이라는 것을 많이 사용했다. 일반폭탄에 의해서도 화재가 날 수 있었지만 소이탄이라는 것은 화재를 목적으로 하는 폭탄이었다. 목조건물이 밀집해 있는 시가지에 소이탄을 떨어뜨리면 그 일대가 순식간에 불바다가 되어버렸다.

1941년의 방공법 개정은 물론 1945년의 도쿄대공습 같은 것은 상상도 하지 못할 때의 입법조치였다. 그러나 이 방공법 개정이 의도한 것은 목조건물 밀집지대에 소이탄이 떨어질 경우, 불이 옮겨붙는 것을 막기 위해서 시가지 중간중간에 불이 옮겨붙지 못할 정도의 빈터를 마련한다는 것이었다. 둥근 모양 또는 네모의 광장 같은 것이 방공공지였고, 도로처럼 긴 띠와 같은 빈터를 만드는 것이 방공공지대라는 것이다.

일본정부는 이 개정 방공법에 의해 도쿄·오사카·고베·요코하마 등 주요도시에 수백 개의 방공공지와 방공공지대를 지정했다. 이렇게 방공공지 또는 공지대로 지정된 지역에는 건축물의 신·개축이 금지되었고 기존 건축물도 부분적으로 철거되었다.

그러나 일본정부는 이러한 소극적인 조치로는 별로 큰 효과를 기대할 수 없다는 것을 얼마 안 가서 알게 되었다. 즉 건축물의 신·증축을 불허한다는 소극적인 방안이 아니라 보다 적극적으로 기존 건축물의 강제철거를 가능하게 하는 제2의 수단이 필요하다는 것을 절감한 것이다.

1943년에 들자 태평양의 제해권·제공권은 미군들이 장악하게 되었고 그 전선은 점점 일본 본토를 향해서 다가오고 있었다. 이러한 과정에서 미·영 양국 공군에 의한 독일 본토 폭격, 특히 함부르크·베를린·프랑크푸르트·뒤셀도르프 등 주요도시에 대한 대규모이면서 처참한 공습은 철저한 피공습대책의 수립이 절실한 것임을 깨닫게 했다.

방공법의 두번째 개정이 이루어진 것은 1943년 10월 31일자 법률 제104호에서였다. 이 개정에서 이른바 '전시건물소개'라는 비상대책이 규정되었다. 방공상 필요가 있을 때 일정구역 내의 건축물의 이전·철거를 강제할 수 있다는 규정이었다. 종전까지의 '방공공지·방공공지대'라는 명칭 대신에 새로이 '소개공지·소개공지대'라는 이름이 등장한다. 이로써 소개공지·소개공지대로 지정된 지역에 걸린 건물의 강제이전, 강제철거가 가능해졌으며, 실제로 1944년 초부터 일본의 대도시에서는 시가지 건물의 대대적인 소개작업이 시작되었다.

서울에서의 소개도로 조성

일본 본토에서 방공법이 제정·공포되고 그것이 개정되면서 조선총독부에서도 그 규정을 그대로 도입하고 공포했다. 그러나 조선땅에서는 1944년 말까지는 아직도 미군의 공습은 '남의 집 불구경'에 불과했다. 일본 본토가 여러 차례의 공습으로 큰 피해를 입고 있었지만 조선총독부와 조선군사령부는 식민지일 뿐 아니라 일본 본토에 비해서는 별로 군사·군수시설도 갖추지 않은 조선땅에까지 대규모 공습은 실시되지 않을 것이라는 안이한 생각을 하고 있었던 것이다. 그러나 그와 같은 생각이 한갓 헛된 기대에 불과하다는 사실을 뼈저리게 느끼게 한 사건이 연거푸 일어났다.

첫째는 미군기의 내습이었다. 최초로 한반도 근해, 부산과 제주도에 미군기가 날아온 것은 1944년 7월 8일 밤중, 0시 10~30분이었다. 이때 조선군사령부는 최초로 경계경보를 발령했다. 그 후부터는 8월에 1회, 10월에 2회, 11월에 2회, 12월에 5회, 이렇게 심심찮게 내습하더니, 1945년에 들어서자 그 빈도가 훨씬 잦아져 1945년 5월 5일부터는 거의 매일처럼 나타났다. 지역도 한반도의 남부에서 인천·대전·광주·원산·청진·나남·나진 등지로까지 확대되어 항해중인 선박, 운행중인 열차 기타의 육상·해상시설에 총격·폭격을 가했다.

한반도의 도시소개에 관한 최초의 논의는 1945년 2월 8일자 ≪경성일보≫에 실린 「소개를 서둘러라」라는 사설이었다. 그런데 총독부 고관들과 조선군사령부 지휘관들의 간담을 서늘하게 하고 위기의식을 강하게 느끼게 한 것은 1945년 3월 10일에 있었던 도쿄대공습이었다.

제2차대전 중 원자폭탄이 아닌, 일반폭격으로 최대의 것은 1945년 3월 10일 새벽에 있었던 미군기의 도쿄폭격이었다. 0시 15분부터 2시 37

분까지 142분간에 걸쳐 B-29 130대에 의한 이 폭격으로 사망자 8만 8,793명, 부상자 4만 918명, 이재자 100만 8,005명, 불타버린 가옥 26만 7,171동, 반쯤 타버린 가옥 971동, 전괴가 12동, 반괴가 204동, 계 26만 8,358동이었다. 당시 세계최대의 대도시였던 도쿄의 약 40%가 순식간에 불바다가 되어버린, 대참상이었다. 그리고 이 대공습은 당시 일본의 방공법이라는 것이 현대적인 공중폭격에 대해 얼마나 무력한가를 만천하에 폭로한 것이기도 했다.

개정 방공법에 근거를 둔 '도시소개대강(都市疏開大綱)'이라는 것이 조선총독부에 의해서 발표된 것은 이 도쿄대공습이 있은 지 20여 일 후인 1945년 3월 31일이었고, 4일 뒤인 4월 4일에는 '소개실시요강'이라는 것도 발표되었다.

한반도의 주요도시를 방공도시로 하기 위해 대대적인 건축물 소개를 실시한다는 내용의 '도시소개대강'에 의해 조선총독부는 그해 4월부터 6월까지 경성·부산·평양·대전·대구·원산·청진·성진 등의 주요도시에 각각 소개공지·소개공지대라는 것을 수십 개 지정했다. 경성시내에는 모두 19개의 소개공지대가 고시되었다.

4월 4일에 소개실시요강이 발표되자 경성부는 부민관 소강당에 소개사무소를 설치하고 4월 10일부터 소개작업을 착수할 준비를 했다. '소개는 도피가 아니다. 필승에의 방위전법이다. 시설도 사람도 물자도 잔류하는 것은 전투를 위한 것'이라는 구호 아래 대대적인 선전부터 시작했고, 소개예산이라는 것을 긴급편성하여 소개공지대 및 소개공지에 들어간 건축물에 대한 용지비·건물매수비·공사비 등을 지출하는 한편 소개자 임시수용소도 마련했다. 경성부가 4월 27일에 발표한 소개예산 총액은 8,541만 1천 원이었다.

조선총독부에서 신속히 소개를 단행했던 것은 이 소개공지대 및 소개공지에 포함된 지역에 살고 있던 주민의 70~80%가 일본인이었기 때문이었다. 성스러운 전쟁에 이기기 위해서 불가피하게 실시해야 한다는 소개작업에 항거할 일본인이 있을 리 없었고 또 설령 불만이 있다고 한들 그것을 표출할 수도 없었다. 시가의 절반도 안 되는 작은 금액을 받고 일본인은 본국으로 돌아갔고 조선인은 시골로 낙향했다.

건물의 철거작업은 5월 11일부터 시작되었다. 각 토목·건축업자로부터 차출된 건설대원을 중심으로 경방단(警防團), 중학교 생도, 애국반의 봉사대원 등 수천 명이 동원되어 이 철거작업을 했다. 제1차 소개작업은 6월 말에 끝났다. 그리고 제2차 소개작업은 8월 중순부터 시작할 예정이었으나 8월 15일 일본패전으로 실시에 옮기지 못하고 끝났다.

5월부터 시작하여 6월 말에 끝난 제1차 소개 때 철거된 지역이 어디에서 어디까지였는지, 그리고 철거된 건물의 수가 얼마나 되었는지에 관한 기록이 전혀 남아 있지 않다. 내가 그 후에 백방으로 조사해서 확인할 수 있었던 것은 다음의 지점이다.

· 종묘앞 - 필동 간(현 세운상가 지대) 너비 50m 길이 1,180m
· 종로구 원남동 - 동대문 - 광희문(현 율곡로 및 홍인문로 각 일부) 너비 50m 길이 1,100m
· 경운동 - 청계천(현 안국역 - 낙원상가 - 3·1빌딩) 너비 50m 길이 약 600m
· 서울역 - 회현동(현 서울역 - 신세계 앞 퇴계로의 일부) 너비 40m 길이1,080m
· 필동 - 신당동(현 퇴계로 일부) 너비 40m 길이 1,680m
· 서울역 - 갈월동(현 서울서부역 - 갈월동, 현 청파로) 너비 30m 길이 약 800m
· 서울역 - 충정로(현 의주로 일부) 너비 30m 길이 약 600m

광복 후의 소개도로

조선총독부가 소개공지, 소개공지대 등의 소개작업을 완전히 끝맺기도 전에 일본은 8·15 패전을 맞았다. 그러므로 작업이 진행되다 만 빈터는 전혀 정리가 되지 않았고 건물이 헐린 자리는 들쭉날쭉한 채로 보기 흉하게 방치되었다. 광복과 미군정시대를 거쳐 한국정부가 수립된 후에도 그대로 남아 있다가 6·25한국전쟁이 터졌다. 속칭 '소개도로'라고 불렸던 이 길게 뻗은 빈터 중에서 어떤 것은 제대로 도로가 되었고 나머지는 주로 보행자가 이용하는 공간이 되었다. 마무리가 제대로 되지 않아 비가 오면 진창이 되었고 땅이 마르면 흙먼지가 휘날렸다.

서울역 - 회현동 간과 필동 - 신당동 간 즉 지금의 퇴계로가 된 지역, 그리고 서울역 - 충정로 간 즉 지금의 의주로가 된 지역은 한국전쟁 복구계획때 포장까지 된 도로가 될 수 있었다. 그런데 그 밖의 지역, 종묘 앞에서 필동까지, 경운동에서 낙원동을 거쳐 종로에 이르는 지역은 방치되었다. 당시의 서울시 행정력이 이들 지역까지 미치지 못했던 것이다.

그 빈터에 한국전쟁의 이재민, 북한으로부터 월남해온 이주민들이 판잣집을 짓고 정착했다. 종묘 앞에서 필동까지, 경운동에서 종로까지의 소개도로에는 입추의 여지없이 판잣집이 들어찼으며 사창(私娼)들의 집합처가 되었다. 1950년대부터 1968년까지 이 일대를 중심으로 종로 2~5가에 걸쳐서 생긴 사창굴은 '종삼(鐘三)' 또는 '서종삼'이라는 이름으로 이 나라 사창굴의 대명사가 될 정도였다.

2. 세운상가가 들어서기 이전의 사정

종묘 앞 국회의사당 건립계획

종묘 앞에서 퇴계로에 이르는 소개도로가 정식으로 서울시의 계획가로가 된 것은 1952년 3월 25일 내무부고시 제23호에서였다. 이때 서울시는 한국전쟁 복구계획을 수립하면서 이 소개도로를 도시계획가로 중 '광로 제3호'로 결정고시한 것이다.

한국전쟁이 일어나기 이전의 국회의사당은 중앙청 건물 안의 제1회의실이었다. 그리고 한국전쟁이 끝난 후 부산에 내려가 있던 정부가 환도한 1953년 8월 15일 이후의 국회의사당은 현재 서울시의회 건물로 사용하고 있는 일제시대의 부민관이었다. 부민관 건물은 연건평이 겨우 1,717평밖에 되지 않았으므로 국회의사당으로 사용하기에는 턱없이 협소했다.

서울에 환도하면 독립된 의사당을 건립하겠다는 논의는 국회가 부산에 있을 때부터의 절실한 과제였다. 그리고 그 후보지로 거론된 땅은 종로 3·4가의 종묘 앞, 사직공원, 남산의 세 곳이었는데 그 중에서도 종묘 앞이 가장 유력하게 거론되었다. 1950년대 전반에는 거의 종묘 앞 광장으로 확정되는 듯한 분위기였다.

그런데 이 종묘 앞 국회의사당 건립을 적극 반대한 것은 문화재관리국이었다. 종묘는 중요한 문화재인데 그 앞에 중후하고 고층인 국회의사당을 지을 수는 없다는 것이었다. 국회와 정부 일각의 압력으로 반대의견을 관철할 수 없게 되자 문화재관리국장은 반대의견을 이승만 대통령에게 직소했다. 그때까지 국회와 정부일각에서 종묘 앞에 국회의사당을 건립할 계획이 추진되고 있다는 것을 이승만 대통령은 알지 못하고 있었다. 문화재관리국의 직소를 받은 대통령은 노발대발했다고 한다. 대통령스스로가 전주 이씨 양녕대군파였으니 전주 이씨의 정신적 본거인 종묘 앞에 국회의사당을 건립한다는 것은 도저히 참을 수 없는 일이었다. 이승만 대통령은 종묘 앞 대신에 남산 위, 지난날 조선신궁(朝鮮神宮)이 지어져 있던 자리에 새 국회의사당 건립을 지시했다. 이리하여 1950년대 말 국회의사당 후보지는 남산으로 확정되었다.

종묘 앞 - 필동 간 50m 광로 국유지 불하

조선총독부가 소개도로를 개설할 때 그에 저촉된 토지·건물 보상비는 경성부 예산에서 지급되었다. 아마 총독부가 경성부에 보조금을 지급했을 것이다. 총독부의 보조금이었기는 하나 그것이 경성부 자금으로서 지급되었으므로 그 토지소유권은 당연히 경성부 즉 서울특별시에 있어야 했다. 그러나 일본인 소유토지의 등기를 경성부로 고치기 이전에 일본이 패전하고 광복을 맞았다. 그 토지들의 소유권 등기는 아직 원주인인 일본인 소유였고 따라서 귀속재산이 되었다. 소개도로가 서울 도시계획상 계획가로였다면 광복 후에 바로 서울시가 챙겼어야 하는 그것을 챙기기에 앞서 국유재산이 되어버렸던 것이다.

종묘앞 광장에 국회의사당을 짓는다면 광로 제3호선인 50m 소개도로는 국회의사당 전면도로로서 큰 기능을 담당하게 된다. 그러나 국회의사당을 남산에 짓게 되면 이 50m 도로를 굳이 그대로 놔둘 필요가 없지 않은가라는 견해가 성립될 수도 있다.

이 50m 도로를 불법점유하고 있던 주민들을 충동하는 세력이 생겼다. 그 세력들을 중심으로 중앙정부(재무부)와 서울시에 새로운 건의가 접수되었다. 건의서의 내용은 다음과 같은 것이었다.

50m 소개도로라는 것은 전쟁 때 소이탄의 투하로 화재가 번지는 것을 방지하기 위한 것이었다. 그런데 소이탄 투하는 제2차대전 때의 낡은 수법이었고 앞으로의 공습에서는 소이탄 투하를 하지 않는다. 6·25 때 그렇게 많은 폭격이 있었지만 소이탄은 투하되지 않았다. 제2차대전 때까지의 건축물은 목조건물이 주였지만 앞으로의 건축물은 콘크리트 건축이 주축을 이룰 것이니 화재로 인한 시가

지 연소라는 것은 있을 수 없다. 특히 국회의사당 건립부지도 남산으로 옮겨갔으니 종묘앞 - 필동 간 50m 도로는 폐지하고 토지를 현 점유자에게 불하함이 타당하다. 토지를 조속히 불하해달라.

이런 건의에 접한 서울시와 중앙정부(재무부 국유재산 관리담당)는 그 입장을 달리한다. 서울시 도시계획 당국은 말도 안 되는 건의라고 일축해 버린 데 대해 재무부 국유재산 담당자는 건의내용에 일리가 있다고 해서 받아들였다. 자유당 말기, 온갖 부패가 판을 치던 때였다. 국가재정이 말이 아닐 정도로 고갈되어 어떤 수입이라도 챙겨들여야 했다.

뒷날 밝혀진 일이지만 이때부터 재무부는 이 토지를 불법점유자들에게 야금야금 불하했다. 비록 불법점유자이기는 하나 엄연한 연고자라는 명목이었다. 판잣집을 짓고 있는 불법점유자들에게 돈이 있을 턱이 없었으니 그들의 이름을 빌려 주변상인들이 토지를 사 모았던 것이다.

지금은 도시계획에 저촉된 국유지는 절대로 민간에게 불하되지 않는다. 공원용지이건 도로용지이건 간에 도시계획에 저촉된 국유지는 자치단체인 시·군에 이관되도록 되어 있다. 그런데 1960년대 말에는 그러한 관행이 없었다. 도시계획은 서울시와 내무부(건설부)가 수립했고 국유재산은 재무부가 관리하여 서로간에 횡적 연락이 없었다. 사실상 일제하의 시가지계획에 걸린 일본인 토지·건물의 대부분은 정부수립 후에 귀속재산이라는 이름으로 헐값으로 민간에게 불하되었다. 그런데 이렇게 헐값으로 불하된 토지·건물을 1960~70년대에 서울시가 도로용지 보상비라는 명목 아래 엄청나게 비싼 값으로 되사야 했다.

1950년대에서 60년대 전반기까지는 '사바사바'란 말이 상용되던 시대, '돈이면 안 되는 것이 없는' 그러한 시대였다. 세운상가를 조성할 때 알게 된 사실이었지만 종묘 앞 - 필동 간 50m 도로용지는 재무부 관재국에 의해 이미 약 50% 정도가 민간인에게 불하되어버렸던 것이다.

남산에 국회의사당을 건립하는 일은 1958~59년에 걸쳐 착착 진행되고 있었다. 1959년 5월 15일에 이승만 대통령이 참석하여 성대한 기공식이 거행되었고 육군 공병부대에 의해 정지공사가 진행되고 있었다. 신축될 국회의사당 건물은 널리 현상 공모되었고 김수근·박춘명·강병기 등, 일본의 도쿄대학에 유학 중이던 세 사람의 젊은 건축가들의 응모작이 당선작으로 선정 발표된 것은 1959년 11월 19일이었다.

그런데 이 국회의사당 남산입지는 1960년에 4·19가 일어나 민주당 정부가 수립되고, 1961년에 군사쿠데타가 일어나 군사정권이 수립되면서 다시 백지화되어버렸다. 1959년에 남산에서 이루어진 대대적인 정지공사가 남산의 제 모습을 너무 파괴해버린다는 시민의 여론이 비등했고 그것을 반영하여 ≪동아일보≫ ≪조선일보≫ 등 언론도 국회의사당의 남산입지를 강하게 반대했기 때문이다.

1963년에 새 국회가 시작되자 국회의사당 건립후보지가 다시 거론되기 시작했다. 그리고 이때에도 국회측에서는 종묘 앞 광장과 사직공원 중 한 곳을 희망했고, 서울시는 지금의 은평구 역촌동이나 강남 쪽에 입지할 것을 권유했다. 1965년경의 중앙정부나 서울시, 일반시민 중의 누구도 여의도가 개발될 것은 예측하지 못하고 있었으므로 여의도 국회입지는 상상도 하지 못했다.

지금 여의도에 입지한 국회의사당 부지는 정확히 10만 평(33만㎡)이다. 그런데 종묘 앞 광장은 1만 2천 평(3만 6천㎡), 사직공원의 넓이는 뒷산까지 합쳐서 약 5만 평(16만 8천㎡)밖에 되지 않는다. 당시에 종묘 앞 광장이나 사직공원을 희망했던 국회의원·국회사무처 당무자들이 문화재 보호에 대한 관념이 희박했다든가 면적에 대한 생각이 협소했다라고 비난할 수가 없다. 국민소득이 겨우 100달러 정도밖에 안 되었고 한강과 강남일대가 개발되기 이전의 시민감각이라는 것이 그 정도였던 것이다.

서울시(도시계획과)가 종묘 앞 국회입지를 절대로 인정하지 않는다는 태도임을 알게 된 종묘 앞 - 필동지역 상가번영회는 이곳 계획도로의 폐지와 국유지계속불하운동을 맹렬히 전개하기 시작했다. 1963~65년경의 일이었다.

3. 종묘 앞 - 대한극장 간 재개발계획

중구청 이을삼 계장의 행정연구서

부산시장으로 있을 때 '제2부두지구 구획정리사업'으로 그 과단성을 인정받은 김현옥이 서울시장으로 부임한 것은 1966년 4월 4일이었다. 1898년 생으로서 이미 68세의 고령이었던 윤치영 시장을 대신해 1926년 생으로 아직 40세밖에 안 된 젊은이가 서울시장이 되었던 것이다. '불도저 시장'이라는 별명은 이미 부산시장으로 있을 때에 붙여진 것이었다. 그는 서울시장으로 부임하자마자 그 불도저적 기질을 십분 발휘했다. 세종로와 명동에 지하도를 굴착했고 시내 요소요소에 수없이 많은 보도육교를 세웠으며 넓이가 8~12m밖에 안 되던 불광동길·미아리길을 넓이 35m로 확장했다. 문자 그대로 달리는 불도저였다.

서울특별시라는 행정청은 계획기능보다 집행기능이 훨씬 많은 기관이다. 따라서 서울시 직원은 중앙정부 직원에 비해 연구하고 계획하는 직원이 별로 많지 않다. 특히 사무관(5급) 이하 직원으로 열심히 연구하는 직원은 거의 없는 것이 상례가 되어 있다. 그러나 예외도 있다. 몇몇 직원은 상사의 명령이 있건 없건 간에 항상 무엇인가 연구하고 있다. 그것은 예나 지금이나 마찬가지일 것이다.

김현옥이 서울시장으로 부임하던 1966년, 중구청 산업과 상공계장으로 이을삼이라는 6급주사가 있었다. 당시 그의 나이는 37세였다. 전남대학교 문리과대학 3학년을 중퇴한 학력이었고 평소에 별로 말이 없었기 때문에 눈에 띄지 않아 시 본청에는 그의 존재가 거의 알려지지 않고 있었다.

그런데 그는 산업과 상공계장으로 있었으니 자연히 관내 상공인들과 접촉이 있었고 또 산업활동에도 관심이 있었다. 그는 종묘 앞 - 필동 대한극장 앞 50m 소개도로를 처음 봤을 때부터 "이것은 안 된다" "수도 서울 한가운데 이렇게 추잡한 장소가 있어서는 결코 안 된다" "무엇인가 방법을 강구하여 이 추한 꼴을 고쳐야 한다"고 생각했다. 그가 처음 가 보았을 때 넓이 50m, 길이 1,000m, 넓이가 5만㎡(15,151평)나 되는 이 길다란 거리에는 2,200여 동의 무허가 판잣집이 무질서하게 들어서 있었다. 남산중턱에서 바라보면 그 추한 모습이 오히려 장관이었다고 한다. 훗날 이을삼 계장의 안내로 이 거리를 시찰한 차일석 부시장은 "이 모습은 사진으로 찍어 길이 후세에 남겨두어야 한다"고 하여 동행한 사진기사를 시켜 수십 장의 사진을 찍게 했다고 한다.

이 거리에 있었던 무허가건물은 특색이 있었다. 판잣집이 아니라 천막과 루핑으로 이루어져 있었다. 도로용지였으니 정식 판잣집은 짓지 못하고 나무판대기와 루핑, 천막으로 대강대강 지은 임시처소의 연속이었다. 청계천을 중심으로 남쪽이 중구 관내였고 북쪽이 종로구 관내였다. 한 줄로 늘어선 무허가건물 지대였지만 중구 관내와 종로구 관내는 그 성격이 판이하게 달랐다. 종로구 관내는 최하급의 사창굴 지대였던 것이다.

1968년에 이른바 '나비작전'이라는 이름으로 완전 소탕될 때까지 '종삼'은 이 나라 안 최대규모의 사창가였다. 종로 2가, 현재 낙원상가가 들어있는 자리에서 시작하여 종로 5가까지, 그리고 종로거리를 건너 그 남쪽 일대에 걸쳐 엄청나게 많은 사창들이 들끓고 있었다. 1968년에 이곳이 완전 소탕될 때 조사된 바로는 창녀 1,368명, 포주 111명, 소개꾼 170여 명이었다고 하니, 세운상가가 들어서기 이전인 1966년 당시에는 그 숫자가 훨씬 더 많았을 것이다. 사창가에도 고급·하급의 계층이 있었다. 종로거리 북쪽, 낙원동에서 봉익동·훈정동·와룡동·묘동 등 한옥지대의 사창가는 고급이었는 데 대해 종로거리를 건너 그 남쪽은 한국전쟁 때의 공습으로 건물이 파괴된 터의 무허가건물지대였으니 하급지대였다. 그 중에서도 종묘 앞 건너편 소개도로터는 최하급이었기 때문에 요금도 싸서 찾아오는 손님도 날품팔이나 막노동꾼 또는 미성년자 등이 주를 이루었다.

이 지대를 돌아본 이을삼은 이대로 방치할 수는 없다고 생각했다. 이 일대 상가번영회 간부들의 의견도 들었고 동료들과도 상의한 끝에 그가 작성한 것이 「대한극장 앞 - 청계천 4가 간 계획도로 정비방안」이라는 '행정연구서'였다. 이 연구서는 대한극장 앞에서 청계천4가에 이르는 '서울시 계획가로 광로 제3호'의 실태와 그 정리방안, 실제 착공시기와 토지보상 및 환지방법, 시공을 담당할 기구까지를 명시한, 거의 완벽한 계획서였다. 다만 그가 중구청 상공계장이었기 때문에 청계천까지만 다루었고 종로구 관내인 청계천 - 종묘 앞을 다루지 않았던 것은 당연한 일이었다. 그가 계획한 내용을 요약하면 다음과 같다.

① 50m 넓이의 계획가로 중에서 양측 15m씩은 건물을 짓게 하고 중앙에 남은 20m만 도로를 조성한다.
② 현재 50m 도로를 불법점유하고 있는 자 또는 이 지역에 토지를 소유하고 있는 자로 하여금 지주조합을 결성케 하고 그들에게 서울시가 미리 설계한 바에 따라 양측 건물을 짓게 하고 중앙 20m 도로용지 중 사유지는 서울시에 기부 체납케 한다.

종묘 앞 - 퇴계로 간 소개도로를 메운 무허가 판잣집, 그 수가 2,200동에 달했다.

③ 사업승인이 나는 즉시 불법점유자들은 무허가건물을 자진 철거하고 양측 건
물의 건축에 착수할 것이며 서울시는 중앙 20m 도로를 말끔히 축조한다.

중구청장 장지을이 이을삼 계장을 대동하고 김현옥 시장에게 가서 이
연구내용을 보고했다. 김 시장이 부임하고 일주일도 채 안 된 6월 10일
경의 일이었다.

중구청장으로부터 이 지역의 실태를 보고받은 김 시장은 바로 중구청
장·도시계획국장 등을 대동하고 이 지구를 답사했다. 노폭이 좁아서 걸
어서 이 지역을 답사한 김 시장 일행에게 윤락여성들이 접근하여 유객행
위를 했다고 한다. 아마 실제로 이곳을 답사한 김 시장도 놀랐을 것이다.
김 시장은 도시계획과에 명령하여 중구청이 작성한 행정연구서를 토대
로 종로구 관내까지 포함하는 이 지구 정리방안을 작성하도록 지시했다.

김 시장이 그 내용을 듣고 청와대로 가 박 대통령에게 보고한 것은 1966년 6월 20일이었다. 김 시장이 청와대로 갈 때까지는 이 사업은 구청의 소관이었다고 한다. 즉 본청에는 할 일이 너무 많으니 이 사업은 두 개 구청에 나누어 구청장 책임하에 추진할 생각이었다는 것이다.

불도저처럼 추진한 무허가건물 철거

김현옥이라는 시장은 우리가 흔히 대하는 그런 행정가가 아니었다. 한마디로 서울시장 재임 4년간, 그는 일에 미친 사람이었다. 그리고 대단히 흥미가 있는 것은 매 1년마다 미치는 대상이 달랐다는 점이다. 첫 1년 즉, 1966년은 지하도와 보도육교, 도로의 신설·확장에 미쳤으며, 1967년은 세운상가를 비롯한 이른바 민자유치사업이라는 것에 미쳤다. 3년째 되는 1968년에는 한강개발과 여의도 건설에 미쳤고, 1969년에는 시민아파트 건설에 미쳤다. 그리고 1969년에 미쳐서 지은 400동 시민아파트 중 와우산 허리에 지은 한 동이 1970년 4월 8일 새벽에 무너져서 그의 서울시장 생활은 끝을 맺고 만다.

김 시장은 이을삼 계장이 작성한 행정연구서 내용을 근거로 "종로 - 필동 간 무허가건물 일체를 철거 정리하고 도로용지 일부에 민간자본을 유치해서 산뜻한 건물을 짓겠다"는 계획을 박정희 대통령에게 보고했다. 1966년 6월 20일의 일이었다. 이 보고를 받은 대통령은 김 시장이 기대했던 것 이상의 강한 관심을 보이며 "좀더 깊이 연구해서 소신껏 잘 처리하라"고 격려했다고 한다. 박 대통령은 직접 헬리콥터를 타고 서울상공을 자주 시찰하고 다녔으니 이 지대의 실정을 익히 알고 있었고 조만간에 정리해야 한다는 생각을 하고 있었던 것이다.

그때부터 이 사업은 구청 소관에서 시 본청 업무로 바뀌어 이을삼[3)]의

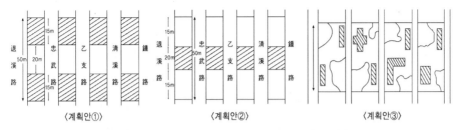

〈계획안①〉　　　　　　〈계획안②〉　　　　　　　〈계획안③〉

중구청에서 제안한 '대한극장 앞 - 청계천 4가 간 계획도로 정비방안' 계획안들.

손에서 떠났을 뿐 아니라 김 시장이 진두지휘하게 되었다.

중구청이 수립한 계획안을 검토했던 서울시 도시계획 담당자들은 이 계획안이 지닌 문제점을 거론하고 나섰다. 첫째, 50m 계획도로가 없어지고 길 양측에 15m 넓이의 건물군이 들어서면 50m 계획도로에 면하여 새 건물을 짓고 상행위를 하던 주민들은 전면도로가 없어지게 되니 큰 피해를 입게 된다. 둘째, 어차피 고밀도 상업지구로 개발되어야 할 지구인데 중앙에 개설될 20m 넓이의 도로만으로는 그 용량이 크게 부족하다는 것이 문제점이라는 것이었다.

김 시장의 입장에서는 최선의 방안을 강구하지 않을 수 없었다. 청와대·건설부·일반시민이 모두 납득할 수 있는 계획이 요망되었다. 당시에 미국 아시아재단의 재정원조로 HURPI(Housing and Urban Planning Institute)라는 기구가 건설부 직속기관으로 설치되어 있었다. 미국인 도시계획가 네글러(O. Negler)라는 젊은이가 와서 한국에서 가장 적합한 도시주택의 모습과 규모, 도시계획·단지계획 등을 연구하고 있었다. 이구·윤장섭·손정목 등이 비상임으로 이 연구에 관여했고 10여 명의 젊은 건

---

3) 이을삼은 그의 뛰어난 능력에 비해서는 승진이 늦었지만 그래도 1985년부터 강남구·중구·동대문구 부구청장을 지냈고, 1989년에 지하철본부 총무이사로 전출하여 1993년까지 근무하다가 정년퇴임했다.

축학도가 전임으로 일을 하고 있었다. 이 젊은이들 중 지금 미국에서 활약하고 있는 건축가 우규승, 서울시립대학교 교수 강홍빈, 연세대학교 교수 유완, 서울대학교 교수 김진균, 조경전문가 고주석, 토털 디자이너 문신규, 도시계획 기술사 강위훈 등이 성장하고 있었다.

김 시장은 차일석 제2부시장을 네글러에게 보내어 이 지구계획을 의뢰했다. 네글러가 제시한 계획은 50m 길의 중앙에 넓이 20m의 건물지대를 설치하고 양측 15m씩을 도로로 하고, 중앙에 설치되는 20m의 건물지대에는 한 줄의 긴 건물이 아니고 각기 모양이 8개의 다른 건물을 적절히 배치한다는 생각이었다(앞의 이을삼의 계획 ② ③ 참조). 그러나 이 네글러의 계획은 환지하는 데 난점이 있을 뿐 아니라 빈터가 너무 많이 생겨 건축비용이 지나치게 많이 든다는 단점이 있었다.

다음에 김 시장이 찾은 것은 건축가 김수근이었다. 한편 실무자들은 이 지구 재개발에 따른 법적 조치와 행정절차를 어떻게 할 것인가에 대해 많은 고민을 하고 있었다. 서울시는 물론이고 중앙부처인 건설부에서도 이런 일은 처음이라 전혀 선례가 없었다.

당시의 도시계획법 즉 1962년 1월 20일에 제정 공포된 우리나라 최초의 도시계획법 제2조는 "본 법에서 도시계획이라 함은 (……) 다음 각 호의 1에 해당하는 계획을 말한다. 1. 도로·광장 (……) 토지구획정리, 일단의 주택지경영, 일단의 공업용지 조성 또는 일단지의 불량지구개량에 관한 시설"이라고만 규정했고 이어 1965년 4월 20일자 도시계획법 시행령 제14조 2항은 "건설부장관은 (……) 도시계획구역 내에서 (……) 불량지구개량사업을 촉진하기 위하여 필요한 때에 '재개발지구'를 설정할 수 있다"라고만 규정하고 있을 뿐이다. 즉 당시의 법제는 "일단의 불량지구를 개량하기 위하여 재개발지구로 지정할 수 있다"는 것만 규정해두었을 뿐이고 그 이후의 절차 즉 토지·건물의 처분, 환지, 공공용지의 취득과 귀속, 보상 등에 관해서는 일절 규정하지 않고 있었다.

이 지역이 정리되고 거기에 새 건물들이 들어서기 위해서는 우선 다음과 같은 절차가 필요했다.

① 재개발지구 지정 - 건설부(중앙도시계획위원회 의결)
② 50m 계획도로 폐지 및 새 도로신설 - 건설부(중앙도시계획위원회 의결)
③ 일단의 불량지구개량사업 인가 - 건설부
④ 국유지 서울시에 양여 - 재무부(국세청)

당시의 김 시장 머리에는 '불가능'이라는 단어가 없었다. 시작하면 무조건 밀어붙였다. 건설부·중앙도시계획위원회가 어떤 태도로 나오건 상관할 바가 아니었다. 자기 뒤에는 박 대통령이 있으니 건설부건 재무부건 간에 끝내는 승복할 것이라는 자신이 있었다.

김 시장은 7월 초에 종로·중구 양 구청장에게 이 지대 무허가건물 철거를 지시했다. 그러나 무허가건물의 수가 100~200동 정도가 아니었으니 주민설득에는 시간이 걸렸다. 두 구청장은 동장·동직원·구청직원들을 동원하여 주민설득에 나섰다.

"8월 10일까지 자진철거하는 자에게는 이 지역에 상가아파트가 건립되면 우선입주의 특혜를 주겠다. 만약에 자진철거치 않으면 8월 11일부터 강제철거하여 변두리 정착지로 보내겠다"는 것이 주민 설득의 내용이었다. ≪동아일보≫ 1966년 8월 11일자 기사에 의하면 "이 지역 중구 인현동 무허가 상가주택 중에서 473개 가구가 자진철거했고 나머지 537개 가구는 앞으로 강제철거되어 상계동 정착지로 옮겨질 예정"이라고 보도하고 있다. 이러한 철거작업은 인현동뿐 아니라 종묘 앞 - 필동 간이 동시에 진행되고 있었다. 무허가건물이 모두 철거되자 청계로·을지로·마른내길·충무로 등 동서간을 달리는 네 개의 도로용지를 제외한 이 일대에 너비 50m, 길이 893m, 총면적 4만 4,650㎡(1만 3,533평)의 길다란 공간이 남북으로 조성되었다. 1966년 8월 말경이었다.

불량주택 개량사업지구로 지정

서울시가 「재개발지구 설정 및 일단의 불량지구 개량사업 실시인가」를 건설부에 상신한 것은 1966년 7월 26일이었다. 그러나 이 공문은 건설부 고위층에 보고되지도 않은 채 실무자 계장에 의해 반려되었다. 자료를 더 보완하라는 명목에서였다. 이렇게 서류가 반려되었다는 것을 알게 된 일부 언론은 "법절차를 무시한 졸속행위"라고 보도했고 무허가건물 자진철거 권고를 받고 있던 주민 중 일부는 서울시 도시계획과에 가서 집단항의까지 했다. 그러나 약간의 자료보완이 있은 후 다시 상신된 것은 당연한 일이었다.

이 공문이 건설부에 두번째로 접수될 때에는 건설부 간부들에게도 그 것이 '대통령 관심사항'이라는 것이 알려져 있었다. 실무자의 손에서 가부가 처리될 내용이 아니었던 것이다. 건설부는 이 안건을 바로 중앙도시계획위원회에 회부했다. 8월 초순의 일이었다. 그런데 이 안건을 심의했던 중앙도시계획위원회는 소위원회에 회부하지 않고 전체회의에서 가볍게 부결해버렸다. 50m 계획도로를 폐지할 이유가 없다는 것이었다. "서울시는 조속히 무허가건물을 철거하고 그 자리에 50m 계획가로를 조성하면 될 일인데 재개발 운운의 이유를 달아서 계획가로의 너비를 줄일 생각을 하는 것을 인정할 수 없다"는 것이었다. 중앙도시계획위원회의 태도가 이러하였으니 건설부인들 어떻게 할 도리가 없어 서류 일체를 서울시로 반려했다.

그러나 이때는 이미 "재개발을 한다. 이곳에 상가건물이 들어서게 될 것이고 그렇게 되면 우선 입주시키겠다"는 약속 아래 무허가건물 2천 동의 철거가 3분의 2 정도 끝나가고 있었다. 중앙도시계획위원회의 그러한 자세에 굴복할 김 시장이 아니었다. 그 서류는 건설부로 재상신되었고 제2부시장·도시계획국장 등 서울시 간부는 중앙도시계획위원 개개인을 상대로 각개격파 작전을 시작했다.

그래서 위원들 중에서 가장 강한 발언권을 가졌던 주원이 타협안을 내놓았다. "재개발지구의 범위가 너무 협소하다. 서울시가 제안한 내용을 보면 종로 – 필동 간 50m 계획가로의 해제만을 목적으로 한 것이 아닌가. 북쪽은 돈화문 앞에서 원남동까지, 남쪽은 퇴계로 3가에서 4가까지의 지역일대를 포함하는 넓은 범위의 재개발계획이라면 명분이 선다고 본다. 또 한 가지, 새로 건설될 건물의 2층이나 3층에 보행도로를 내는, double-deck-system을 채택하여 결과적으로 50m 너비의 도로용량에 가깝게 도로폭이 확보되는 방안을 강구하라. 그렇다면 내가 지지를 해주겠다"는 것이었다.

이 제안에 따라 서울시는 부랴부랴 서류를 자진반려, 보완한 후에 재상정하는 절차를 취했다. 8월 말에 소집된 도시계획위원회 본회의는 이 수정안을 놓고 소위원회를 구성하여 구체적으로 검토할 것을 결의했다. 이때 소위원회는 주원 경제과학심의회 상임위원, 오석환 대한국토계획학회 부회장, 민한식 전 서울시 건설국장·전 내무부 토목국장, 이봉인 전 교통부 시설국장·전 토목학회 회장, 장기인 건축토목협회 회장·건축가, 최경렬 전 서울시 부시장·전 토목학회 회장, 서정우 건설부 국토보전국장 등으로 구성되어 있었다.

본회의가 있던 다음날 소집된 소위원회는 우선 현지를 답사했다. 비가 부슬부슬 내리는 8월 말 오후였는데 현장에 당도해보니 무허가건물 철거작업이 한창 마무리단계에 있었다. 예나 지금이나 중앙도시계획위원회라는 것은 본회의건 소위원회건 간에 전원합의가 관례로 되어 있다. 위원 중 하나만이라도 강하게 반대하면 보류 또는 부결이 된다. 주원 위원은 찬성, 최경렬 위원은 강한 반대입장이었다. 최초의 소위원회 회의록 중 일부를 소개해보자.

> 주원: 서울시가 이렇게 일을 하려고 노력하는 실정으로 보아 약간 미숙한 점이 있더라도 이미 철거까지 해놓은 본 지구재개발사업을 승인해주는 것이 도리가 아니겠소.
> 최경렬: 주 위원은 서울시의 사꾸라요? 나는 중앙도시계획위원을 그만 두었으면 두었지 찬성할 수 없소.
> 오석환: 중앙도시계획위원회가 의결도 하기 전에 일을 이렇게 추진하고 있으니 우리 위원회가 이처럼 모독을 당해야 되겠소. 서울시로 하여금 사과를 하도록 합시다.

갑론을박이 계속되는 도중에 갑자기 최경렬 위원이 퇴장해버려 회의는 유회되고 말았다. 사태가 이에 이르자 서울시는 국무총리행정조정실·대통령비서실에 원조를 요청했다. 그러나 시일은 하루하루가 지나갔고 김 시장에 의한 사업추진은 계속되고 있었으며 그 진도도 빨랐다. 그런데 이상한 소문이 돌고 있었다. "청와대로부터 빨리 처리하라는 메모가 내려왔다"느니 "끝내 반대하는 위원은 교체해버린다"느니 하는 따위의 소문이었다. 분명한 것은 국무총리실에서 전예용 건설부장관에게 "빨리 처리하라"는 연락이 있었다는 점이다. 당황한 것은 건설부 담당자였다.
다음 소위원회는 지난 회의가 유회된 지 5일 후에 개최되었다. 이 소위원회에 앞서서 각 위원들에게는 건설부 국장의 '찬성해달라'는 간곡한 부탁이 있었다고 한다. 그리고 이 회의에는 서울시 제1·2 부시장까지 참석할 정도였고 매우 긴장된 분위기였다는 것이다.
찬반논란이 한참 계속되다가 서정우 국장의 제의가 있었다. "회의를 비공개로 하고 다수결로 결정하자"는 것이었다. 그러나 이 비공개 회의에서의 표결도 '부표' 쪽이 더 많았으니 건설부·서울시 담당자들은 당황할 수밖에 없었다.

중앙도시계획위원회에 의한 이러한 답보상태가 김현옥 시장에게 정확히 보고되고 있었는지는 확인할 길이 없다. 한 가지 추측할 수 있는 것은 보고되고 있었건 않았건 간에 김 시장은 크게 개의치 않았을 것이다. 김현옥 시장은 "두고 보라, 새 건물이 다 올라가고 나면 어떻게 하겠느냐" 하는 심정이었을 것이다. 당시의 그가 두려워한 것은 박 대통령뿐이었지 건설부니 중앙도시계획위원회니 하는 것은 안중에도 없었던 것이다.

서울시청 내에 '이 지구에 상가건물을 짓는 일'을 전담하는 기구가 생겼다. 주택과에 '상가주택계'라는 것이 신설되었던 것이다. 1966년 8월 27일이었다. 도시계획과 업무가 과중하니 이 업무를 떼어서 신설기구에 전담시킨 것이다. 보기에 따라서는 중앙도시계획위원회 일을 잘 처리하지 못하는 도시계획과에 대한 응징과 같은 조치였다.

종로구 관내 청계천에 바로 붙은, 이른바 A-2지구 지주조합이 '아세아상가번영회'를 설립하여 건물의 기초공사를 시작하면서 성대한 기공식을 거행했다. 이 일대의 지주·상인들과 구청의 간부 및 직원들도 참석했다. 아직 중앙도시계획위원회가 아무런 결정도 내리지 못하고 있던 1966년 9월 8일이었다. 이 기공식에 참석한 김 시장이 많은 사람이 보는 앞에서 흰 종이와 붓을 가져오라 하여 큰 글씨로 '세운상가'라는 휘호를 썼다. '세계의 기운이 이곳으로 모이라'는 뜻이라고 했다. 그리하여 이곳에 서게 될 일련의 건물군 이름을 '세운상가'로 통칭하게 되었다.

오히려 당황한 것은 건설부였다. 서울시의 독주행위를 바라만 보고 있다가 건설부라는 중앙부처가 있으나마나 한 기관이 되어버렸던 것이다. 어느 지역을 재개발지구로 지정하는 행위는 중앙도시계획위원회 의 결사항이 아니었다. 아세아상가에 이어 이곳 8개의 건물군이 속속 기공 식을 거행할 준비를 하고 있던 1966년 10월 15일, 종로구 관내의 지구 만을 떼어서 우선 재개발지구로 고시했다. 대한민국에서 '재개발지구'라 는 이름의 건설부고시 제1호였다. 10월 17일자 관보에 게재된 이 고시 의 전문을 소개하면 다음과 같다.

건설부고시 제2819호
서울도시계획 재개발지구를 다음과 같이 설정 고시한다. 관계도서를 서울시 청에 비치하여 토지 소유자 및 관계인의 종람에 공한다.

1966년10월15일
건설부장관 전예용

다음
재개발지구 설정조서
종로구: 와룡동·원남동·인의동·훈정동·종로3가·종로4가·묘동 및 예지동 각 일부, 봉익동·장사동 일원 645,246㎡ 신설

이 건설부고시가 발표된 10일 후인 그해 10월 25일에는 A지구-1 즉 현대상가도 기공식을 올렸다.

시일은 흐르고 있었다. 9월도 지나고 10월도 지났다. 중앙도시계획위 원회의 결정 여하에 전혀 개의치 않는 서울시의 독주는 계속되고 있었 다. 이제 남은 길은 '중앙도시계획위원 전원사퇴, 새 위원 선출, 50m 계획가로 폐지 및 두 개의 15m 도로신설안 가결'이냐 아니면 '현의원이 그대로 있으면서 가결해주느냐' 중의 양자택일이었다.

1966년 11월 28일 오후에 열린 제9회 위원회는 정원 14명 중 9명만 이 참석했다. 그 9명 중에도 건설부 기획관리실장·동 국토보전국장·교 통부 시설국장 등 3명은 당연직위원이었다. 민간인 위원 중 반대파의

거두 최경렬과 그와 생각을 같이했던 4명은 처음부터 참석하지 않았다. 찬성파 대표인 주원과 그와 생각을 같이했던 5명만이 참석했다. 이때 회의에 참석한 민간인 위원은, 주원·오석환·이봉인·민한식·장기인·박노식(지리학자, 당시 경희대학교 문리대학장)이었다.

이 회의는 15분도 걸리지 않았다. 너무나 알려진 일이라서 설명할 필요가 없었던 것이다. 무거운 분위기였지만 누구도 반대의견을 진술하지 않았다. 이 회의에서 두 가지가 의결되었다. 첫째는 너비 50m 길이 950m인 '광로 제3호'를 폐지하고 새로이 너비 15m 길이 950m의 '중로 2류'를 두 개 신설한다는 내용이었고, 둘째는 종로3가 – 퇴계로 간 너비 50m 연장 847m 면적 1만 3,533.9평의 지역을 '불량주택 개량사업지구'로 지정한다는 것이었다.

7월에서 11월까지 장장 5개월간의 진통을 겪은 이 의결내용은 1966년 11월 30일자 건설부고시 제2,912호로 발포되었다(동일자 관보). 제9회 중앙도시계획위원회는 의결사항 다음에 건설부장관 앞으로 다음과 같은 건의사항을 첨부했다. 전례가 없는 일이었다.

중요한 계획변경에 관하여 계획 심의중에 공사를 착수하는 것은 심히 유감된 일이니 행정청은 솔선하여 그것을 중지토록 감독을 철저히 할 것.

4. 설계에서 건축까지

김 시장과 김수근의 만남

김현옥 시장이 건축가 김수근을 부른 것은 1966년 7월 중순이었다. 당초에 중구청에서 제시한 제1안과 네글러가 제시한 제2안을 두고 아직 최종결정을 못 내리고 있던 때였다.

워커힐 건설을 설명하는 글에서 김종필·김수근의 만남에 대해서 언급한 바가 있다. 이 김종필·김수근의 만남이 있은 후부터 김수근은 군사정권의 건축·토목관계 각 분야에 깊숙히 관계하게 되었고 따라서 중앙정부·지방정부의 고관들과도 교분을 맺고 있었다. 지금도 그러하지만 당시에도 건축설계는 큰 이권이 걸려 있었다. 누구에게 설계를 맡기느냐라는 망설임이 있을 때 김수근에게 맡기면 문제가 되지 않았다. 군사혁명공약을 인쇄하여 일약 이 나라 인쇄계에 군림하게 된 광명인쇄소의 이학수 사장과 건축가 김수근은 군인출신뿐만 아니라 당시의 고급관료들이 가장 안심하고 일을 맡길 수 있는 상대였다. 김수근이 설계를 했다고 하면 누가 들어도 마땅하다고 생각했고 감사기관이나 검찰에서도 묵과하는 것이 상례였다.

세운상가는 하나의 단위 건물이 아니다. 남북으로 길게 1천m에 달하는 건물군을 건설하는 거대한 설계이다. 이권이라고 본다면 엄청난 이권에 속한다. 종로에서 퇴계로에 걸친 재개발계획의 대략을 들었고 건물을 어떻게 배치할 것인가, 어떤 형태의 건물을 세울 것인가에 관한 자문을 받았을 때 김수근은 당시의 세계건축의 최신사조에 관해서 일장 설명을 늘어놓았다. 아마 이때 김수근이 김 시장에게 이야기한 내용은 르코르뷔지에가 1945년부터 시작하여 1952년에 완공한 프랑스 항구도시 마르세유의 집합주택 위니테(Unite)가 지니는 특징과 1952년에 영국의 스미슨 부부(Alison & Peter Smithson)에 의해서 주창된 다층도시의 공중가로(street in the air) 개념들이었을 것이다.

김수근은 건축계의 그와 같은 최신사조를 이 지역에 들어설 새 건물에 대담하게 채택할 것을 건의했다. 김수근의 그 설명을 건축전문가가 아닌 김 시장이 십분 이해했을 리는 없었겠지만, 여하튼 황홀한 기분으로 들었고 그와 같은 새롭고 이상적인 건축물이 자기의 책임하에 실현된다는 데 뿌듯한 감격을 느꼈을 것이다. 당시의 상황에 대해 김수근의 바로 밑에서 세운상가 건축설계의 실무책임을 맡았던 윤승중은 다음과 같이 회고하고 있다.

'세운상가계획'이 처음 거론된 것은 1966년 어느 날 당시 시장·부시장에게 꽤 신용을 갖고 있었던 김수근 선생에게 시장이 문제의 땅의 이용방법을 물어왔을 때, 즉석에서 보행자 몰, 보행자 데크, 입체도시 등의 개념을 그럴듯하게 말로 설명하고 시장·부시장의 공감을 얻어내어서, 프로젝트화한 데서 비롯된 것이다. 즉시 이 구상을 그림으로 만들어내는 일이 (……) 필자에게 명해졌고 최초의 스케치를 만들어야 하는 시간은 단 며칠이었던 것으로 기억된다(「세운상가 아파트 이야기」, 《건축》 1994년 7월호).

서울을 기막힌 이상도시로 만들어야 되겠다는 일념에 불타고 있던 김현옥의 당시 나이는 45세였고 한국건축을 크게 혁신하고자 했던 풍운아 김수근은 35세였다. 45세 김현옥과 35세 김수근의 '일을 통한 최초의 만남'은 이렇게 시작되었고 이 단계에서 완전히 의기투합했다.

김수근은 그 자리에서 세운상가의 설계를 의뢰받았으며 그해 11월에는 서울시 도시계획위원으로 위촉되었다. 그때부터 김수근은 김 시장의 측근 브레인이 되었으며 1967년에는 영천·남대문지구 재개발계획, 이어서 3·1고가도로(현 청계고가도로)의 구상과 설계, 1968년에는 김수근 일생일대의 걸작인 여의도 종합개발계획을 수립했다. 김현옥·김수근의 유대는 김 시장 재직기간 내내 계속되었다.

김수근은 그 후의 시장들과도 매우 친숙한 관계를 맺었다. 구자춘 시장(1974~78년)과도 가까워 이른바 삼핵도시개발을 구상한 김형만은 김수근이 구자춘에게 소개한 인물이다. 그리고 이 구자춘 시장 재임시에 김수근은 잠실대운동장(훗날 올림픽 주경기장) 설계에 착수했고 그 작업은 그후 정상천·박영수·김성배·염보현 시장으로 이어지는 1986년까지 계속되었다. 특히 김성배 시장은 김수근을 대단히 좋아해서 김 시장이 목동개발계획을 수립할 때 김수근을 불러 상의했고 그 결과 김수근과 그가 추천한 인물들에 의해서 오늘날의 목동지구가 실현되었다.[4]

김수근의 세운상가 설계

한일협정이 정식으로 조인되면서 일본측으로부터 '3억 달러의 무상원조와 2억 달러의 장기저리차관, 그리고 3억 달러 이상의 민간신용원조 제공'이 약속되고 있었다. 그리고 한국정부는 이렇게 들어오는 자금으로 다목적댐과 도로·교량·항만 등 사회간접자본을 건설하는 한편 종합제철·시멘트·비료·석유공장 등 대규모 기간산업체를 설립하여 한국경제를 획기적으로 개선·개발한다는 구상을 하고 있었다.

그런데 그때까지 우리나라에는 그러한 사회간접자본이나 기간산업체 시설을 설계할 용역업체가 없었다. 도로·교량 등을 설계하는 용역업체도 있었고 건축물을 설계하는 사무소도 있기는 했으나, 그 규모가 영세하여 대규모의 댐이나 항만, 대규모 공장들을 설계할 능력을 갖추고 있지 않았다. 원조자금을 제공하는 측인 일본의 용역업체들이 한국경제 건설에 편승할 기회를 호시탐탐 엿보고 있었다.

---

4) 김수근은 유독 김현옥과 구자춘 사이에 끼인 양택식 시정 4년간(1970~74)에는 서울시의 일을 하지 않았다. 그리고 당시 양 시장의 제일참모는 '나' 손정목이었다. 훗날 누군가가 "당신은 왜 그렇게 김수근을 싫어했느냐"고 물어온 적이 있었다. 나는 김수근을 건축가로만 대접했고 또 양 시장 재임중에는 그에게 의뢰할 만한 건축물이 없었기 때문이며 내가 의식적으로 그를 멀리한 것은 결코 아니었음을 밝혀둔다.

일제시대 함경도의 부전강·장진강 댐 건설 등을 주도했고 조선전업(주) 사장까지 지내다가 광복 후에 일본에 돌아가 니혼고에이(日本工營)라는 대규모 토목·건축·전력 설계용역업을 하고 있던 구보다유다카(久保田豊)라는 사나이가 있었다. 그는 한일협정으로 한국에 제공하게 될 원조자금에 의하여 이룩될 한국 내의 각종 건설의 설계용역은 일본이 독점해야 하고 또 그렇게 될 수밖에 없음을 호언장담하고 있었다. 만약에 그렇게 되면 한국 내의 건설로 재미를 보는 것은 일본측이지 결코 한국 기술용역업체가 아니었다.

한일회담의 한국측 주역이었던 김종필 공화당 의장은 박정희 대통령과 상의하여 당시 대만에 있던 국영의 기술용역업체와 닮은 것을 한국에도 설립하기로 결정했다. 대규모 국영용역업체를 설립한다는 결정을 내린 김종필은 우선 김수근을 불러 제일 먼저 상의했다. 워커힐 설계 이후부터 김종필과 김수근은 가히 친형제나 다름없을 정도로 절친한 사이가 되어 있었다. 김수근과 상의한 김종필은 그의 군사쿠데타 동지였던 중앙정보부 차장 석정선과 자유당 말기 재무부 장관이었던 송정인, 경제학자 조동필 등의 의견도 들었다.

'한국종합기술개발공사'라는 이름의 건설기술 종합용역업체가 설립된 것은 1965년 5월 25일이었고 다음달 6월 3일에 한국전력(주)·대한석유공사·대한석탄공사 등 상공부 산하 9개 업체가 1억 4,500만 원을 이 업체에 투자키로 의결함으로써 정식으로 국영기업체의 하나가 되었다.

이 회사의 초대사장은 군사정부 당시 경기도지사였고 육군소장으로 예편한 박창원이 맡았으나 실권자는 김수근 부사장이었다. 김수근은 1968년 4월에 이 회사의 제2대 사장이 되었고 1969년 7월까지 사장직에 있었다. 김수근이 '한국종합'의 부사장이 되면서 김수근건축사업소는 문을 닫았다. 한국종합에 흡수·통합된 것이다. 그리고 종전까지 건축사

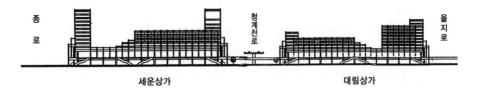

종
로

청
계
천
로

을
지
로

세운상가   대림상가

업소였던 자리는 '공간사랑'이라는 이름으로 바뀌었고 그해 가을부터 잡지 ≪공간≫을 발간했다. 김수근건축사업소에서 근무했던 설계요원들도 한국종합의 직원이 되었다. 윤승중의 한국종합에서의 직책은 도시계획부장이었고 그 밑에 유걸·김석철 등이 배속되어 있었다.

서울시가 세운상가 A·B·C·D지구 설계용역을 한국종합과 체결한 것은 1966년 10월 21일이었다. 이 계약이 체결되었을 때는 이미 청계천 이북, 이른바 A지구는 기초공사가 진행되어 있었고 김수근팀에 의한 대체적인 건물배치계획, 건축물 기본설계의 스케치도 되어 있는 상태였다.

김수근의 지시에 따라 세운상가를 설계했던 윤승중·김석철은 지금 우리나라 건축(설계)계에 큰 기둥으로 성장했으나 당시의 그들은 겨우 이십대 후반 또는 30세를 갓 넘은 젊은이들이었다. 그들은 이 설계를 하면서 지난날 르코르뷔지에가 위니테에서 했던 시도는 물론이고 당시의 가장 새로운 건축사조였던 팀텐(Team Ten)의 제안이라든가 메타볼리즘 등의 이론을 과감하게 도입했다. 그들이 이 설계에서 시도했던 내용들을 열거하면 다음과 같다.

남북 약 1km의 거리는 보행거리가 될 수 있으므로 이를 입체화시켜 인공데크로 연결시킨다. 즉 3층 레벨에 인공데크를 설정하여 보행자는 이 데크를 이용하도록 한다. 이 보행자용 인공데크를 따라 상가가 배치된다. 이른바 보행자 몰(mall)이 형성되도록 한 것이다.

삼풍상가   풍전호텔   마른내길   신성상가   진양상가   퇴계로

- 1~4층은 상가, 5층 이상은 아파트로 하는 주상겸용의 복합건물군을 연결시킨다. 1층과 3층의 상가는 충무로·종로의 상권과 직접 연계하는 일반상가 또는 백화점 기능을 갖도록 하고 2·4층은 접근성이 좀 떨어지므로 커피숍·식당·병원·미장원 같은 제2선 도시서비스 기능이 배치되도록 한다.
- 3층의 인공데크는 보행자 전용, 지상은 자동차 통로와 주차공간으로 함으로써 철저한 보차도(步車道) 분리를 적용한다.
- 충용적율을 300%로 하되 도로부분을 제외한 순용적율을 500%로 한다. 그러므로 건물의 높이는 8층 이내로 하되 종로와 을지로, 퇴계로와 만나는 곳은 타워형으로 고층화한다.
- 상업·업무시설을 위한 1~4층의 바로 위, 즉 5층을 인공대지로 하여 네 개의 공원과 갖가지 어린이놀이터와 시장을 배치하는 등으로 이른바 열린 공간으로 한다. 이 5층은 바로 상업·업무기능과 주거층과의 완충지대이며 르코르뷔지에의 위니테에서 시도된 내용이다.
- 상층부에 배치되는 아파트 부분에는 햇빛과 바람을 적극 끌어들이고 주거환경의 수준을 높이기 위하여 건물을 유리로 덮는, 이른바 아트리움 공간을 도입한다. 또한 이 아트리움의 공간감을 높이고 대형건축물이 주는 위압감을 줄이기 위하여 아파트 부분을 한 층씩 올라가면서 후퇴되도록 계획한다.

세운상가는 북쪽에서부터 종로 - 청계천로 간(A지구), 청계천 - 을지로 간(B지구), 을지로 - 마른내길 간(C지구), 마른내길 - 퇴계로 간(D지구), 이렇게 네 개의 지구로 나뉘는데 설계자들은 이 네 개의 지구마다에서 일상의 도시생활이 운영될 수 있게 계획했다. 말하자면 '큰 도시 속에 있는

작은 도시들'을 구상한 것이다. 그리하여 각 지구마다 동사무소, 경찰관 파출소, 은행, 우체국, 극장 등의 시설을 배치했으며 옥상에는 초등학교도 설계했다. 《중앙일보》 1967년 8월 2일자 기사에서는 이 세운상가 건물군 설계를 평하여 "마치 서울이라는 바다에 뜬 아파트라는 이름의 배(舟)처럼 꾸며진다"고 표현한 바 있다.

김 시장이 세운상가 건설에 바친 정열이 광적이었던 것처럼 이 건물군의 기본설계를 담당했던 젊은 건축가들, 김수근·윤승중·유걸·김석철 등이 이 설계에 쏟은 정열 또한 대단했다. 이 설계를 마친 후에 그들은 「서울시 불량지구 재개발의 일례: 종묘·남산·3~4가지구」라는 글을 《공간》 1967년 9월호에 발표했다. 이 건물군의 설계를 하면서의 중점사항을 소개한 글이다. 그런데 나는 이 글을 읽으면서 그들이 말하고자 하는 것이 무엇인가를 전혀 알 수가 없었다. 우리나라 건축가들의 글이 대체로 어렵기는 하지만 이 글은 그 정도를 훨씬 넘고 있다. 내가 이 글을 읽고 난 뒤에 느낀 것은 "김현옥 못지않게 설계자들도 미치고 있었군"이었다.

사업자 선정과정 - 8개 사업자의 분할시공

서울특별시 도시계획국 주택과에 '상가주택계'가 설치된 것은 1966년 8월 27일자 서울시 규칙 제590호에 의해서였고 정식으로 발족한 것은 9월 2일이었다. 이 기구가 담당한 일은 종묘 앞 - 퇴계로 간 재개발사업이 그 주된 것이었다. 이 기구가 최초로 한 일은 김수근의 한국종합기술개발공사와 설계용역 계약을 체결하는 일이었고 다음은 이 사업에 참여할 업자의 선정이었다.

이 사업에 참여하는 업자가 담당하는 일은 이 지구에 있는 사유지 약

6,770평의 구입자금을 나누어 부담하고 그 위에 건물을 지어서 분양·임대하여 이득을 보는 것이었다. 지금 생각하면 땅 짚고 헤엄치기와 같은 사업이지만 당시의 사회경제 사정 아래에서는 사업전망이 서지 않았던 탓인지 선뜻 응하는 업자가 없었다고 한다. 다만 그때에도 A-2지구만은 그 지구에서 영업활동을 하던 업자들로 구성된 아세아상가번영회에서 사업에 착수하여 9월 8일부터 이미 기초공사가 시작되어 있었다.

아세아상가번영회 이외에는 이 사업에 참여하겠다는 업자가 없음을 알게 된 김 시장은 서울시의 토목공사를 많이 맡고 있는 현대건설(주)과 대림산업(주) 대표를 불러 이 사업의 일부구간을 담당해줄 것을 요청했다. 이 시점에서 이 두 회사는 울며 겨자 먹기로 이 사업에 참여했을 것이다.

그러나 사정은 점차 달라지고 있었다. 맨 먼저 착공한 아세아상가의 건설이 진행되어감에 따라 청계천 일대의 상인들 중에서 이 상가의 점포를 구하겠다는 의향을 가진 자가 많이 나타나고 있었던 것이다. 이른바 '붐'이 조성되고 있었다.

사정이 달라지자 아직 업자가 결정되지 않고 있던 나머지 5개 지구에 군소업자들이 모여들었고 커다란 이권처럼 심한 경쟁이 벌어지게 되었다. ○○장학회, ○○후원단체, ○○재단 등 사업자금이 전혀 없으면서 권리금만을 받고 물러나겠다는 속셈의 단체들도 있어 여러 가지 형태의 압력을 가해오게 되었다. 이에 서울시는 미리 5천만 원의 예탁금을 거는 단체·기업체가 아니면 사업에 참여시키지 않는다는 방침을 세웠으며 결국 현대·대림·삼풍·풍전·신성·진양 등 6개 기업체와 이곳에 원래 토지를 갖고 있던 개인들의 모임인 아세아상가번영회 및 청계상가(주)를 합쳐 8개의 업자에게 분할 시공키로 결정했다. 이 업체들 중에서 삼풍은 아세아상가나 청계상가와 동일하게 개인지주들의 모임이었고, 풍전은

을지로 상가아파트 조감도.

호텔업자인 오일(五一)관광(주)이 경영주체였다. 신성은 토건업체였던 신성공업(주)이 경영주체였고 퇴계로에 접한 진양의 모체는 5·16군사쿠데타 주역들로 이루어진 5·16재단이었다.

건설의 실제와 준공

대한건축학회에서 발간하는 잡지 ≪건축≫의 1994년 7월호에 실린 윤승중의 회고에 의하면 윤승중·김석철 등은 세운상가의 기본설계만 하고 세부설계는 건축팀으로 넘겨졌다고 한다. 훗날 이 건물군의 일부가 도로의 지상권을 침해했다는 이유로 소송을 하게 되었을 때 이 건물을 시공한 업자인 대림건설이 "서울시가 제공한 설계도대로 건설했다"고 항변하고 있는 점으로 보아 세부설계까지도 한국종합에서 한 것은 틀림이 없다. 그런데 이 세부설계가 진행되는 과정에서 윤승중이 애초에 의도

했던 것과 실제로 완성된 건물과는 너무 차이가 있었다. 실시설계가 당초의 기본계획과 전혀 다른 것이 되어버린 책임은 모두 김수근에게 돌아가야 한다. 당초의 구상과 실제의 건물군과의 차이점은 다음과 같다.

첫째 이 건물군에서 의도했던 중점사항 제1호인 3층 레벨의 인공데크(공중도로)가 기본설계대로 시공되지 않았다는 점이다. 즉 종로 쪽 현대상가에서 시작한 이 공중보행도로는 동서 두 줄로 가다가 을지로를 횡단할 때는 한 줄이 되었고 을지로를 건너자 다시 두 줄이 되었다가 마른내길에서 끝나버렸다. 그리고 마른내길을 건너서 다시 시작되어 퇴계로 쪽에서 끝을 맺었다. 1km를 남북으로 관통하겠다는 당초의 구상은 이렇게 무참히도 짓밟혔다.

둘째로 5층에 만들겠다고 했던 인공대지도 실현되지 않았다.

셋째 대형건물이 지니는 위압감을 줄이기 위해 만들겠다는 유리덮개(아트리움)도 실현되지 않았다. 결과적으로 이 건축물군은 서울시내의 다른 어떤 건물보다도 투박하고 위압감을 주는 것이 되어버렸다.

넷째 지상을 자동차 전용공간으로 하는 대신에 3층은 보행자 전용도로로 함으로써 철저한 보차도를 분리하겠다던 당초의 구상도 실현되지 않았다. 지상에도 여전히 보행자가 다니게 되었으니 보차도분리가 안되었음은 물론이고 3층의 보행자 전용도로는 그 의미를 상실해버렸다.

다섯째 각 지구별로 동사무소, 경찰관파출소, 우체국·은행 등을 배치하고 옥상에는 초등학교를 둠으로써 각 지구별로, 또 이 건물군이 일체가 되어 하나의 단위도시로 기능하기를 바랐던 당초의 의도도 실현되지 않았다. 옥상정원의 개념도 실현되지 않았다.

이렇게 이 건물군은 당초의 구상과는 전혀 그 모습을 달리하여 매우 흉측한 모습으로 실현되었던 것이다. 윤승중은 훗날의 회고에서 이 건물이 이렇게 실현될 수밖에 없었던 이유를 두 가지 들고 있다.

첫째 시공주체가 서울시여야 했는데 그것이 8개의 기업군으로 분할되었기 때문에 '도도한 기업의 논리'에 대항할 수 없었다는 점, 즉 시공주의 입장에서는 열린 공간이라든가 보차도 분리보다는 한 평의 공간이라도 많이 분양함으로써 더욱더 이익을 올리려고 한 것은 당연한 일이었다.

둘째는 '시대를 잘못 탔다'는 점을 들고 있다. 이 건물군이 설계되었던 1966년은 1인당 국민소득이 114달러, 서울의 자동차수가 2만 630대, 서울의 전화보급대수가 100인당 1.4대밖에 안 되었다. 또 바로 그해 KBS가 처음으로 흑백 텔레비전 방송을 개시했다는 것 등을 열거하고 있다. 그는 이 "계획이 10년만 더 늦게 착수되었어도 자기들의 이상이 실현되었을 것인데"라는 아쉬움을 표시하고 있다.

5. 짧았던 영광, 퍼부어진 비난

너무나 짧았던 영광

대형건물이 8개였으니 그 착공일도 달랐고 준공일도 달랐다. 종로구의 청계천쪽(장사동 116-4)에 들어선 아세아상가는 1966년 9월 8일에 착공되었고 그 북측, 종로통에 면한 현대상가는 그해 10월 25일에 기공식을 올렸다.

최초로 준공테이프를 끊은 것은 현대상가아파트의 상가부분이었는데 1967년 7월 26일이었다. 현대상가아파트 전체가 준공된 것은 10월 17일이었는데 그 준공식에 대통령 영부인 육영수 여사가 참석하여 테이프를 끊었다.

현대상가의 북쪽에 위치한 아세아상가가 준공된 것은 그로부터 한 달 뒤인 11월 17일이었는데 이 준공식에는 박정희 대통령과 주원 건설부장

관도 참석하여 테이프를 끊었다. 1968년에 들면서 나머지 상가아파트·
호텔 등도 하나씩 준공되었다.

　여기서 '준공'이라는 것은 건축법상 정식으로 준공검사를 받고 개관
되었다는 뜻이 아니다. 건물이 완성되면 준공검사도 받기 전에 멋대로
준공테이프를 끊고 입주하고 영업을 시작했던 것이다. 그것이 가능하던
시대였을 뿐 아니라 대통령 관심사항이었고 시장의 특별지시로 세워진
건물이었으니 건축사이드의 '준공검사' 따위는 문제가 되지 않았던 것
이다.

　이 건물군이 들어선 1960년대 말, 이 건물군은 오히려 장관이었고 서
울시민의 자랑거리였으며 하나의 명물이었다. 1967년 7월 26일에 현대
상가아파트의 상가부분이 처음으로 준공되었을 때 ≪동아일보≫는 「서
울에 또 하나의 명물, 세운상가아파트 A지구 오늘 개점, 8~22층짜리
맘모스 8개, 상가경기의 중심지대로」라는 제목을 달고 대대적인 찬양기
사를 싣고 있다. 이 기사의 일부분만 소개해보자.

　26일 오후 일부가 개점된 종묘 - 대한극장 간 상가아파트는 그 웅대한 규모에
현대적 시설을 갖추어 서울의 상가에 군림하는 새 명소로 등장했다.
　서울시 불량지구재개발사업의 하나로 민간투자 44억 원으로 세워지는 이 아
파트는 앞으로 D지구에 들어설 22층짜리 국제관광호텔을 포함, A·B·C·D 4개 지
구 1만 3천 평 대지에 8·10·12·13층짜리 건물 8개가 차례로 열을 지어 내년 여
름철까지 모두 들어서면 하루평균 10만 명의 시민이 이곳을 이용할 것으로 예상
된다.
　점포 2천 개, 호텔 9백 15개를 수용하는 이 맘모스 상가아파트를 건설하기 위
해 소비된 자재만도 시멘트 87만 부대, 목재 143만 사이, 철근 7천 톤-. 서울시
당국은 동양 최대규모라고 자랑하고 김현옥 시장은 세계로 뻗는 기운을 담고 있
다고 아파트의 이름을 세운으로 명명했다는 것.
　이 지역은 1952년 소개도로로 확정, 그동안 2천2백여 가구의 불량건물이 집
중, 슬럼지대를 이루어 서울 도심부의 암이 되어왔던 곳인데 이제 세운아파트가

대신 들어섬으로써 서울의 노른자위로 변해가고 있다.

상황(商況) 전문가들에 의하면 서울의 상가경기 중심지는 그동안 종로-명동-소공동-무교동의 순으로 이동을 거듭, 멀지 않아 이 상가아파트지역으로 옮겨갈 것으로 내다보고 있다. 이런 탓인지 동 상가의 임대료도 아주 높아 3평짜리 점포 1개에 70만 원씩 하며 이 주위의 땅값은 작년의 5~6만원에서 15만 원으로 뛰어올랐다.

아파트의 구조는 1~4층이 점포, 5층 이상이 아파트로 되었으며 3층 양편에는 건물과 건물을 연결, 종로3가에서 대한극장 앞까지 고가산책도로가 가설되며 5개의 공원, 21대의 엘리베이터·주차장·스팀·교환전화시설을 갖추며 동 건물주민 만을 위한 동사무소·파출소·은행·우체국 및 국민학교 등 공공시설도 곧 들어서게 된다고─.

서울시는 이 상가주민들로부터 받아들일 취득세·재산세 등 세금만도 연간 5억 원에 달할 것으로 계산, 세수증대를 가져오게 됐다고 기뻐하고 있다.

제1차 경제개발 5개년계획이 끝난 것은 1966년이었고, 1967년부터 제2차 5개년계획이 시작되었다. 1966년의 한국인 1인당 국민소득은 125달러였고 1967년은 142달러였다. 한국에서 춘궁기 즉 이른바 보릿고개라는 것이 없어진 것이 1966년이었다. 아직도 이렇게 가난했던 시절, 시멘트 87만 부대, 목재 143만 사이, 철근 7천 톤을 들여 8~17층의 건물이 남북 1천m의 길이로 들어섰으니 정말 장관이었고 서울시가 동양최대라고 자랑할 만한 엄청난 건물군의 출현이었다.

사실상 이 세운상가아파트는 1960년대의 후반에서 70년대 초까지 약 5~8년간에 걸쳐 그 인기가 대단했다. 우선 상가의 경우, 당시 남대문로에 위치한 신세계·미도파, 종로네거리에 있던 화신·신신 등의 백화점이 건물은 낡은 데다가 거의 임대방식의 소매인집단에 의해 운영되고 있었으니 잡화점이나 다름없었다. 그에 비하여 세운상가 역시 비록 소매인집단에 의해 운영되기는 했으나, 업종별 집단에 의한 도매값판매였을 뿐 아니라 건물과 시설도 새로워서 많은 고객을 유치할 수 있었으니 바로

공중보도, 현재의 모습.

서울의 중심상권을 형성했던 것이다.

아파트에 대한 인기 또한 대단했다. 아직 지하철도 다니지 않았고 서울시내를 달리는 승용차라는 것이 1~2만 대도 안 되었고 그것도 거의가 지프였던 시대였으니, 종로·중구 내의 직장에 걸어다닐 수 있는 세운상가아파트는 대단한 프리미엄이 붙어 거래되었고 상류층이 아니면 거주할 엄두도 못 내는 형편이었다. 당시의 사정을 세운상가(종로구 현대건설(주) 건립) 때문에 회사 자체가 창립된 금강개발의 『금강개발산업 20년사』는 다음과 같이 기술하고 있다.

세운상가는 1·3층은 연쇄상가, 2·4층은 백화점식 상가, 5~13층은 아파트로 구성된 복합상가로서 지하실 136평, 1~4층 약 1,900평, 5~13층 약 1,900평으로 용도에 따라 각각 다르게 설계되었다. 이곳 상가점포와 아파트의 임대수입은 당사의 주요한 수입원이 되고 있었다.

지금은 노후한 건물이 되었지만 초창기의 세운상가 임대점포들은 서울에서 손꼽히는 주요상권을 형성할 만큼 짭짤한 영업수익을 올리고 있었다. 1층에서는 주로 외제상품을 취급했으며, 2층은 양품부, 3층은 주단부 매장이었다. 4층에는 현대자동차, 5층에 상가관리사무소가 들어 있었는데 금강개발산업으로 넘어오면서 그대로 본사 사무실이 그곳에 꾸려졌다. 점포들은 아침 9시에 문을 열고 저녁 8시면 폐점하곤 했다.

5~13층에 위치한 상가아파트는 당시로서는 최고급아파트로 손꼽히고 있었다. 아파트는 18.3평에서 25.5평 규모로 지금으로 치면 국민주택 규모에나 해당하는 셈이지만, 당시에는 사회 저명인사들이 다투어 입주해 있었다. 시공 때부터 엘리베이터가 설치된 이 아파트는 1970년대 초반 한강맨숀이 건설되면서 이른바 맨숀 혹은 '맨션' 바람이 불기 전까지는 세인들의 선망의 대상이 되었다.

그러나 세운상가아파트의 영광된 날은 너무나 짧았다.

1963년 동아백화점을 인수한 삼성그룹이 신세계백화점으로 이름을 바꾸면서 서서히 직영체제로 전환, 1960년대 말에서 1970년대의 초에 걸쳐 완전히 직영체제가 되었고 서비스와 물품의 질이 괄목하게 향상되었다. 또 대농그룹이 인수한 미도파백화점도 1973년에 건물을 개수하고 완전 직영체제로 바뀌자 서울의 중심상권은 충무로·명동으로 다시 옮겨갔다. 게다가 1979년에는 롯데백화점까지 개관하여 세운상가의 위치는 급격히 떨어졌다. 그러나 1970~80년대 전반기까지는 각종 전자제품과 악기 전문점 등으로 특화되어 그런 대로 명맥을 유지했으나 청계천·을지로일대의 교통난이 심화된 것을 계기로 용산에 전자상가가 건설되자 세운상가의 상세는 더욱더 전락할 수밖에 없었다.

아파트 또한 똑같은 운명을 걷는다. 1970년대 들어 한강변에 현대·한

양·삼익 등에 의해 대형 고급아파트가 건립되자 세운상가아파트의 거주
층도 크게 달라지기 시작했다. 처음에 입주했던 재력가들은 압구정동을
비롯한 강남으로 이사를 갔다. 그 뒤에는 무교동·다동·종로·충무로에
있던 요정이나 일식집에 다니는 아가씨들이 세를 들어 살다가 요정의
중심이 강남으로 옮겨지자 이 아가씨들도 떠나가버렸다. 그 후에는 영세
한 회사의 사무실 등으로도 쓰이고 있고 일부 아파트에는 아직도 거주하
는 가구가 있기는 하나 그들의 경제력은 결코 넉넉한 편이 못 된다고
알고 있다.

퍼부어진 비난 – 볼썽사나운 건물군에 대한 비판

솔직히 이 건물군이 들어선 직후만 하더라도 정면에서 비난하는 소리
를 들은 적이 없다. 이 건물군에 대해 비난의 소리가 일게 된 것은 1970
년대 후반에 들어서의 일이다.

제3차 경제개발 5개년계획이 끝난 것은 1976년이었다. 이 3차 5개년계획
이 끝난 1976년의 한국인 1인당 국민소득은 765달러였다. 이 시점에서 한국
인은 이제 굶어죽지 않게 된 것을 실감했고 아름다운 것, 추악한 것을 분간
하기 시작했다. 이희태가 설계한 절두산 천주교회가 그 모습을 나타낸 것은
1967년이었고, 김중업이 설계한 삼일빌딩은 1970년에 준공되었다. 여의도
에 국회의사당 건물이 준공된 것은 1975년이었다. 이제 서울시민들은 어떤
건물이 아름답고 어떤 건물이 추악한 것인가를 식별할 수 있게 되었다. 세
운상가 건물에 대한 비난이 일기 시작했다. 이 비난의 소리는 순식간에 퍼
져갔다. 세운상가에 대한 비난의 소리를 정리하면 다음과 같다.

첫째가 '추악하다, 볼썽사납다'는 것이었다. 한국인은 원래가 격에 맞
지않게 큰 것을 좋아하지 않는 민족성을 지니고 있다. 남북으로 1천m에

달하는 이 건물군에서는 아름다움을 찾을 수 없고 추악함과 위압감만을 느낀 것이다.

둘째가 '녹지축의 단절'에 관한 비난이었다. 만약에 세운상가가 들어서지 않았다면 서울의 녹지축은 북한산 - 비원 - 종묘 - 세운상가터 - 남산 - 용산 - 한강으로 이어질 수 있다. 이 상가터는 처음부터 상가를 짓지 않고 공원·녹지로 가꾸었어야 했는데 이 상가건물군 때문에 연결되어야 할 녹지축이 단절되고 말았다는 비난이었다.

그러나 이 비난은 결과론이라고 생각한다. 세운상가가 실제로 지어질 당시에는 아무도 이 녹지축의 연결을 거론한 사람이 없었다. 중앙도시계획위원회에서 몇 달 동안 실랑이를 했지만 그때 도시계획위원의 발언 중에서도 녹지축의 단절을 거론한 사람은 없었다고 알고 있다. 1966년의 시대상이 녹지축의 연결을 생각할 상황이 아니었던 것이다.

셋째는 공중보도로써 보차도분리를 시도한 데 대한 비난이었다. 사실상에 있어 서울 중심가 교통계통의 주된 흐름은 동서방향 즉 종로·청계로·을지로·마른내길·퇴계로의 선이지 결코 남북방향이 아니다. 그러므로 지금도 이 도로공간의 남북방향은 보행자도 차량도 그렇게 많지가 않다. 그러므로 보차도분리의 발상은 처음부터 잘못되어 있었던 것이다. 또 보행자의 심리가 7.5m 높이를 계단으로 오르내리는 것을 좋아하지 않는다. 구차하기 때문이다. 이 공중 보행자 전용도로도 주로 건축계에서 제기된 강한 비난이었다.

네번째의 비판은 그것이 남북방향으로 긴 건물군이라는 점이다. 남산 위에 올라가서 서울시가지를 내려다보면 시가지의 주된 맥이 청량리 - 동대문 - 광화문 - 신촌·마포방향으로 흐르고 있는 것을 뚜렷이 알 수가 있다. 이 동서방향의 시가지 흐름의 중심부에 남북방향으로 건물군이 들어서서 흐름의 선을 차단하고 있는 것이다. 그것은 결코 용납될 수가

서울 북녘산과 세운상가 축.

없다.

 김 시장이 내건 그 숱한 슬로건들 중에서 가장 걸작이 '도시는 선이
다'라는 구호였다. 도시는 바로 흐르는 선인 것이다. 그것을 강조했던
김 시장 스스로가 흐름을 차단하는 자충수를 둔 것이다.

 건축가들이 모두 풍수사상가일 수는 없다. 그러나 적어도 시가지가
흐르는 방향에 맞추어서 개개건물이 설계되어야 한다. 김 시장의 제안에
겁도 없이 뛰어든 '김수근 일생일대의 실수'였다고 생각한다.

 1970년대 후반부터 맹렬히 퍼부어진 이 비난의 소리가 김수근에게
전달되지 않았을 리가 없다. 김수근도 그 생전에 이 프로젝트를 한 것을
대단히 후회했을 것이다. 그의 작품연보에는 '세운상가 설계'에 관한 것
이 깨끗이 말살되어 있다.

6. 아! 세운상가여 — 앞으로의 운명

내가 종로·중구 두 개 구청의 협조를 얻어 세운상가의 현황을 조사한 것은 1994년 5월이었다. 그 결과로 알게 된 것은 이 8개의 건물군이 깔고 앉은 대지는 모두 1만 6,278.4㎡(약 4,933평), 건물연면적은 20만 5,536.24㎡ (약 6만 2,284평), 그리고 이 건물군 안에는 2천 개가 넘는 점포와 사무실, 호텔객실 177개, 주택(아파트) 851개가 혼재하고 있다는 것이다.

세운상가 8개 건물군을 어떻게 처리할 것인가에 관한 논의는 1980년 대 초부터 일고 있다. 그리고 많은 인사들의 의견은 막연히 철거해 없애 고 그 자리는 공원·녹지대로 조성함으로써 북한산 - 종묘 - 남산이 연결 되는 녹지축을 이루게 해야 한다는 것이다. 처음에는 막연한 바람이었지 만 국가경제의 비약적인 발전에 따라 시민소득도 오르고 시의 재정규모 도 확대되어가면서 점차 막연한 희망사항이 하나의 상식으로까지 발전 하게 되었다.

서울시는 1993년 산하 22개 구청에 대해 구청별로 도시계획안을 작 성하고 본청에 보고하라고 지시했다. 중구청이 성안한 도시계획안은 '세 운상가는 철거하고 그 자리는 공원화한다'는 내용으로 되어 있었다. 1995년 1월 하순에 개최된 서울시 도시계획위원회는 22개 구청이 성안 보고한 각 구별 도시계획을 검토하여 일부는 수정 재지시했으며 나머지 내용은 확정키로 한다.

서울시가 도시계획위원회의 자문을 거쳐 그 내용을 발표한 것은 2월 3일이었다. 매스컴은 각 구청이 올린 도시계획 내용을 거의 보도하지 않았지만 유독 '세운상가부지 공원화 확정'이라는 내용만 크게 보도했 다. 이 시점에 이 건물군의 최종운명은 결정되었다. 앞으로 어떤 시장도 어떤 의원도 "이곳 건물을 헐고 그 자리에 근대식 건물을 다시 세우자"

는, 이른바 재건축을 제안하지 못할 것이다. 또 건물소유자들이 그렇게 희망한다 할지라도 그것을 허가해주지 못할 것이다.

그러나 이 건물군이 헐리고 그 자리가 공원·녹지대가 되는 것이 언제쯤일지를 예측할 사람은 아무도 없다. 서울시가 남산의 남동쪽에 지어졌던 외인아파트를 폭파하여 헐어버린 것은 1994년 11월 20일이었다. 서울정도 600년 기념사업의 하나인 '남산 제모습 가꾸기' 사업의 하이라이트였다. 그런데 서울시는 지은 지 이미 22년이나 되어 거의 그 운명을 다해가고 있던 이 외인아파트 2개 동을 헐기 위해 이 건물의 소유자였던 한국주택공사에 대해 1,535억 원이라는 막대한 보상비를 지급했다. 16·17층 짜리 아파트 2개 동과 그 주변에 있던 외국인 거주 단독주택 50채의 부지 및 건물 연건평은 모두 3만 1천 평이었다. 남산공원 안에 있던 3만 1천 평의 보상비로 1,535억 원이라는 금액은 너무나 많은 것이었다.

남산공원 안에 있는 건물 3만 평에 1,535억 원이라면, 중구·종로 노른 자위땅에 들어서 있는 세운상가 대지 4,933평 건평 6만 2,284평의 보상비는 과연 얼마나 될 것인가. 이 글을 쓰면서 토지·건물 모두 1평당(3.3㎡) 500만 원으로 계산했더니 3,114억 2천만 원이었고 1평당 1천만 원으로 계산하면 6,228억 4천만 원이었다. 앞으로 어떤 시장이 6천억 원을 들여 이 건물군의 철거를 단행하겠다고 결심할 것인가. 설령 그것을 결심할 시장이 있다고 한들, 종로·중구 출신이 아닌 시의원들이 그것을 찬성할 것인가.

아마 나의 생전에 이 일대가 공원·녹지대로 가꾸어지는 것을 보지는 못할 것 같다. 이 건물군이 준공되고 이미 28년이 지났다. 상세한 것은 모르기는 하되 전기시설·급배수시설·냉난방시설 등이 모두 헐어 그 유지보수비만도 해마다 엄청나게 들어가고 있을 것이라 추측된다. 앞으로 10년 후 혹은 20년 후 폐허가 된 이 거리를 상상해보면서 "아! 세운상가여"라는 탄식이 절로 난다.

(1996. 7. 10. 탈고)

참고문헌

서울대학교 행정대학원 부설 한국행정조사연구소 편. 1974, 『韓國行政事例集』,
　　法文社.

손세관. 1993, 『都市住居形成의 歷史』, 悅話堂.

윤승중. 1994, 「세운상가아파트 이야기」, ≪건축≫ 1994년 7월호.

尹承重·兪杰·金錫徹. 1967, 「서울市不良地區再開發의 一例 — 宗廟·南山 3~4가
　　지구」, ≪공간≫ 1967년 9월호.

정인하. 1996, 『김수근건축론』, 건미사.

당시의 관보·신문·연표 등.

한강종합개발
만원 서울을 해결하는 첫 단계

1. 1950~60년대의 서울과 한강

한강백사장 30만 청중

내가 성년이 되었던 1948년 이후의 50년간, 나는 실로 많은 선거에 투표를 했다. 정·부통령 선거, 국회의원 선거, 각종 지방선거, 심지어 동장선거까지 경험했다. 선거에 투표를 하면서 내 청춘이 늙어갔고 이제 죽음을 앞에 하는 나이가 되었음을 실감한다.

그 숱한 선거에서 헤아릴 수 없이 많은 선거구호를 접했지만 그 중에서 단 한 개만을 기억한다. 1956년 5월에 치러졌던 정·부통령 선거 때 야당인 민주당이 내걸었던 '못살겠다 갈아보자'라는 구호이다.

겨우 여덟 자로 된 이 선거구호는 당시 자유당 부패정권에 염증을 느끼고 있던 온 국민의 폐부를 찌르고 남음이 있었다. 이 구호에 대해 여당인 자유당이 내걸었던 '갈아봤자 별수 없다. 구관이 명관이다'라는 구호는 너무나 진부한 것이었다. '못살겠다 갈아보자'라는 선거구호는 당시의 민심을 완전히 사로잡은 걸작이었고 이 나라 민주주의 역사상에 길이 남을 명 문구였다.

5월 15일에 치러질 정·부통령 선거에 앞서 민주당 대통령후보 신익희, 부통령후보 장면의 서울에서의 선거유세는 5월 3일 오후 2시부터 개최되었고 장소는 '한강 백사장'이었다.

1956년 말 서울시내를 달리던 승용차는 주로 미군이 불하하고 간 지프였는데 겨우 1,730대, 시내버스가 637대밖에 없었으며 시내교통은 주로 180대의 지상전차가 담당하고 있었다. 시내버스도 오늘날처럼 종횡으로 달리지 않았고 물론 지하철은 없었다. 오늘날처럼 청중을 관광버스로 동원하는 시대가 아니었다. .

서울의 인구수가 160만 남짓, 유권자는 70만 3천이었는데 이 유세장에 30만에 달하는 인파가 구름떼처럼 모여들었다. 5월 3일 오전 11시가 지나면서 모여들기 시작한 청중은 12시를 지나면서부터 전차와 버스를 메웠다. 사태가 이에 이르자 중앙정부는 서울시내의 경찰관 전원을 동원, 교통정리를 시작했는데 오후 1시를 넘자 용산 삼각지 이남으로 가는 전차와 버스는 사실상 운행이 중단되었다. 걸어가는 인파로 버스도 전차도 운행을 할 수 없었던 것이다. 그 상황을 5월 5일자 ≪동아일보≫ 칼럼 '단상단하(壇上壇下)'는 이렇게 보도했다.

　5월 3일 하오 2시부터 한강 백사장에서 열린 민주당 후보 신익희·장면 양군의 정견발표대회에는 무려 20여만을 추산하는 청중이 모여들어 삼각지 이남에는 한때 차마(車馬)통행이 두절되는가 하면 보트장을 중심으로 한 강안일대의 백사장을 흑(黑)사장으로 뒤덮고 남은 군중은 마이크도 안 들리는 건너편 흑석동 언덕과 한강 인도교에까지 벌통에 벌이 모여붙듯 들러붙어 교통순경들은 교통정리에 총동원─.
　이는 '지상최대의 쇼' 중에서도 '사상(沙上) 최대의 쇼'인 데다가 '사상(史上) 최대의 쇼'─.

한강백사장에 모인 30만 군중, 1956년 5월 2일 한강백사장에서 개최된 야당 정·부통령 후보 정견 발표에 30만 청중이 모였다. 이른바 못살겠다 갈아보자 선거였다. 이 한강백사장은 지금의 동부이촌 동이다.

보도의 자유가 극히 제한된 시대였기에 신문마다 '20여만의 군중' '23~24만'이라고 보도했지만 족히 30만을 넘는 청중이었다. 그리하여 '한강백사장 30만 청중'은 당시 서울뿐만이 아니라 나라 안의 화젯거리가 되었다.1)

당시의 한강백사장은 지금의 용산구 동부이촌동이었다. 한강제방이 축조되기 이전의 동부이촌동 제방은 경원선 철길 바로 옆에 있었다. 지

---

1) 서울의 유권자 총수가 70만 3천이었는데 그 중의 30만이 모였으니 그것만으로도 하나의 큰 사건이었다. 역사의 기술에 '만약에'라는 표현이 온당치 않다는 것은 알지만 신익희 후보가 그로부터 하루 반이 지난 5일 새벽, 강경-논산 간 호남선 열차 안에서 심장마비로 급사만 하지 않았다면 이때의 선거에서 정권교체가 이루어졌을 것이다. 이 선거에서 민주당 부통령후보 장면은 자유당 후보 이기붕보다 20만 표를 더 얻어서 당선되었던 것이다. 서울에서의 득표수는 자유당 이기붕 후보가 9만 5천 표였는데 민주당 장면 후보는 45만 1천 표를 얻었다.

금은 용산-성북 간 전철이 다니는 경원선 철길에서 흑석동까지의 한강은 비가 오지 않을 때는 큰 백사장을 이루었고 강물은 겨우 흑석동 - 노량진 언덕에 붙어 가늘게 흐르고 있었다. 백사장 끝에는 보트장이 있었고 겨울에 강물이 얼어붙으면 많은 시민이 나와서 스케이트를 즐겼다. 국군의 날 행사 때 이 백사장에서 낙하산 강하 시범이 있었고 역대 대통령과 정부고관들, 일반시민이 나와 '낙하산 강하 쇼'를 구경했다.

이호철의 소설 『서울은 만원이다』

작가 이호철의 장편소설 『서울은 만원이다』는 1966년 2월 8일에서 11월 26일까지 모두 250회에 걸쳐서 ≪동아일보≫ 지상에 연재되었다. 이호철은 1994년 1월에 이 소설을 썼던 그때를 이렇게 회고하고 있다.

그때의 서울인구 3백 80만 명, 그리고 구청은 아홉 개, 지금의 강남은 허허벌판이었고 한강다리는 세 개밖에 없었다. 땡땡땡땡 거리며 지상전차가 종로로 을지로로, 효자동에서 원효로로 다녔고 종로3가의 공창이 밤마다 와글바글 끓었다 (≪주간조선≫ 1994년 1월 6일호).

이 소설의 주인공은 경상남도 통영에서 중학교를 나와 무작정 상경한 길녀(吉女)라는 처녀였다. 21세에 상경하여 처음에는 을지로4가 국도극장 근처에서 일식집에도 잠깐 있었고 다방 레지로도 있다가, 기상현이라는 사나이에게 엉겁결에 겁탈당하고 난 뒤에는 서린동 골목 안에 방을 얻어 사창노릇을 한다. 이 순진하고 인정 바르고 귀여운 길녀를 중심으로 친구 미경, 포주 복실어멈, 허풍스럽고 무책임한 사나이 남동표, 외판사원 기상현 등이 서로 속이고 속고 싸우고 할퀴며 마음을 죽이고 몸을 팔고 사기를 치기도 하고 절도도 하고 염치좋게 협박하기도 하는, 당시 서울의 밑바닥 인생을 경쾌하게 그린 그런 내용이었다. 이 소설은 마지막회의 끝부분에서 "가는 곳마다 이르는 곳마다 꽉 차" 있는 만원 서울을 이렇게 그리고 있다.

> 그러나 어떻든 서울은 만원이다.
> 의욕적인 새 시장을 만나 서울은 화려하게 단장이 되고 곳곳에 빌딩은 서고 사람들은 날로 문주란의 노래 같은 것에 잠겨들기를 좋아하고 외국의 차관은 들어오고 차관은 물론 유효 적절히 쓰이고 있을 것이었다. 적어도 우리 선량한 국민들은 그렇게 믿기로 하자 그렇게 안 믿을 도리가 있는가……
> 빠이빠이 안녕.

그도 말하고 있듯이 이 소설은 모델이 없는 순전한 픽션이었다. 우선 첫째로 당시의 서린동에는 사창이 없었다. 그 당시 나 손정목은 의욕적으로 서울의 도시문제를 연구하고 있었고 직접 현장답사도 다녔는데 당시의 서린동에는 사창이 있지 않았다. 사창이라는 것은 결코 외롭게 한 집만 있을 수 없고 적어도 열 개나 스무 개 정도가 집단으로 있어야 하는데 당시의 서린동 골목 안에는 술집만 있었지 사창은 없었다. 또 당시의 서울 사창을 연구한 어떤 기록에도 '서린동 사창'은 보고되지 않고 있다.

그러나 그렇다 할지라도 이 소설이 그리고 있는 서울 밑바닥 인생의 실상은 사실 그대로였고 서울이 만원 현상을 나타내고 있었음은 부인할 수가 없다.

당시의 서울은 한강이 끝이었다. 오늘날의 강남은 잡초가 우거진 야산과 전답이었고 거주하는 사람은 몇만 명에 불과했다. 강남으로 오가기 위해서는 나룻배를 이용할 수밖에 없었고 한강은 백사장의 연속이었다.

서울시민의 행동반경은 사대문 안이었고 세종로(중앙청)에서 한국은행까지를 직경으로 원을 그리는 내부, 명동·충무로·을지로·종로네거리가 도심부였으며 이 도심부의 끝에 남대문·동대문의 두 개 시장이 있었다. 충무로·을지로도 골목 안으로 들어가면 뜰에 몇 그루 나무를 심은 목조가옥들이 밀집해 있었고 남대문에서 종각까지에 이르는, 서울 최대의 비즈니스 거리도 높은 건물이라야 겨우 5층이었다. 당시의 서울에서 가장 높은 건물은 겨우 8층밖에 안 되는 반도호텔이었고 아파트라는 것은 남의 나라의 말로 여겨지던 시대였으니 서울은 평면적·입체적으로 만원일 수밖에 없었던 것이다.

그러나 이러한 만원 서울의 변화는 「서울은 만원이다」의 첫회가 발표된 지 두 달이 지난 1966년 4월부터 일어나고 있었다. 정확히 말하면 1966년 4월 4일에 김현옥이 서울시장으로 부임한 후부터 서울에는 지각변동이 일어나고 있었던 것이다. 그리고 1967년 말부터 한강개발, 여의도 건설이 시작되었다. 1966년대적 만원현상이 해결되기 위해서는 잡초 우거진 야산의 상태로 있던 강남이 개발되어야 했고 강남이 개발되기 위해서는 한강개발이 먼저 이루어져야 했던 것이다.

개발되기 이전의 한강

아득한 옛날 태고적부터 한강은 흐르고 있었다. 그러나 천 년 전의 한강과 백 년 전의 한강이 달랐고 50년 전의 한강과 지금의 한강이 같지 않다. 홍수 때마다 흐름의 방향이 달라졌고 삼각주가 형성되었다가 허물어지기도 하고 새로운 모습의 삼각주가 형성되기도 했다. 그러나 오늘날과 같은 한강제방이 축조되기 이전의 한강은 한 가지 점에서 공통성을 지니고 있었다. 그것은 강폭이 굉장하게 넓었다는 점이다.

1925년에 있었던 물난리를 '을축년 대홍수'라고 한다. 7월 15~18일

1920년대 경원선의 모습과 한강, 서빙고 부근. 한강제방이 제대로 축조되기 이전인 1960년대 말까지 경원선 철길이 바로 한강제방이었다.

에 내린 집중호우로 용산일대가 물바다가 되었고 남대문 앞까지 물이 찼다. 양수리에서 행주산성까지 한강 양안의 전지역이 범람하고 침수되었다. 시내전차는 물론이고 경부선·경인선·경의선·경원선 등 모든 철도의 운행이 중단되었다. 시내전화 일부와 시외전화도 불통되었다. 뚝섬과 노량진의 두 수원지가 침수되어 시내 일원의 상수도 공급이 중단되었다.

서울시를 포함한 경기도와 강원도의 사망자 404명, 부상자 91명, 물에 떠내려간 집이 5,181동, 무너진 집이 7,952동, 침수가옥이 5만 2,938 동이나 되었으며, 전답의 유실·매몰·침수는 70만 3,624정보, 평수로 따지면 21억 평을 넘었으니 문자 그대로 물난리였다.

그런데 그러한 물난리는 조선왕조 500년간을 통해 여러 번 경험하고 있다. 한강에 제방이 없었던 시대, 지금의 용산일대는 홍수 때면 물에 잠기고 갈수기에는 백사장이 되어 겨우 채소나 가꾸고 다른 농작물은 생산할 수 없는 지역이었다. 뚝섬·광나루도 그러했고 여의도·잠실일대,

강 건너 지금의 압구정동·신사동 일대, 서초구 잠원동·반포동 일대도 사정은 마찬가지였다.

1960년대 말까지 한강변은 경원선 철길이었고 뚝섬도 이름 그대로 섬이 되는 일이 잦았다. 7월에서 9월까지의 3개월간 며칠씩 집중호우가 내리면 한강은 바다가 되었고 갈수기에는 백사장의 연속이었다. 그 당시의 한강물은 관리가 되지 않았고 강물은 자원이 아니었다.

1925년의 대홍수를 당하고난 뒤 1926년부터 쌓기 시작한 한강제방은 높이가 가장 높은 곳은 약 16m 정도, 제방상단의 넓이는 약 5.5m였다. 그러나 이때의 제방은 신용산·원효로와 그 대안인 노량진·영등포뿐이었다. 동부이촌동에도 제방이 있었으나 현재의 용산가족공원 앞에서 끝났고 거기서부터는 경원선 철길이 곧 제방이었다. 그러니까 마포·서강 일대에도 제방은 없었고 자양동·구의동 일대에도 제방이 없었으니 대안인 오늘날의 강남일대에 제방이 쌓아졌을 리가 없었다. 당시의 빈약한 조선총독부 재정능력으로서는 그 정도의 제방밖에는 축조할 수 없었던 것이다. 설령 그 제방이 더 연장되었다 해도 상류에서 물을 가두어두었다가 필요에 따라서 방류하는 능력이 갖추어져 있지 않으면 제방은 언제라도 허물어질 수밖에 없었다.

1960년대의 말부터 1970년대의 전반기까지, 김현옥·양택식 두 시장에 의해 한강 제방도로가 축조되기 이전의 한강은 홍수 때의 강 넓이가 1,800~2,000m나 되었다. 잠실섬을 중심으로 한 일대는 현재의 지하철 구의역에서 석촌호수 남단까지가 한강이었으니 그 강 넓이는 3,500m가 넘었다. 홍수 때는 그렇게 넓었지만 갈수기에는 겨우 50~100m정도의 좁다란 물줄기였다. 한강인도교 즉 오늘날의 한강대교를 기준으로 하면 겨우 노량진·흑석동 쪽에 붙어 가느다란 물줄기가 흘렀고 그 밖에는 넓은 백사장이었다. 이 백사장과 물줄기가 만나는 곳에 보트를 매어놓고 봄·가을이면 보트놀이를 했고 겨울이면 스케이트를 탔다. 일본인들이 뚝섬에 놀이터를 만들어 봄·가을이면 과수원 사잇길로 산책을 즐겼고 여름에는 물놀이를 즐겼다. 당시의 서울은 실로 전원적인 시가지였다.

여담이지만 1930년대에 일본인 기노시다 사카에라는 자가 흑석동 한강변에 약 3만 평 정도의 주택단지를 개발하고 자기의 별장도 지어 총독부 고관들을 불러 야유회를 벌였다. 총독을 모시면서 이 주택단지에 명수대(明水臺)라는 이름을 붙였고 그때부터 이곳은 명수대라고 불렸다. 지금 그 일대를 지나다 보면 명수대초등학교니 명수대중학교니 하는 간판을 볼 수 있고 명수대아파트도 볼 수 있다. 일제의 잔재가 얼마나 뿌리깊은 것인지를 실감케 한다.

2. 한강종합개발계획

소양강댐과 충주댐 건설 – 높은 댐이냐 낮은 댐이냐의 싸움

강을 흐르는 물이 일년 365일간을 통해 일정한 유량과 수위를 유지하면서 흘러주는 그런 강이 있다면 그곳에는 홍수의 시달림도 갈수의 고달픔도 없을 것이다.

하천공학에서는 하천의 최대유량과 최소유량의 비(比)를 가지고 다스리기 쉬운 강과 그렇지 못한 강으로 구분한다. 최대유량과 최소유량의 비를 하상계수(河床係數)라고 한다. 이 하상계수가 작아지면 이론적으로는 1까지도 될 수 있겠지만 그렇게 이상적인 강은 이 지구상에는 존재하지 않는다. 하상계수는 하천유량의 연중 변동폭의 크기를 나타내는 지표이며 유럽의 강들은 대체로 10에서 50의 범위 내에 있어 다스리기 쉬운

양천에 속한다. 그러나 한국이나 일본의 강은 그것이 100에서 1,000의 범위까지 달해 다스리기 어려운 악천에 속한다.

소양강댐, 충주댐이 축조되기 전의 한강의 경우, 한강인도교 기준으로 홍수 때의 최대유량이 1초당 3만 4,400톤, 갈수기의 최소유량이 1초당 76톤 정도였으니 하상계수가 453이 되는 악천의 하나이며 낙동강·영산강·금강보다도 더 하상계수가 높은 강이다.

제1차 경제개발 5개년계획이 끝난 1966년 당시, 한강 상류에는 모두 5개의 댐이 건설되어 있었다. 일제가 1939~44년에 축조한 화천·청평 2개 댐과 한국전쟁 직후인 1953~57년에 축조한 괴산댐, 그리고 제1차 5개년계획기간 축조한 춘천·의암 2개 댐 등 모두 5개의 댐이 가동 중이었다. 그러나 이들 5개의 댐이 모두 수력발전을 목적으로 하고 있었기 때문에 한강의 수량을 조절하고 연간을 통해 물자원을 유효 적절히 이용한다는 점에서는 거의 그 능력을 발휘하지 못하고 있었다.

우리나라의 연평균 강우량은 1,159mm로서 총량은 1,100억 톤이나 된다. 그런데 우리나라의 비는 주로 7~9월의 우기에 집중되어 총강우량의 3분의 2가 이 기간에 내린다. 1,100억 톤의 총수자원 중 64%인 700억 톤은 하천으로 흐르고 36%인 400억 톤은 증발해버린다. 하천으로 흐르는 700억 톤을 분석해보면 그 67%에 해당하는 470억 톤은 홍수로 흘러가버리고 홍수 때가 아닌 평상시에는 33%인 270억 톤만이 하천으로 흐른다. 그리고 이 평상시에 흐르는 하천수 중에서 1965년 현재로 농업·공업·상수도 용수로 이용되는 것은 55억 톤 정도에 불과하고 173억 톤은 전혀 이용되지 않은 채 바다로 흘러들어간다. 그러면서 해마다 3~5월이면 비가 오지 않아 '못자리를 못한다, 모를 심지 못한다, 밭이 갈라지고 있다'를 되풀이한다.

큰 하천의 상류에 대규모 저수지를 만들어 집중호우 때 물을 받아 가두어둘 수 있으면 우선 홍수피해를 막을 수 있다. 이렇게 가두어둔 물을 일 년 내내 계절별로 일정량을 방출하면 수력발전은 물론이고 관개용수·공업용수·상수도용수로도 쓸 수 있으며 하천에는 항상 일정량의 물이 흘러 관광자원으로도 이용될 수 있다. 이와 같은 목적의 대규모 저수지를 다목적댐이라고 한다.[2]

우리나라에 건설부라는 부처가 생긴 것은 1962년 6월 18일이었다. 이때부터 건설부 수자원국은 다목적댐 축조를 본격적으로 연구하기 시작한다. 제1차 경제개발계획 기간 1960년대 전반기에 한국에서는 1개의 다목적댐이 완성되었고 다른 하나가 착공되었다. 섬진강댐이 전자이고 남강댐이 후자였다.

섬진강댐은 전라북도 임실군 강진면 옥정리에 축조된 높이 64m, 길이 344.2m, 총저수량 4억 4,600만 톤에 달하는, 당시 우리나라 최대의 댐이었다. 칠보·운암 등 2개의 발전소를 설치하여 27,700kw의 전력을 생산하고 있으나 발전은 부수적인 것이었고 이 댐을 축조한 본래의 목적은 동진토지개량조합 관내의 관개용수 확보 및 간척지 개발이었다. 즉 농업용수 확보가 주목적이고 전력생산은 부수적인 댐이었다.

경상남도 진주에 1962년 4월에 착공하여 1969년에 준공을 본 남강댐은 물론 발전도 하지만 본래의 목적은 홍수조절이었다. 남강은 지리산 동남기슭 일대의 물이 흘러들어 낙동강으로 흐르는, 낙동강 제일의 지류인데 여름철 지리산 일대에 집중호우가 내리면 예외없이 범람하여 남강

---

2) 세계적으로 이 다목적댐의 개념은 1920년대 초부터 시작되었고 그것이 최초로 실현된 것이 미국의 TVA였다. 루즈벨트 대통령이 내건 뉴딜정책의 일환으로 '테네시계곡 개발공사'가 설립된 것은 1933년 5월이었다. 그해부터 시작하여 1960년대까지 모두 48개의 다목적댐을 완성하여 1,200만kw라는 엄청난 전력을 생산할 수 있었을 뿐 아니라 테네시 강 유역의 수운 개선, 치수관리 등으로 지난날 피폐된 채 방치되었던 광대한 토지를 비옥한 농촌, 부유한 공업지대로 발전시킬 수 있었다.

하류뿐 아니라 낙동강 하류까지도 침수되는 상황이 되풀이되고 있었다. 이 홍수피해를 줄이기 위하여 진주시내에서 6km 상류지점에 연장 975m, 높이 21m의 댐을 축조하고 이 댐에서 사천만까지 11km의 인공 방수로를 굴착하여 홍수 때 이 방수로를 통해 물을 직접 바다로 흘려보냄으로써 낙동강 하류의 홍수피해를 줄인다는 것이 주된 목적이고, 동시에 발전도 하고 농업용수·공업용수·상수도용수도 확보하는 다목적댐이었다.

문제는 앞으로 한강상류에 건설할 소양강댐과 충주댐을 어떤 방식으로 축조하느냐 하는 것이었다. 한국전력·상공부의 입장과 건설부의 입장이 정면에서 대립되었다. 상공부에서는 '전원개발 일원화'를 주장했고 건설부는 '물자원개발 일원화'를 주장하여 서로 한치의 양보도 없었다. 당시의 한강 상류에는 화천·춘천·의암·청평·괴산의 5개 댐이 있었으나 모두가 한국전력(주)의 관리 아래 있었다. 그러므로 소양강댐과 팔당댐도 당연히 한국전력(주)에서 축조하여 한국전력에서 관리해야 한다는 것이 상공부의 주장이었고 건설부는 소양강댐을 다목적댐으로 축조하고 물자원이라는 입장에서 모든 댐의 관리도 건설부 수자원국에서 해나가야 한다는 주장이었다.

소양강댐을 축조하는 경우, 발전만을 위해서는 높이 86m 댐을 쌓으면 된다. 그러나 홍수조절, 농업·공업용수 확보 등의 다목적댐이 되게 하기 위해서는 훨씬 높은 댐을 쌓아야 한다. 1966년부터 시작한 한강유역합동조사단이 조사한 바에 의하면 높이 145m의 댐을 쌓을 수 있고 그렇게 하면 한강의 홍수조절은 충분하여 경인지역 일대에 다시는 홍수피해를 입지 않을 수 있다는 것이었다. 그러나 댐 높이가 높아질수록 많은 경비가 드는 것은 당연한 일이다. 낮은 댐이냐 높은 댐이냐를 놓고 두 개 부처가 첨예하게 대립했다. 댐 건설 및 관리에 있어서의 헤게모니

쟁탈전이었다. 상공부는 수십 년간에 걸쳐 쌓아온 권익을 그대로 지켜나가야 하겠다는 것이었고, 건설부는 수자원의 개발·관리를 직접 하지 않으면 종합적인 국토개발이 불가능하다는 입장이었다. 건설부는 비용의 절감을 위해 소양강 댐 높이를 123m로 하는 절충안을 내놓고 있었다. 이른바 중댐안이었다.

'특정다목적댐법'이라는 것이 입법·공포된 것은 1966년 4월 23일자 법률 제 1785호에서였다. 한국전력(주) 및 상공부의 반대, 국회 상공위원회에서의 반대 등으로 국회를 통과할 때까지 설득하는 데만 2년 이상이 걸렸다고 한다.

'한국수자원개발공사법'이라는 것이 공포된 것은 '특정다목적댐법'이 공포된 지 4개월 후인 1966년 8월 3일자 법률 제 1819호에서였다. 다목적댐법이 국회를 통과하는 데 2년 이상이 걸릴 정도로 고전했던 전철을 밟지 않기 위해 수자원개발공사법은 의원입법으로 통과시켰다. 즉 건설부 수자원국에서 작성한 초안을 국회 건설위원장에게 주어서 건설위원회가 앞장서 국회가 의결토록 했던 것이다. 육사 8기생 출신으로 박 대통령과 친숙한 사이였던 건설부 최종성 차관이 은밀히 박 대통령에게 찾아가 이런 방법을 쓸 수밖에 없음을 보고하여 사전양해를 구했다고 전해지고 있다.

이렇게 특정다목적댐법과 수자원개발공사법이 제정 공포되었음에도 불구하고 수자원개발공사는 발족되지 않았다. 소양강댐을 다목적댐으로 하는가 전력개발 위주로 하는가에 관한 정부의 결정이 내려지지 않고 있었기 때문이다.

상공부·건설부 간의 끈질긴 싸움에 최종판결을 내린 것은 박정희 대통령이었다. 두 개의 법률이 공포된 다음해인 1967년 7월, 경제기획원 장관이 월례경제동향을 보고하는 자리에서 박 대통령이 친히 "소양강댐을 건설부 안대로 중댐(123m)으로 하고 건설부가 주관하여 건설토록 하라"고 지시했다. 그리고 두 달 후인 1967년 9월 20일자 대통령비서실 100-121호 공문으로 이 취지를 문서로 하여 국무총리 및 각 부처 장관에게 지시했다. 상공부·건설부간의 7년간에 걸친 싸움은 이렇게 끝이 났다. 소양강댐의 건설을 전담할 한국수자원공사가 설립되어 문을 연 것은 대통령비서실 공문이 하달되고 나서 두 달이 지난 그해 11월 23일이었다.

'무상공여 3억 달러, 장기저리 차관 2억 달러'를 내용에 담은 한일협정 조약이 체결된 것은 1965년 6월 22일이었다. 일본으로부터 들어오는 이 자금의 일부로 소양강댐 공사비를 충당할 수 있었다.

댐 높이 123m, 길이 530m로서 이 나라 안 최대의 소양강 다목적댐의 본공사가 시작된 것은 1968년 10월이었고 1972년 11월에 준공되었다. 박정희 대통령이 참석하여 담수식이 거행된 것은 11월 25일이었다.

만수가 되었을 때 이 댐의 넓이는 70㎢에 달하고 바닥에서의 물높이는 193.5m이며 총저수용량은 29억 톤에 달한다. 우리나라 국민 전체가 1년 내내 쓰고도 남을 만한 양의 물을 담고 있다. 이렇게 큰 댐이 홍수기 이전에 물을 빼두면 강원도 북서부 일대에 여간 큰비가 와도 이 저수지에서 물을 가두어 그만치 하류에 내려보내지 않을 수 있고 따라서 홍수 피해가 줄어들 수 있다.

북한강 상류에 소양강댐이 있듯이 남한강 상류에도 다목적댐이 건설되었다. 충주댐이 그것이다. 1980년 1월 10일에 착공된 이 댐은 1985년 10월 17일에 준공되었다. 이 댐의 넓이는 97㎢이고 27억 5천만 톤의 물을 담을 수 있다.

집중호우로 인해 한강이 범람하고 서울이 큰 수해를 입은 것은 1972년 8월과 1984년 9월 초의 일이었다. 1972년 수해는 소양강댐이 준공되어 담수식을 거행하기 3개월 전의 일이고 1984년 수해는 충주댐이 준공되기 1년 전의 일이었다. 소양강·충주의 2개 댐에서 각각 5억 톤의 물을 조절하게 되었으니 앞으로 서울의 수해는 없으리라고 생각한다. 오늘날은 비록 갈수기라 할지라도 1초당 355톤(한강인도교 기준) 이상의 물이 늠름한 모습으로 흘러 1년 내내 유람선이 다닐 수 있게 되었다. 한강은 완전히 관리되고 있고 한강물은 효율적 이용이 가능한 자원이 된 것이다.

유료도로 제1호 - 강변1로 건설

김현옥 시장은 일에 미친 사람이었다. 그는 "행정은 정열이다"라는 말을 잘 써서 그의 행정을 '정열행정'이라고 표현되기를 바랐다고 한다. 그러나 그의 행정은 '정열'이라는 말로 표현하기에는 너무나 거칠고 저돌적이었으며 그 결과로 나타난 성과 또한 엄청난 것이었다.

나는 김 시장의 바로 뒤를 이어 1970년 4월 16일에 서울시장이 된 양택식의 요청으로 1970년 7월에 서울시에 들어가 '기획관리관'을 맡았다. 당시는 아직 기획관리관이었고 급수는 다른 국장과 같은 2급(이사관)이었다. 그러나 서울시의 기획·예산·통계·법무 등을 관장했기 때문에 나는 시 행정 전반에 깊이 관여했고 양 시장의 깊은 신임을 받았다. 그의 행차에는 항상 그림자처럼 동행했고 모든 의사결정과정에 참여했다. 양 시장의 강력한 제1참모였다. 그리하여 당시의 시정을 '양손(梁孫) 시정'이라고 비꼬는 자도 있었고 나를 가리켜 제1·2부시장 위에 있는 '영부시장'이라고 호칭하는 간부가 있을 정도였다. 그러므로 나는 양 시장의 일거일동을 너무나 잘 알고 있었다.

양 시장은 일밖에 모르는 사람이었다. 새벽부터 저녁까지 일, 일, 일로 일관했다. 그에게는 토요일·일요일도 없었고 밤낮도 없었으며 도대체

사생활이라는 것이 없었다. 그만큼 시장직에 몰두했다. 그런데 그렇게 일을 많이 했는데도 양택식 4년 5개월과 김현옥 4년간의 성과를 비교해 보면 김현옥 4년간의 발자취가 훨씬 더 크다. 그런 뜻에서 나는 김현옥을 '일에 미친 시장'이라고 평하는 것이다.

김현옥이 서울시장으로 부임한 1966년 4월의 서울시 인구수는 360만 정도였으며 국민의 1인당 소득수준은 115달러 정도였다. 김현옥·양택식에 이은 구자춘이 서울시장의 직을 떠났던 1978년 12월의 서울시 인구수는 782만이었고 국민 1인당 소득수준은 1,330달러였다. 이 세 시장이 재임했던 12년 9개월간 서울시 인구수는 422만이 증가했고 국민 1인당 소득수준은 12배 가까이 늘었다. 말하자면 경제의 고도성장기에 처하여 인구의 걷잡을 수 없는 서울집중이 진행되었던 것이다.

집을 아무리 지어도 모자랐고 길은 아무리 넓혀도 부족했다. 수돗물은 아무리 증산해도 따라가지 못했고 무허가건물은 헐어도 헐어도 계속 늘어났다. 말하자면 서울시정 격동의 시대였다. 김현옥·양택식·구자춘 3대시장은 노도와 같이 몰려드는 시민의 생활을 토요일·일요일도 없는 '일'을 통하여 이겨나갔을 뿐 아니라 서울의 하부구조를 거의 마무리지었다.

김현옥·양택식·구자춘, 이렇게 3대 12년 9개월 간의 서울시정을 평하여 후세의 사람들이 "그 세 사람이 아니더라도 그만한 일을 했을 것이다"라고 생각하면 그것은 큰 오산이다. 김현옥 바로 앞의 윤치영 시정, 구자춘 바로 뒤의 정상천 시정, 시민의 직접선거로 선출된 조순 시정 등이 앞의 12년 9개월간에 있었더라면 서울은 과연 어떻게 되었을 것인가를 생각하면 걱정보다도 오히려 공포감을 느끼게 된다.

일밖에 몰랐던 3대 시장들 중에서도 김현옥은 뛰어난 인물이었다. 나는 광복후 50년간 한국을 바꾼 인물 열 사람을 꼽는다면 그 안에 반드시 김현옥이 들어가야 한다고 생각한다. 서울의 변화가 한국의 변화 그 자체이기 때문이다.

한 가지 흥미로운 것은 일에 미쳤던 김현옥 시장은 재임 4년간을 통하여 해마다 그 정열의 초점이 달랐다는 점이다. 처음 부임했던 1966년에는 교통소통에 주력했다. 세종로·명동의 2개 지하도 공사를 비롯하여 수없이 많은 지하도로·보도육교를 건설했고 불광동길·미아리길·광나루길 등을 크게 확장했으며 새로운 도로도 엄청나게 개설했다.

1967년에 들어 그가 한 일은 세운상가·파고다아케이트·낙원상가 등 이른바 도심부 재개발사업이었으며 이 사업들은 민자유치라는 방법으로 이루어졌다. 경영행정이라는 것이었다.

재임 3차년도인 1968년의 업적은 여의도윤중제 공사가 중심이 된 한강개발사업이었다. 그리고 재임 4차년도인 1969년에는 이른바 서울 요새화계획이라는 것을 내걸고 남산 1·2호 터널을 뚫었으며 아울러 400여동에 달하는 시민아파트를 건설했다.

그의 정열의 대상은 해마다 이렇게 변화했지만 도로의 신설 확장만은 재임 4개년간 계속되었다. 그가 수송장교 출신이라는 점에도 원인이 있었겠지만, 당시는 도로건설이 가장 전시효과가 많이 나는 행정이었기 때문에 위로는 박 대통령으로부터 아래로는 시골 군수에 이르기까지 도로건설에 주력하는 경향이 있었다.

김 시장이 "한강변을 따라 제1한강교에서 김포공항에 이르는 자동차 전용도로를 개설한다. 제방의 기능도 동시에 지니는 강변제방도로를 건설한다는 것이다. 내년(1967년)에는 우선 제1한강교에서 영등포 입구까지를 개설할 터이니 계획을 세우라"고 지시한 것은 부임 당년도인 1966년 가을이었다. 세종로지하도가 개통된 것이 9월 30일이었고 명동지하도는 10월 3일에 개통되었다. 너비가 8m 정도였던 무악재를 개착하여 너비 35m의 불광동길이 준공된 것은 12월 30일이었다.

이 당시의 서울시 건설국 토목과 도로계는 마치 전쟁터 같았으며 직원들은 문자 그대로 밤낮이 없었다. 당시의 토목과장은 이기주였고 도로계장은 서울대학교 공대 토목과를 1959년에 졸업한 김병린이었다. 김병린은 서울시 토목기술자 중에서 가장 뛰어난 준재였다. 그는 밤을 새워가면서 한강변 자동차 전용도로 계획을 세웠다.

1966년 말 서울시내를 달리던 자동차 총대수는 2만 638대에 불과했다. 이 글을 쓰면서 현재는 미라보건설(주) 사장으로 있는 김병린에게 전화를 걸었다. 그 대화를 내용을 옮겨본다.

"당시엔 아직 서울시내에 자동차가 2만 대 정도밖에 없었을 때인데 자동차 전용도로를 건설할 만큼 교통수요가 있었는가요?"

"역대 부산시장이 가장 신경을 쓰는 도로가 시청에서 해운대로 가는 길이라고 알고 있습니다. 대통령이 해운대에서 주무시니까요. 대통령이 해외로 나간다든가 국내 주요도시로 행차할 때 김포공항을 이용할 수밖에 없지 않습니까. 공항 가는 길을 논스톱으로 달릴 수 있으면 기분이 상쾌할 것 아닙니까. 김 시장이 강변도로를 만든 의도는 그런 것이었다고 알고 있습니다."

'전시행정'이라는 말이 있다. 남에게 일 잘하고 있다는 것을 과시하기 위한 행정이라는 뜻이다. 행정책임자치고 전시효과를 전혀 노리지 않고 묵묵히 일만 하는 사람은 본 적이 없다. 다만 그 정도에 차이가 있을 뿐이다. 그런데 김현옥 시장만큼 전시효과를 강하게 의식한 행정가를 본 일도 없다. 그가 내걸었던 그 많은 엉뚱한 행정구호들, '도시는 선이다' '선택+준비+실천+집념+증거……' '개인의 완성은 서울의 완성' 등의 구호들이 모두 시민의 관심을 의식한 데서 창조된 것들이다. 김 시장은 일주일에 한 번씩 화요일마다 기자회견을 가졌다. 또 그만큼 자주 '시민초대 시정소개'를 되풀이한 시장도 없다. 어떤 공사를 벌일 때

'몇 월 며칠까지 완공하겠다'를 공약한 것도 좋게 해석하면 책임을 지겠다는 뜻이지만 나쁘게 해석하면 전시효과를 노린 것이다. 그 전시의 대상이 일반시민이 아니라 절대권력자인 대통령을 향한 전시라는 점에도 문제가 있었다.

1961년 5월 16일의 군사쿠데타 이후, 1995년에 시민의 선거로 선출될 때까지 34년간 모두 18명의 서울시장이 중앙정부의 임명으로 재임했다. 그 중에는 1주일 시장도 있었고(김상철) 11일 시장도 있었으며(우명규) 2개월 시장(박세직)도 있었다. 그러나 여하튼 18명 시장 중 대다수는 시민복지나 다수시민의 행복보다도 '오직 임명권자 한 분에의 충성'에 치중했고 그 한 분을 향한 전시효과와 공적 쌓기에 더 관심을 두었다. 물론 그 정도에는 차이가 있었는데 김 시장의 경우는 그 정도가 강했을 뿐 아니라 그 표현 또한 직선적·노골적이었다. 그것은 모든 것을 숨길 줄 모르는 그의 성격 탓이었다고 생각한다.

김 시장의 '박 대통령을 향한 전시효과'를 단적으로 알려주는 이야기 한 토막이 있다. 1969년에 400동에 달하는 시민아파트를 주로 높은 산 위에 지었다. 그 중에서 맨 처음 착공한 것이 서대문구 현저동의 금화아파트 19개 동이었는데 1968년 6월 18일에 기공식을 올렸다. 그런데 이 금화아파트는 높이 105m가 되는 금화산 산중에 지었다. 이 아파트를 계획할 때 몇몇 국장·과장이 "아파트를 너무 높은 데 지으면 위험하기도 하고 주민이 오르내리는 데도 불편하지 않겠습니까"라는 의견을 제시했다. 그랬더니 김 시장이 그 말을 바로 받아 "야 이 새끼들아, 높은 곳에 지어야 청와대에서 잘 보일 것 아냐"라고 했다는 것이다. 나는 새로 지은 청와대에는 들어가본 일이 없다. 그러나 제5 공화국 당시까지 있었던 옛날의 청와대 뜰에서 서쪽을 바라보면 금화아파트 19동의 모습이 정면에 바로 보이던 것을 기억하고 있다.

앞에서 김현옥 시장이 "야 이 새끼들아" 한 말을 의아하게 생각하는 사람이 있을 수도 있으므로 한마디 해두어야겠다. 적어도 서울시장이라는 사람이 뱉을 말이 아니라고 생각할 수도 있기 때문이다. 그러나 그런 어투는 제3·4공화국시대, 군 출신 행정책임자의 관용어였다. 한국전쟁 중 또는 한국전쟁 직후인 1950년대에 군대에서 부하들에게 사용했던 말투를 행정관청에까지 연장해온 것이다. 그리고 그런 말투는 기획업무가 주였던 중앙부서보다도 집행기능이 주였던 지방관청에서 더 많이 사용되었다.[3)]

당시의 서울시 건설국장 이상련이 서울시에서 발행하던 잡지 《시정연구》 1967년 제2호에 발표한 「수도서울 건설의 혁명적인 시책구현」 이라는 글에 의하면 이 강변도로의 당초의 이름은 '제1한강교 - 영등포 간 연안도로'였다고 한다.

이 강변연안도로가 착공된 것은 1967년 3월 17일이었다. 당시의 신문은 이 도로의 기공식을 거의 보도하지 않았다. 워낙 많은 도로가 생기고 있을 때였으니 "또 하나의 도로가 생기겠지" 하는 정도였다. 이 도로가 도화선이 되어 오늘날의 강변도로가 형성될 것을 예측한 사람은 아무도 없었던 것이다.

제1한강교(현 한강대교) 남단에서 영등포·여의도 입구까지 너비 20m, 길이 3,720m의 이 도로는 기왕의 도로와는 그 성격이 전혀 달랐다. 첫째는 이 도로가 자동차 전용도로라는 점이다. 둘째는 이 도로가 동시에 한강제방의 역할을 한다는 점이다. 한강홍수위보다 2m가 더 높은 15m

---

3) 하기야 중앙관청의, 그것도 군인출신이 아닐 뿐 아니라 제1회 고등고시 행정과를 수석으로 합격한 후에 도미하여 하버드대학 석사과정을 우수한 성적으로 마쳐 당시 이 나라 안 최고지식인이었던 김학렬 경제기획원장관 겸 부총리의 험구는 유명했다. 이 새끼·저 새끼에서 시작하여 촌놈들·멍텅구리·돌대가리 등의 험구가 기관총 쏘듯이 튀어나왔다. 그것이 통하던 시대였던 것이다.

강변도로 제1호(한강대교 남단 - 영등포 - 여의도 입구, 너비 20m, 길이 3,720m)는 1967년 3월 착공, 그해 9월에 완공되었다.

높이로 제방을 겸하는 도로였기 때문에 튼튼하게 축조되어야 했다. 80만 톤, 27만 대 트럭분에 해당하는 양의 성토를 했다. 120만 개, 트럭으로 15만 대분의 돌붙임을 했고 3천 포대의 시멘트가 들었다. 동원된 인원이 12만 명, 1만 3천 대의 트럭이 동원되었다. 당시로서는 엄청나게 큰 공사였다.

그런데 이 도로는 다른 도로와는 판이하게 화려한 치장을 했다. 높이 15m의 분수대에서 오색 물줄기가 솟았고, 도로 중간에 너비 2m의 녹지대가 설치되었으며, 높이 1.5m의 튼튼한 펜스가 쳐졌다. 한강물에 자동차가 빠지지 않도록 튼튼한 펜스를 친 것이다. 127개의 아름다운 가로등도 달았다. 공항에서 들어오는 외국인 손님들이 봐서 외국의 도로에 비해 결코 손색이 없게 치장을 했던 것이다.

이 도로가 준공된 것은 그해 9월 23일이었다. 처음 시작할 때는 '제1 한강교 - 영등포 간 연안도로'였던 이 도로가 준공될 때에는 '강변1로'라 는 이름으로 바뀌어 있었다. 준공을 앞두고 '한강개발 3개년계획'이라는 것이 성안 발표되었고 그 내용에 이 제방도로가 '강변1로'라고 이름 붙 여졌기 때문이다.

준공식에는 박정희 대통령이 참석했고 이 도로개통 후 첫번째로 달린 차량은 대통령 휘장을 단 박 대통령 전용차였다.

그런데 이 도로에는 또 한 가지 특색이 있었다. 그것이 유료도로였다 는 점이다. 보통의 도로는 자동차도 다니지만 일반인도 걸어다닌다. 그 런데 자동차 전용도로는 자동차만 다닐 수 있으니 일반인이 낸 세금으로 만들 수 없다. 혜택을 보는 사람이 한정되어 있기 때문이다. 당시의 서울 시민 수는 400만 명이었고 자동차는 2만 대였다. 그러니 이 도로로 혜택 을 보는 사람은 200분의 1밖에 되지 않는다. 수혜자 비용부담의 원칙에 의하여 도로를 유료로 한 것이다.

김 시장이 즐겨 쓰는 경영행정이었다. 도로공사비 3억 1,300만 원과 그 은행이자가 완전히 지불될 수 있을 때까지 10년이건 20년이건 간에 요금을 내야 했다. 당초의 요금은 승용차·지프 20원, 오토바이도 20원이 었다. 버스와 화물자동차 30원, 특수대형차량은 100원이었다. 시내전차 요금이 5원, 택시 기본요금이 50원, 커피 한 잔이 40원, 파고다 담배 한 갑이 35원 하던 때였다. 아직 경부고속도로가 착공되기 이전이었으 니 이 강변1로는 이 나라 안 유료도로 제1호였다.

한강 유료도로 제1호를 맨 먼저 달리는 박정희 당시 대통령 승용차.

여의도 건설의 결심 – 한강개발 3개년계획

여담이지만 우리나라 관료사회에는 아직 전문인 양성이라는 개념이 희박하다. 일본만 하더라도 우리나라 행정고시에 해당하는 상급직시험에 합격한 후 어느 부처에 들어가서 어느 국에 배치되면 그 국에서만 20~30년 간의 관료생활을 계속한다. 그러나 우리나라에서는 아직도 전문가 양성이라는 개념이 정립되어 있지 않다. 이 국에 있다가 저 국으로 또 다른 국으로 정처없이 돌아다니는 것이 예사이다.

그리고 이와 같은 경향은 중앙부처보다 지방관청이 더 농후하다. 특히 기술자인 경우는 전문성이 강조되어야 하는데 전혀 그러한 고려가 없는 것이다. 예컨대 토목기술직의 경우 도로·교량건설이 다르고 상수도가 다르고 치수가 다르고 도시계획이 다른데 아무런 전문성 없이 명령에 따라 계급에 따라 정처없이 떠돌아다닌다. 그 예로 김현옥 시장의 총애를 받아 1967년 6월부터 1971년 6월까지 만 4년간 서울시 건설국장의 자리에 있었으며 김 시장의 추천으로 박정희 대통령으로부터도 두터운 사랑을 받았다는 이기주의 이력서를 보기로 하자.

1942. 9	일본 와세다고등공업학교 토목과 졸업
1945. 3 ~ 53. 7	서울시 건설국 수도과 근무, 배수계장·수도계장
1953. 7 ~ 56. 3	건설국 토목과 치수계장
1956. 3 ~ 56. 12	역청공장 공장장
1956. 12 ~ 60. 7	건설국 토목과 포장계장
1960. 7 ~ 61. 4	국립토목시험소 화학과장
1961. 4 ~ 61. 9	내무부 토목국 도시과 계획계장
1961. 9 ~ 64. 3	서울시 건설국 하수과장
1964. 3 ~ 66. 1	포장과장
1966. 1 ~ 66. 7	도시계획국 계획과장
1966. 7 ~ 67. 6	건설국 토목과장
1967. 6 ~ 71. 6	건설국장
1971. 6 ~ 72. 7	수도국장

이 이력서를 보면 이기주는 바로 토목기술의 백과사전 같은 느낌을 준다. 철도와 항만을 제외한 토목 각 분야를 모두 거치고 있다. 상수도·하수도·도로·교량·포장·치수·도시계획 등의 업무를 전전하고 있다.

당시의 토목기술자들이 이렇게 전문성이 없었던 것은 기술인력이 절대적으로 부족한 데 그 원인이 있었다. 일제가 조선인 기술인력을 양성하는 데 아주 인색했기 때문에 생긴 불가피한 현상이었다. 기술인력 부족이 어느 정도 해소되기 시작한 것은 한국전쟁이 끝난 1953년 이후에 대학에 들어간 친구들이 학업과 병역을 마치고 직장에 들어가 10여 년의 수련을 겪게 되는 1970년대 후반 이후의 일이다.

김현옥·양택식으로 이어지는 1960년대 후반에서 1970년대 전반에 걸쳐 서울시 간부 중에는 수자원 전문가가 없었다. 따라서 서울시 간부 중 소양강 다목적댐이 생기면 한강의 모습이 어떻게 달라지는가를 시장에게 상세히 보고하고 그에 대처한 치수계획 같은 것을 수립할 만한 인물이 없었던 것이다.

서울시를 감독하는 건설부에는 수자원 전문가가 있었지만 그 건설부도 일본에서 요시가와(吉川秀夫)라는 교수를 초빙하여 한강수리모형시험을 처음 한 것이 1970년이었고 흑석동에 한강홍수통제소를 개설한 것이 1974년 7월 3일이었으니, 1960년대 후반 사정은 한강의 수리계산 같은 것이 거의 안 된 상태였다.

훗날 '강변1로'로 불리는 '제1한강교 - 영등포 간 연안도로'의 기공식은 1967년 3월 17일에 거행되었다. 그런데 이 기공식이 있은 2주일 후에 '1967~71년 서울시정 5개년 계획'이라는 것이 성안·발표되었다. 김현옥 시장 취임 1주년에 즈음하여 앞으로 5개년 동안에 이러이러한 것을 중점적으로 실시하겠다는 내용이었다. 당시는 아직 주로 신문이긴 했지만 각 매스컴을 통해 대대적으로 홍보했다. 그런데 이 5개년계획 내용에 여의도 건설을 주축으로 하는 한강개발계획이 들어 있지 않다.

김 시장이 여의도 건설을 주축으로 하는 '한강개발 3개년계획'이라는 것을 착상한 것은 1967년도 8월경이 되어서였다. 3월 17일에 기공한 한강 연안도로라는 것이 그 완성된 모습을 서서히 드러내고 있을 때 김 시장은 희한한 것을 발견했다. 즉 새로 생기는 강변도로와 기존의 제방 사이에 2만 4천 평이라는 '새로운 택지'가 조성되고 있었던 것이다. 제방을 종전보다 안으로 들여쌓은 결과였다. 2만 4천 평의 땅은 20동의 아파트를 지을 수 있는 넓이였다. 김 시장의 머리를 문득 스친 것이 있었다. 여의도 120만 평을 개발하면 엄청난 택지가 새로 생기고 그것을 팔면 그동안 구상했던 여러 가지 일들을 한꺼번에 할 수가 있다. 그것은 그가 즐겨 써왔던 경영행정 바로 그것이었다. 행정을 통하여 돈을 벌고 그것을 다른 용도에 재투자한다는 경영학적 행정이념이었다. 생각이 이에 이르렀을 때 김현옥은 미치기 시작했다. 평소에도 약간은 미치고 있었지만 이렇게 구체적인 목표가 생기면 그 광기는 걷잡을 수 없이 달아오른다.

"한강개발계획을 세워라. 그 내용은 첫째, 여의도에 제방을 쌓아서 가능한 한 많은 택지를 조성한다. 둘째, 여의도와 마포·영등포를 연결하는 교량을 가설한다. 셋째, 한강을 사이에 두고 남북의 제방도로를 연차적으로 축조함으로써 한강홍수를 방지할 수 있을 뿐 아니라 자동차가 고속으로 달릴 수 있도록 한다"는 것이었다. 결심이 선 김 시장의 명령은 추상 같았다.

앞서 서울시 토목기술진은 전문성이 없이 백과사전처럼 떠돌아다닌다고 기술했으나 한 사람의 예외가 있었다. 이종윤이었다.[4]

이종윤은 경성전기학교를 나온 1941년부터 대한민국 정부수립 때인 1948년까지 경기도에 근무하다가 1948년에 서울시 건설국으로 옮겨왔다. 그의 이력서를 보면 1962~64년에 서울시 포장과장을 지낸 경력이 있으나 그 전에는 토목과 치수계에서 치수업무에만 주로 종사했고 그 이유 때문에 1964년에 하수과장이 되었다. 서울시 토목기술자 중에서 가장 오랜 기간 물과 인연을 맺었음을 알 수가 있다.

이종윤은 하수과장으로 있던 1966년에 두 가지 용역사업을 벌였다. 그 하나는 (주)대한기술공단을 시켜서 만든 「서울근교 한강연안 토지이

---

4) 이종윤은 젊어서부터 머리가 벗겨져 이름으로 불리기보다는 대머리라는 애칭으로 통했다. 학력은 겨우 3년제 을종중학이었던 경성전기학교 토목과를 졸업했으며 광복 후인 1946년 11월부터 1949년 5월까지 2년 반 동안 서울대학교 공과대학 부속 고등기술원양성소를 야간으로 다닌 것뿐이었다. 나이는 이기주와 같은 1920년생이었으나 학벌의 차이 때문에 기좌(5급)가 된 것은 이기주보다 4년이 늦었다.

용계획 예비조사보고서」였고, 다른 하나는 연세대학교 산업연구소에서
한 「서울특별시 관내 하천대장 작성 및 한강 하류부 하천개수계획 기본
조사」였다. 연세대학에서 이 작업을 주관한 것은 이원환 교수였다. 당시
이 나라에 수리공학 전공교수는 한 둘밖에 없었는데 그 중의 하나가 이
원환이었다.

이원환이 주관한 이 「……한강 하류부 하천개수계획 기본조사」는 여의
도의 계획홍수위를 13m 50cm로 잡고 둘레뚝(윤중제)의 높이를 계획홍수
위보다 2m 더 높은 15m 50cm로 잡았다. 이 글을 쓰면서 현재 한국물학
회연합회 회장으로 있는 이원환에게 문의를 했더니, "여의도의 수리계산
은 내가 했소. 여의도의 계획홍수량을 1초당 3만 6천 톤으로 잡고 그
중의 10%인 3,600톤을 샛강이 담당하도록 했소"라는, 자신에 넘치는
응답이었다.

당시의 서울시 건설국 하수과장 이종윤은 별로 대단한 지식을 가진 것
도 아니었고 뛰어난 토목기술자도 아니었다. 그러나 그는 두 가지 장점을
지니고 있었다. 그 첫째는 부지런함이었고, 둘째는 윗사람의 눈치·성격을
읽는 능력이었다. 그는 김현옥 시장이 부임하자마자 이 특이한 상사의 광
적인 성격을 읽을 수 있었다. 그리고 이 시장이 무엇을 착안하면 그 즉시로
물불을 가리지 않고 실행에 옮긴다는 특성을 감지하고 있었다. 그리고 그
는 김 시장이 언젠가는 반드시 '여의도개발'을 지시할 것이라는 것을 감지
했고 그에 대한 대비책을 강구해둬야겠다고 결심했다.

그는 건설국장 이상련을 통하여 차일석 부시장에게 접근했다. 차일
석5)이 연세대학교 교수로 있다가 김현옥 시장에 의해 건설담당인 제2부

---

5) 차일석은 전남 목포 부호의 아들로 태어나 고등학교 때부터 미국에 유학 가서 뉴
   욕 주립대학에서 행정학 석사를 받고 돌아온 귀공자였다. 아무런 행정경험도 없고
   기술자도 아닌 그가 일약 서울시 부시장으로 기용된 것은 당시 그가 중앙도시계
   획위원이었다는 한 가지 점 때문이었다.

시장으로 발탁 임용된 것은 김 시장 부임 후 20여 일이 지난 4월 27일이었으며 당시 그의 나이는 36세였다.

이종윤은 차 부시장에게 여의도개발의 중요성을 설명했고 그에 관한 예비조사가 시급함을 역설했다. 이종윤을 이원환에게 소개한 것은 차일석 부시장이었다. 차일석이 연세대에 있을 때 서로 전공은 달랐지만 수리공학 전문가 이원환[6]의 존재를 알고 있었고 당연히 안면도 있었다.

여의도를 포함한 한강개수계획의 의뢰를 받은 이원환은 여의도의 수리계산을 하기에 앞서 서울근교에 수없이 많은 각 하천을 조사하여 하천대장을 만드는 작업부터 먼저 했다. 서울근교의 하천은 모두가 한강의 지류이기 때문이다. 1966년 여름부터 시작한 그의 작업은 7~8개월이 걸려 완성되었다. 당시는 아직 오늘날과 같은 컴퓨터가 개발되기 전이었다. 대학원생들을 동원한 이 작업의 용역비는 300만 원이었다고 한다. 그는 1966년에 한 이 작업에 대해서 아직도 자신 있게 설명할 수 있다고 했다.

여의도윤중제 공사의 준공식이 거행된 것은 1968년 6월 1일이었다. 서울시는 이 공사 준공에 앞서 『한강건설』이라는 작은 책자를 발간했다. '우리의 노력 속에 기적은 있다'라는 부제가 딸린 이 책의 말미에 '한강건설일지'가 실려 있는데 그 맨 첫머리에 "1967. 9. 9 김현옥 서울특별시장, 오랜 꿈이던 한강정복의 구체안 마련"이라고 씌어 있다. 9월 9일에 약 한 달쯤 앞서 "한강개발계획을 세우라"는 추상과 같은 명령이 떨

---

6) 이원환은 1929년 생이니 1966년에는 아직 37세의 소장학자였다. 그는 1957년에 서울대 대학원을 나온 후 조교로 있다가 1960년에 부산대학교 전임강사·조교수, 1963년에 연세대 조교수로 부임했다. 그의 학문생활은 하천공학으로 일관했고 단 한 번도 옆길을 걸은 일이 없다. 즉 수자원공학을 하는 다른 사람들은 항만도 하고 환경도 하고 했는데 그는 오로지 하천공학 일변도였다. 그는 그런 공로로 1987년에 서울시문화상 건설부분을 수상했고 연세대학을 정년퇴직한 현재는 한국물학회연합회 회장으로 있다.

어졌고 건설국 토목과·하수과에서 부랴부랴 한강개발 3개년계획이라는 것을 수립했던 것이다. 이종윤 하수과장의 사전준비가 적중했다.

여의도 건설을 핵으로 한 한강개발 3개년계획안이 수립되자 서울시 당무자는 넌지시 건설부 수자원국의 의향을 떠보았다. 건설부 실무자들은 반대의 입장이었다. 100년주기의 대홍수를 맞았을 때 한강물의 안전한 소통은 물론이고 여의도 둘레뚝 자체의 안전도 보장할 수 없다는 이유에서였다.

김현옥 시장의 입장에서는 건설부 실무자의 의향 같은 것은 처음부터 문제가 되지 않았다. 김 시장이 건설국장 이기주와 하수과장 이종윤을 대동하고 청와대로 간 것은 그해 9월 21일이었다.

김 시장으로부터 한강개발계획의 내용을 들은 박 대통령은 흔쾌히 승낙하고 결재했다. 박 대통령 역시 여의도를 언제까지나 저 상태로 방치해둘 수 없다는 강한 생각을 하고 있던 때였다. 그와 같은 시기적절성, 시기포착성 같은 점에 김현옥은 동물적인 감각을 지닌 인물이었다.

"여의도를 시가지로, 462억 원 투입, 한강개발 3개년계획 마련"이라는 기사가 일제히 보도된 것은 대통령에게 보고된 다음날인 9월 22일이었다. 거의 모든 일간지가 보도한 신문기사 내용은 다음과 같다.

> 22일 서울시는 한강변에 폭 20m 총연장 7만 4,345m의 강변도로를 만들고 여의도를 개발하는 한강개발 3개년계획을 발표했다.
>
> 오는 1968년에 착공, 1970년도에 완공될 이 계획의 총공사비는 462억 4천만 원이다.
>
> 서울시는 1차년도인 1968년에는 39억 5,400만 원을 투입, 폭 20m 길이 8,945m의 강변2로(여의도 입구 - 제2한강교)와 동 3로(제2한강교 - 마포 쪽 제1한강교)를 완성하고 126만 평의 여의도를 개발한다.
>
> 재원은 강변1로(제1한강교 - 영등포 입구)와 2로 조성 후 새로 생겨난 택지매각비 10억 5,700만 원, 전입금 13억 8,400만 원, 기채 14억 8,700만 원으로 충당한다.

2차년도인 1969년에는 28억 4,400만 원을 투입, 여의도개발을 끝내고 강변4로 (제1한강교 한남동 쪽 뚝섬)와 5로(뚝섬 - 광나루 쪽 워커힐)를 착공하고 1970년 도에는 4로와 5로를 완성한다.

　재원은 유료도로 수입 5,500만 원, 2로 택지매각비 13억 1,900만 원, 여의도 택지조성 매각비 14억 7천만 원으로 충당한다.

　이때 서울시가 각 신문기자에게 배포한 팜플렛이 남아 있다. 그에 의하면 한강개발의 목적은 다음과 같다.

　　　한강의 종합적인 이용계획에 의하여
　　　한강치수의 완벽을 기하고
　　　도시교통 완화에 기여하며
　　　강변도시 및 도시개발의 참신한 기틀을 촉진하기 위하여
　　　견고한 제방을 구축하며
　　　고속화 강변도로를 건설하고
　　　한강연안 및 여의도의 근대적 도시개발을 완수한다.

　김 시장이 한강개발계획에서 의도한 것은 강변에 제방도로를 구축하여 한강의 홍수피해를 막고 제방도로를 자동차 전용 고속화도로로 하여 교통완화를 기하며 여의도 및 강변연안에 근대적 고층화 도시를 건설한다는 것이었다.

3. 한강개발과 강변도로

한강개발은 민족의 예술입니다

　"천재와 미치광이는 종이 한 장의 차"라는 말이 있다. 일에 미친 시장 김현옥은 동시에 시인이기도 했다. 그는 특별한 교우관계가 없었다. 부산시장시대에 알게 된 몇몇 기업가 정도가 고작이었다.[7]

그가 재임기간에 가장 자주 만난 인물은 작가 이병주였다. 이병주는 부산에서 발간되던 ≪국제신보≫의 주필 겸 편집국장으로 있다가 5·16 군사쿠데타 직후에 쓴 사설이 문제가 되어 구속되어 신문사를 그만두고 서울로 올라와 활발한 작품활동을 전개하고 있었다. 5·16군사쿠데타와 제3공화국의 부당함을 지적한 「그해 5월」이라든가 광복 후의 사회주의 운동에 초점을 맞춘 「지리산」 같은 작품으로 반정부적인 태도를 취했고 오히려 좌경작가 같은 인상을 풍기던 이병주와 김현옥의 교분은 약간 이상하게 느껴진다. 그러나 당시 두 사람의 교분은 보통 이상이었다. 거의 하루 건너 한번 정도는 시청 앞 호텔에서 아침식사를 같이했고 김 시장이 공사현장을 시찰할 때 이병주를 대동할 때도 있었다. 이병주가 김 시장을 칭찬하는 글을 신문에 기고한 일도 있을 정도였다(「내겐 소년시절이 없었다」, ≪중앙일보≫ 1967년 3월 29일자).

나이가 비슷한 것도 아니다. 이병주는 1921년 생이니 1926년 생인 김현옥보다 5년 위였다. 이병주는 하동 출생이었고 김현옥은 진주 출생이었으니 고향이 같지도 않았다. 다만 광복 후 아주 짧은 기간 두 사람은 진주에서 같이 생활을 했다. 그런 두 사람이 왜 그렇게 친근했을까.

만남이 너무나 잦았기 때문에 김현옥이 대외적으로 발표하는 글을 이병주가 대필한다는 소문도 있었고 김현옥이 내걸었던 그 수많은 시정구호가 이병주의 작품이라는 소문도 돌았다. 그러나 그것은 소문일 뿐이었다. 김현옥의 그 숱한 글 중에서 잡문은 공보실장이었던 옥일성이가 썼

---

7) 그는 장군출신이었지만 그의 재임기간에 군인이나 군출신 인사가 시장실에 자주 출입한 일이 없었다. 말하자면 그는 그가 성장한 군인사회에서 스스로 고립된 인물이었다.

고 시와 수필 그리고 시정구호는 김 시장 스스로의 작품이었다.

이병주와 김현옥에게는 공통점이 두 가지 있었다. 그 한 가지는 두 사람이 모두 혈기가 왕성했다는 점이다. 1960년대의 후반, 이병주는 마포아파트에서 살았는데 그는 집에서 팬티 하나만 입고 생활했다. 밥을 먹을 때도 글을 쓸 때도 잠을 잘 때도 팬티 하나만 입었다. 그의 넘치는 혈기가 그 이상의 의복을 받아들이지 않았기 때문이다.

다른 한 가지는 이병주가 예술가였고 김현옥이 예술을 좋아했다는 점이다. 김현옥만큼 예술이란 낱말을 좋아한 행정가를 본 일이 없다. 1968년 3월 시정구호로 내건 '질서는 시민의 위대한 예술이다' 따위가 그 대표적인 예이다.

여의도개발 기공식은 1967년 12월 26일에 거행되었다. 그는 이 기공식을 4~5일 앞둔 12월 21일 신문기자 대담에서 한강개발을 '민족의 예술'이라고 갈파했다. 당시의 이 대화 한 토막을 원문 그대로 소개한다.

"가장 의욕을 돋우시는 한강종합개발에 대해서 (……)."
"시대적인 조국의 과업이며 누가 해도 꼭 이룩해야 할 민족의 예술입니다(「프리즘 67년-뉴스메이커와의 세모대담」, 《조선일보》 1967년 12월 22일자)."

한강개발, 여의도건설을 민족의 예술이라고 표현한 김 시장의 이러한 면이 바로 내가 김현옥을 가리켜 일에 미친 사람이었다고 평하는 한 단면인 것이다.

김현옥에게 한강개발은 바로 민족의 예술이었기에 그것을 소개하고 선전하는 말과 글도 예술이라야 했다. 여의도윤중제 준공식을 앞두고 한강개발을 널리 홍보하는 팜플렛 『한강건설』을 발간한 것은 1968년 5월이었다. 그는 이 책자의 머리에 담화문을 싣고 있다. 가장 예술적이어야 할, 가장 예술이기를 바란 그런 담화문이었다. 그리고 이 글은 영문

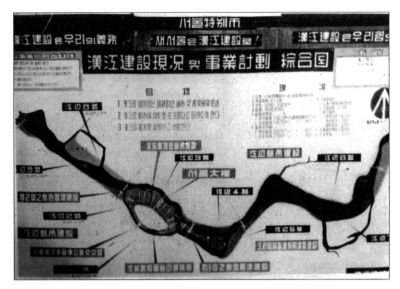

한강건설사업계획 종합도

으로도 번역되어 실려 있다. 그 앞부분을 원문 그대로 소개한다.

> 우리의 노력, 400만의 노력의 거듭 속에 기적은 있습니다.
> 첫째 한강을 건설하고,
> 둘째 건설을 통하여 유형과 무형의 수익을 기하고,
> 셋째 그 얻어진 유형(토지)과 무형(정신적 명예와 주체의식)의 위대한 재원으
> 로 재투자를 통한,
> 넷째 사회복지, 새로운 사회질서의 확립에 직결 기여케 될 위대한 한강건설의
> 문턱에 섰으며, 그 열매가 우리의 눈앞에 웅대한 판도로 선을 보이게 되었
> 습니다.
> 서울의 새로운 활로가 개척됩니다.
> 실로 서울건설, 한강건설은 숨가쁜 일이며 성스러운 일이라 자랑하지 않을 수
> 없으며, 위대한 우리의 자랑과 더불어 그 책임과 사명에 조용히 잠겨봅니다.
> 한강건설로 축대를 쌓아서 홍수에 대비하고, 도로를 만들어 교통의 소통, 동

맥의 새로운 구성 및 수익을 도모하고 버려진 하천부지를 매립하고 토지를 창조하여 시민에게 이익을 드리고 이익금으로 15만 동 판잣집을 아파트(1,000동)나 집다운 주택으로 개량하며 또한 한강의 남북측을 두 개의 하저터널, 6개의 교량의 신설로 남북 안(岸)을 육속화하고, 상하류에 대한 계속적인 건설을 1970년까지 마치려 합니다. 또한 여기에서 수익되는 재원으로 골목·하수도를 비롯, 사회복지면 등 막대한 재투자를 통한 새로운 서울 단장을 하려고도 하는 것입니다. 이제 서울의 새로운 살길인 활로는 한강건설을 통하여 열려진다고 확신하여 마지않습니다.

우리의 지혜와 노력으로 새로운 신천지가 한강에 이루어집니다.

400만 서울시민의 기운을 모읍시다.

이 글을 보면서 느끼는 것은 그것이 결코 예술이 아니라는 점이다. 우선 구닥다리 같은 형용사가 너무 많은 점이 거슬린다. 그런 쓸데없는 형용사를 모두 제거하고 읽어보면 몇 가지로 요약할 수 있다.

첫째 제방도로를 쌓아서 홍수에도 대비하고 교통의 원활을 기한다. 둘째 하천부지를 매립하여 거기서 생기는 땅을 팔아 판잣집 생활자가 살 수 있는 아파트나 주택을 짓는 데 투자하며 그 밖에도 여러 가지 사업을 벌인다. 셋째 한강 남북측에 2개의 하저터널, 6개의 교량을 가설하여 한강 남북안을 육속화한다. 넷째 그런 사업들을 1970년까지 마치겠다.

이와 같은 공약은 그의 장기인 뻥튀기였다. 1968년부터 시작하여 1970년까지 전개하겠다는 한강개발 3개년계획 내용에는 2개의 하저터널도, 6개의 교량건설도 들어가 있지 않았다. 3개년계획에는 여의도와 마포를 잇는 큰 교량 1개, 여의도와 영등포를 잇는 작은 교량 1개만이 들어 있을 뿐이었다. 2개의 하저터널이니 6개의 교량이니 하는 것은 그의 광기 어린 꿈에 불과한 것이었다.

앞에서 나는 1960년대 후반에 서울이 처해 있던 만원현상을 해결하기 위해서는 강남이 개발되어야 했고 강남이 개발되기 위해서는 그 전 단계로서 한강이 개발되어야 했다고 했다. 그러나 그것은 어디까지나 결과론이었다. 그의 담화문 어느 구석에도 한강개발이 강남개발의 전 단계라는 말이 없다. 즉 김 시장의 한강개발은 한강에 그쳤고 그것을 발판으로 강남을 개발한다는 생각에 미치지 못했던 것이다.

내가 그렇게 단정하는 데는 또 하나의 증거가 있다. 그는 그의 부임 이전에 윤치영 시장에 의해서 이미 착공되어 있던 제3한강교 가설공사를 고의로 지연시켰다. 1967~68년 서울시 예산편성 때 그는 제3한강교 건설비를 삭감하라고 지시했다. 즉 그는 제3한강교 가설이 마땅치 않았던 것이다. 1967년 예산편성 때는 시장에게 보고하고 난 뒤에 제1부시장의 지시에 의해 되살아나지만 1968년 예산편성 때는 제3한강교 건설비가 사실상 죽어버리고 말았다.

강남개발이 모습을 처음 드러내는 것은 1968년부터 시작한 경부고속도로 개통 때였다. 강남을 개발케 한 원인은 경부고속도로의 용지보상비를 지주들에게 지불하지 않기 위한 것이었다. 그러므로 강남개발도 김현옥 시장에 의해서 시작되었다. 그러나 김 시장은 재임기간 내내 이 일에는 냉담했고 끝내 미치지를 않았다. 강남개발은 그의 뒤를 이은 양택식 시정(1970. 4. 16~1974. 9. 3)의 공적으로 돌려야 했다.

강변도로 건설

한강개발 3개년계획의 중심은 여의도개발이었다. 그러므로 여기서부터의 한강개발 이야기는 당연히 여의도건설로 이어져야 한다. 그러나 여의도 건설은 그것만으로서 충분히 이야기 하나가 되고도 남을 분량이니 한강건설에서 분리하여 독립된 이야기로 다루기로 하고, 여기서부터는 다른 두 개의 주제 즉 '강변도로 축조'와 '공유수면 매립'으로 이어가기로 한다.

1967년 9월 22일에 발표된 한강개발 3개년계획에 들어 있던 강변제방도로 건설의 내용은 한강의 남안과 북안 74km에 걸쳐 제1로에서 제9로까지 9개의 제방도로를 건설한다는 것이었다. 도로의 너비는 20m(4차선)였다. 1로에서 9로까지의 구분은 다음과 같다.

1로 제1한강교 남단기점 여의도 입구까지의 3.7km(한강 남안)
2로 제1로의 끝에서 제2한강교(양화대교)까지의 3km(한강 남안)
3로 제1한강교 북단에서 제2한강교(양화대교) 북단까지의 5.9km(한강 북안)
4로 제1한강교 북단에서 뚝섬까지의 10.4km(한강 북안)
5로 뚝섬에서 광나루까지의 10.8km(한강 북안)
6로 제1한강교 남단에서 뚝섬 대안까지의 11.2km(한강 남안)
7로 뚝섬대안인 잠실에서 천호동 입구까지의 14.8km(한강 남안)
8로 제2한강교(양화대교)북단에서 난지도를 끼고 서쪽으로 5km(한강 북안)
9로 제2한강교 남단에서 김포공항까지의 9.5km(한강 남안)

1~9로의 순서는 특별한 원칙이 있었던 것이 아니고 순전히 공사추진 계획상의 순서에 불과했다. 처음 이 계획을 수립했을 때 서울시 당무자들은 이 강변제방도로의 구축으로 모두 69만 7천 평의 택지를 조성할 수 있다고 계산하고 도로가 하나씩 생길 때마다 조성된 택지를 매각한 돈으로 다음 도로를 착공할 생각이었다. 정말 순진했다고밖에 평할 수가 없다.

충분한 지형조사가 되어 있었던 것이 아니다. 하물며 소양강댐이 완성되면 강 넓이를 얼마까지 좁힐 수 있다는 수리모형시험을 한 단계도 아니었다. 조성될 택지의 넓이도 주먹구구식이었고 그 택지가 조성되자마자 바로 팔린다는 확신이 섰던 것도 아니었다. 계획을 세우라는 명령에 따라 책상 위에서 간단한 길이계산만 했을 뿐이었던 것이다.

공사 중인 강변도로.

　당초에 이 제방도로계획을 세웠을 때 계획당무자들은 이 1로에서 9로
까지를 모두 서울시 일반회계예산 또는 한강건설 특별회계예산으로 수
행하고 거기서 생기는 강변택지도 서울시에서 매각하여 서울시 수입으
로 한다는 생각이었다. 그러나 1970년대에 들면서 그 당초의 계획은 크
게 바뀌어 버렸다.

　1로는 이 계획이 수립될 당시에 이미 건설이 완료되어 있었다. 여의도
입구에서 양화대교 남단에 이르는 제2로는 1967년 12월 26일에 기공식
을 올리고 다음해인 1968년 6월 1일에 여의도윤중제가 준공될 때 같이
준공되었다. 준공되었을 때 이 길의 실제길이는 2.7km이었다. 한강대교
북단에서 원효로 4가를 거쳐 양화대교 북단에 이르는 제3로는 1968년
2월 29일에 기공식을 가졌고 1969년 12월 26일에 준공되었다. 준공되었
을 때의 실제길이는 6.1km였고 이 길만은 너비가 25m였다. 1~3로는
유료도로였다.

한강대교 북단에서 지금의 성수대교까지에 이르는 강변4로는 1970년 2월 3일에 기공식을 가졌고 그해 12월 23일에 준공식을 올렸다. 제4로가 건설되고 있을 때 김현옥 시장이 떠나고 양택식 시장이 부임했다. 그리고 이 시장의 교체와 더불어 서울시를 둘러싸고 있는 행정여건이 크게 달라지고 있었다. 즉 강남에 영동 1·2지구구획정리사업이 추진되었고 이어서 잠실 구획정리사업도 추진되었다.

강변도로를 이들 구획정리특별회계에서 나누어 추진할 수 있게 되었다. 또 그 사이사이에 공유수면 매립업자가 끼어들었다. 반포지구의 강변도로 조성은 이 지구 공유수면을 매립하고 있던 경인개발(주)에 명령되었고 압구정지구 강변도로는 이 지구를 매립하고 있던 현대건설(주)에 명령되었다. 이렇게 시행주체가 각각이 되었으니 서울시의 주관부서도 각각이 되었다. 일반회계지구는 건설국 토목과에서 주관했고 구획정리지구는 도시계획국 구획정리 1·2과에서 주관했으며 공유수면 매립지구는 건설국 하수과가 주관했다.

강변1∼9로의 순서는 처음엔 공사추진순이었으나 시행주체가 각각이 되었으니 강변도로의 착공·준공시기도 당초의 계획대로 될 수가 없었다. 5∼8로의 순서가 뒤바뀌었다.

김현옥 시장에 의해서 시작된 강변 제방도로의 구축은 양택식 시정기 (1970∼74)에 제2한강교(양화대교) - 천호대교에 이르는 남북 양안에 걸쳐 거의 마무리되었다. 처음에는 유료도로였고 1∼3로는 통행료를 징수했지만 1974년부터 유료도로는 폐지되었다. 요금을 내는 절차가 번거롭다는 이용자의 불평 때문이었다. 서울시정을 감독하고 있던 국무총리 행정조정실에서 강하게 그 폐지를 주장했고 대통령비서실에서도 폐지하라는 지시가 내렸기 때문이다.

그리고 이 제방도로는 구자춘 시정기(1974∼78년)에도 계승되어 강동구 하일동, 경기도와의 시계까지 연장되었다. 강변1∼9로까지의 이름은 공사명에 불과했기 때문에 뒤죽박죽되었고 서울시 건설담당자들도 혼동할 정도였다.

1984년 봄부터 가을까지 서울시는 가로명 제정위원회를 구성, 일주일에 한 번씩 개최된 이 위원회에서 모두 240개에 달하는 시내 전 가로명을 정비하여 그해 12월에 확정 발표했다. 이때 정해진 강변제방도로의 가로명은 다음과 같다.

강변1로: 천호대교 북단 - 구의동-잠실대교 북단(길이 2,800m 너비 20m)
강변2로: 잠실대교 북단 - 영동대교 북단 - 한남대교 북단(길이 8,200m 너비 20m)
강변3로: 한남대교 북단 - 반포대교 북단 - 한강대교 북단(길이 5,000m 너비 20m)
대건로(강변4로): 한강대교 북단 - 마포대교 북단 - 양화대교 북단(길이 6,000m 너비 20∼25m)
강변5로: 양화대교 북단 - 망원동 - 성산대교 북단 - 난지도 시계
강남1로: 강동구 하일동 - 암사동 - 천호대교 - 풍납동 - 잠실대교(길이 10,500m 너비 20m)
강남2로: 잠실대교 남단 - 청담동 - 영동대교 - 한남대교 남단(길이 8,200m 너비 20m)
강남3로: 잠실대교 남단 - 반포대교 남단 - 동작대교 남단 - 한강대교(길이 5,400m 너비 20m)
강남4로: 한강대교 남단 - 여의도 - 양화대교 남단 - 양화교(길이 7,500m 너비 20m)
강남5로: 양화교 - 염창동 - 개화동 - 행주대교 시계

한강 북안을 '강변로'로 통일하고 남안을 '강남로'로 통일한 것은 강남이 개발되기 이전의 서울시민에게 강변이라는 개념이 한강 북안뿐이지 결코 남안이 아니라는 점이 강조되었기 때문이다. 또 강변4로만은 대건로라는 이름을 병용하기로 했다. 한강대교 북단에서 양화대교에 이

르는 이 길 옆에 새남터·절두산 등 초기 천주교도 순교지가 있기 때문에 그것을 기념하여 천주교 초대사제였던 김대건의 이름을 길 이름으로 해 달라는 천주교 측의 요청이 있었기 때문이다.

한강강변도로는 1980년대에 들어 또 한 차례 크게 그 모습을 바꾸었다. 즉 1982년 9월 28일에 기공하여 1986년 9월 10일에 준공된 한강종합개발사업의 일환으로 올림픽대로가 건설되었던 것이다. 올림픽대로는 서울의 동서를 연결하는 자동차전용 고속화도로로 김포공항에서 잠실 올림픽경기장까지 무정차주행을 가능하게 하여 86아시안게임, 88올림픽에 대비함은 물론이고 서울 동서의 교통체증을 해소하는 효과를 기대했던 것이다.

이 올림픽대로가 완성되고 난 뒤인 1988년 8월 9일에 개최된 서울시 지명위원회에서 1984년부터 써오던 강변·강남대로의 가로명을 다시 개정하여 강의 북안 즉 강변도로는 1·2·3·4의 구분을 없애고 전구간을 강변대로로, 강남구간은 전구간을 올림픽대로로 그 이름을 바꾸었다.

김 시장에 의하여 1967년부터 시작된 이 강변제방도로에 관해서는 여러 가지 평가를 내릴 수 있다. 만약에 이 제방도로가 만들어지지 않았다면 자동차교통에는 막대한 지장이 초래되었을 것이다. 그러나 강변주민들에게는 종전과 같은 강변에의 접근이 봉쇄되어버림으로써 한강에의 접근성, 친수성이 박탈되어버렸다. 이와 같은 비판을 감안하여 1980년대의 제2차 한강개발에서는 여러 군데에 고수부지공원을 만들어 시민의 접근이 쉬워질 수 있도록 고려했다.

그러나 그렇다고 해서 오늘의 한강이 1천만 시민의 품으로 돌아왔다고 할 수는 없다. 많은 시민은 정연하게 옆으로 옆으로 펼쳐진 콘크리트 암벽을 대할 때 친근감을 느끼기에 앞서 위압감을 느끼게 된다. 시대의 흐름으로 치부해버리기에는 너무나 애석한 감을 금할 수가 없다. 김현옥 시장이 "한강개발은 민족의 예술입니다"라고 했지만 그것은 결과적으로 한강변이 지녔던 전원적·목가적 풍경의 말살, 예술적 정취의 말살이었던 것이다.

4. 한강제방공사로 조성된 택지지구

공유수면 매립과 택지조성

한강개발계획을 세웠을 때 서울시는 제방도로 건설로 얻어지는 택지를 매각하여 다음차례 제방도로 축조의 자금을 염출하고 남는 돈으로 주택건설 등 시민복지사업에 투자한다는 계산이었다. 강변1로의 조성으로 2만 4천 평의 택지가 조성되었고 강변2로 건설로 신길동·당산동 일대에 14만 4천 평의 택지를 조성할 수 있었다.

서울시가 제방이 없는 데는 제방을 쌓고 제방이 있는 데는 새 제방을 안으로 쌓아서 엄청난 땅장사를 하고 있다는 것을 일반기업체나 국영기업체, 종교단체·고급장성들이 가만히 보고만 있지는 않았다. 한강에 제방을 쌓는 것이 큰 이권사업으로 등장한 것이다. '공유수면 매립공사'라는 이름의 이권사업이었다.

1962년 1월 20일자 법률 제986호로 제정 공포된 공유수면매립법 제1조는 "공유수면을 매립하여 효율적으로 이용하게 함으로써 공공의 이익을 증진하고 국민경제의 발전에 기여함을 목적으로 한다"라고 규정하고 있다. 하천관리청인 서울시나 중앙정부가 제방을 쌓는 행위는 하천개수사업이고 거기서 생기는 택지를 매각하는 것은 하천개수사업의 부수효과라 할 수 있다. 그러나 공유수면 매립은 민간인이나 기업체가 하천관리청인 서울시를 거쳐 건설부장관의 면허를 받아서 하는 사업이다. 민간인이 자기의 이익이 되지도 않는 사업을 "공공의 이익을 증진하고 국민경제의 발전에 기여함을 목적으로" 제방을 쌓을 까닭이 없다. 공유수면매립법 제1조는 처음부터 '눈 가리고 아옹 하는' 식의 거짓말인 것이다.

1962년 이후 한강변에는 크고 작은 공유수면 매립공사가 진행되어왔다. 동부이촌동이 그렇고 반포 아파트단지가 그러하며 압구정동이 그렇고 잠실이 그러하다. 동작동 국립묘지 앞 원불교 중앙본부가 그렇고 합정동의 천주교 절두산교회가 그러하다. 원불교 중앙교단 옆의 아파트단지는 몇몇 고급장성 출신에 의해서 매립되었다. 압력도 있었고 정치자금의 개입도 있었으며 국가기간사업 수행을 위한 자금조달이라는 명목도 있었다. 하기야 한강의 경우는 그 모두가 한강개발사업의 일환이었으니 크게 보면 '공공의 이익'이었고 '국민경제의 발전에 기여'한 것이 되었다.

한강변에서 전개된 그 숱한 공유수면 매립공사를 일일이 소개할 수는 없다. 그 중에서 큰 것, 오늘날 한강변의 모습을 결정하고 형성하게 된 중요한 것만 골라서 그 배경과 과정을 살펴보기로 한다(잠실 제외).

동부이촌동·서빙고동지구

동부이촌동에는 얼마 전까지 미8군 골프장으로 쓰였던 지금의 용산가족공원 입구까지는 제방이 되어 있었다. 그러나 그 제방은 경원선 철도와 약 9m 거리를 두고 병행하다가 지금의 용산가족공원 앞에서 끝나 있었다. 그러므로 강변 백사장은 굉장히 넓었고 1956년 5월 정·부통령 선거 때 30만의 청중을 수용할 수 있었다. 유명한 그 백사장이 동부이촌동 백사장이었다.

건설부산하 국영기업체인 한국수자원개발공사가 설립된 것은 1967년

11월 23일이었다. 그리고 이 수자원공사에 의한 사업 제1호가 동부이촌동 공유수면 매립공사였다. 당시 이 수자원공사의 간부·직원 중에는 대한준설공사 출신이 적지 않게 섞여 있었다. 한강을 준설하여 모래·자갈 채취를 했던 전력을 가진 직원들이었으니 하천매립에는 전문가들이었다.

수자원개발공사는 그 간판을 달자마자 바로 이 지역의 공유수면 매립면허를 신청한다. 소양강댐 건설재원의 일부로 충당한다는 명목이었다. 건설부 산하의 국영기업체였으니 면허신청자와 면허권자가 동일인이나 다를 바 없었다.

매립면적은 사유지 1만 1,450평, 시유지 3만 9,200평, 공유수면(하천부지) 5만 2,300평, 계 10만 2,950평이었다. 1968년 11월 30일에 착공하여 다음해인 1969년 6월 15일에 준공했다. 290만㎥의 토사를 한강으로부터 퍼올리는 큰 공사였지만 준설전문가들에 의해서 감독되어 겨우 7개월 반 만에 이루어졌다. 준공된 면적은 당초에 면허받은 면적보다 1만 8,877여 평이 더 늘어난 12만 1,827평이었다. 도로부지·제방부지 등을 제외한 약 9만 평의 택지가 수자원공사에 귀속되었다.

이 택지가 반쯤 조성되었을 때 먼저 조성된 북쪽의 택지를 총무처 공무원연금기금에 매각했고 공무원연금기금은 주택공사에 의뢰해서 이곳에 34동 1,313가구분의 공무원아파트를 지었다. 뒤에 조성된 남쪽의 택지는 주택공사가 사서 한강맨션아파트 23동 700가구를 건립했고, 그 서쪽에 붙여 외국인아파트 18동 500가구를 지었다. 한강맨션아파트는 가구별 주거규모가 27평에서 55평까지로, 당시로 봐서는 지나치게 호화로운 것이어서 국영기업체에서 사치를 조장한다는 비난을 받았으며 1970년대 이후의 아파트 대형화를 선도한 것이었다.

수자원공사에 의해서 조성된 이 공유수면 매립지에는 1968~69년에 공무원아파트단지, 1970년에 한강맨션아파트단지, 외인아파트단지가 들어섰음에도 불구하고 아직 남은 땅이 있었다. 이 남은 땅에 많은 주택건설업자들이 몰려들었다. 서울에 아파트 붐이 불기 시작한 것이다. 1971년 이후 이 지역 동부이촌동·서빙고 등에 세워진 아파트군을 소개하면 다음과 같다.

> 1971년: 주택공사민영아파트 22동 748가구, 정안상사(주) 리버뷰맨션아파트 1동 55가구
> 1972년: 주택은행복지아파트 10동 290가구
> 1973년: 삼익주택(주) 타워맨션아파트 1동 60가구, 현대건설(주) 현대아파트 8동 507가구
> 1974년: 삼익주택(주) 렉스맨션아파트 10동 460가구, 점보맨션아파트 1동 144가구
> 1975년: 정우개발(주) 장미맨션아파트 1동 64가구, 한양주택(주) 코스모스맨션아파트 1동 30가구, 라이프주택(주) 미주맨션아파트 2동 70가구, 삼익주택(주) 왕궁맨션아파트 5동 250가구
> 1976년: 삼익주택(주) 청탑아파트 1동 40가구, 한양주택(주) 수정아파트1동 83가구
> 1977년: 삼익주택(주) 반도아파트 2동 192가구

지난날의 한강백사장이 이 나라 최대의 아파트단지로 그 모습을 바꾸었다. 지각변동이라고 표현하기에는 너무나 큰 변화였다. 지역혁명이라고 하는 것이 더 합당한 표현일 것이다.

그런데 이상한 것은 이 공유수면 매립면허에는 강변도로 조성이라는 조건이 붙어 있지 않았다는 점이다. 이곳의 강변도로는 1970년에 서울시가 일반회계예산으로 조성하고 있다.

동부이촌동 공유수면매립지구의 바로 동쪽 서빙고동에 자갈·모래 등 골재채취 전문기업체인 공영사(工營社)가 공유수면 매립면허를 받은 것은 1970년 4월이었고 1973년 6월 30일에 준공되었다. 넓이는 6만 505평이었다. 이 땅은 신동아건설(주)이 양수받아 1983년에 신동아아파트

15개 동 1,326가구를 건설했다.

압구정지구

조선왕조 제6대 왕 단종과 그를 따르는 일파를 제거하고 수양대군을 왕으로 옹립하는 일에 가장 큰 공을 세운 자가 한명회였다. 그는 세조·예종·성종의 3대 왕조에 걸쳐 제일가는 권신이었다. 그가 한강변 두모포 대안의 작은 구릉 위에 정자를 세운 것은 아마 세조 2년(1456년)경일 것이다. 그는 그 다음해 이조판서를 하면서 사신으로 명나라에 가서 당시 명나라 제일의 문인이었던 한림학사 예겸(倪謙)에게 한강 남안에 지은 정자에 이름을 붙여달라 부탁했다. 그렇게 지어진 이름이 '압구정'이다. 그때부터 한명회의 시호도 구정(鷗亭)으로 바뀌었다.

이 정자는 그후 서울 근교에서 가장 이름난 명소가 되었다. 역대로 권세 있는 재상들의 소유가 되었으며 이름난 문인들이 다투어 시를 지어 나무 액자를 만들어 정자벽에 걸었다. 『신증 동국여지승람』에 소개된 한시만도 21명의 것이 있는데 조선왕조 후기에 엮어진 『한경지략』이라는 책에는 "조정의 명사들이 다투어 시를 지었는데 수백 편에 달한다"라고 기술되어 있다.

고종 때는 금릉위 박영효의 소유였는데 1884년에 일어난 갑신정변 후에 박영효의 재산을 몰수하면서 이 정자도 철거해버렸다고 한다. 내가 서울시에 근무했던 1970년대 초만 하더라도 이 정자터가 잡목 우거진 작은 언덕 위에 남아 있었다. 이 정자로 해서 이 일대가 압구정리로 불려진 것은 조선시대 중기부터였고 오늘날에 이르기까지 이어지고 있다.

이 압구정동과 성동구 옥수동 사이에 저자도(楮子島)라는 이름의 작은 섬이 있었다. 한강과 중랑천이 합류하는 곳에 생긴 삼각주였다. 정확한 위치는 지금의 성수대교와 동호대교 사이였다. 1910년대에 찍은 것으로 추측되는 사진을 보면 이 저자도는 수목이 울창하고 별장으로 보이는 집도 있었다.

『신증 동국여지승람』에 의하면 이 섬에 최초로 별장을 지은 사람은 고려 후기의 정승이었던 한종유였다. 조선왕조에 들어서 세종은 그의 둘째 딸 정의공주에게 이 섬을 하사하여 부마(사위)인 안맹담과 함께 이곳의 풍물을 즐기게 했다. 아마 이 섬은 그 후에도 공주와 부마에게 하사된 듯하며 고종 때는 철종의 사위인 금릉위 박영효에게 하사되어 일제시대 이 섬의 소유자는 박영효와 그의 후손들 소유였다고 한다.

이 섬을 둘러싼 일대의 경치는 매우 아름다워 그 절경을 노래한 한시는 『신증 동국여지승람』에 한종유·정인지·서거정 등의 것이 소개되어 있고 『한경지략』에는 심수경의 것이 소개되어 있다.

이 저자도의 윗부분 등성이가 유실된 것은 1925년의 을축년 대홍수 때였으니 을축년 홍수는 가히 천년에 한 번 있을까말까 한 대홍수였음을 짐작할 수가 있다. 1941년에 발간된 『경성부사』 제3권에는 "현재 이 섬의 총면적은 36만 평이며 그 중 민간소유지인 옥수정 86·87·88번지 넓이 8만 6천 평은 약간 잡초가 나 있을 정도이고 그 밖의 땅은 모두 평탄한 모랫벌이 되어 평활무모(平濶無毛)의 땅으로 화하였다"라고 기술되어 있다. 이 시점에서 이미 이 섬은 여름철 홍수 때면 섬 전체가 물에 잠기는 상태의, 이름만의 섬이었던 것이다.

대한민국 정부에 의해 최초의 하천법이 공포된 것은 1961년 12월 30일자 법률 제892호였으며, 동법 시행령은 1963년 2월 6일자 각령 제1753호로 공포되었다. 그리고 1964년 6월 1일자 건설부고시 제897호는 "하수(河水)가 계속하여 흐르고 있는 토지, 매년 1～2회 이상 상당한 유속으로 (강물이) 흐른 형적을 나타낸 토지"를 하천으로 정의한다고 규정한다. 이 시점에서 민간인이 가지고 있던 저자도에 관한 소유권은 말살되었다고 봐야 한다. 당시의 저자도는 매년 1~2회 이상씩 강물에 완전히 침수되어버리고 있었기 때문이다.

현대건설이 이 저자도의 모래를 퍼올려 압구정동지구의 공유수면 매립공사를 추진한다는 소문이 난 것은 이미 1965년경의 일이었다. 앞의 글에서 박흥식이 "강남의 일부를 개발하여 택지로 조성할 생각을 가진 업자가 있으니 서울시는 절대로 그런 허가를 내주어서는 안 된다"고 진정한 것이 바로 현대건설(주)의 그와 같은 의도를 사전에 봉쇄하겠다는 의사표시였던 것이다.

현대건설(주)이 압구정지역의 공유수면 매립면허를 신청한 것은 1968년 하반기였고 면허가 난 것은 1969년 2월 17일이었다. 1969년이면 서울시가 한강개발사업을 착수한 지 1년이 되는 시기였고 현대건설(주)이 이 면허를 따지 않았으면 1971년이나 1972년경에 서울시가 직접 이 지역의 공사를 했을 것이다.

현대건설(주)은 제방을 축조하기에 앞서 우선 저자도의 모래를 싣고 와서 강변에 쌓는 작업을 시작했다. 모래를 쌓아두었다가 일시에 제방을 쌓겠다는 생각이었다. 1970년 2월 1일에 현장을 조사한 서울시 하수과장은 이때 강변에 쌓아둔 토사의 양이 80만㎢ 분량이라는 보고서를 제출하고 있다. 제방공사가 시작된 것은 1970년 4월 8일이었다. 그런데 공사가 착공된 지 두 달도 채 안 되어서 제방의 모양은 거의 이룩되었다. 돌붙임공사만 남겨둔 상태였다.

이때 현장을 답사한 서울시 관계관이 발견한 것은 건설부가 면허를 내린 면적보다 실제로 매립한 면적이 훨씬 더 넓다는 사실이었다. 현대건설에 면허된 매립면적은 5만 2,940평이었다. 그런데 서울시 관계관이 측량하여 밝혀진 넓이는 면허된 넓이보다 1만 1,259평이 더 초과되어 있었다. 즉각 공사중지명령이 내려졌다. 공사가 중지된 채 "원상복구하라" "기왕에 쌓아진 것이니 봐달라" "안 된다. 원상복구해서 면허받은 면적을 지켜라" 건설부와 현대건설의 끈질긴 공방은 1년 이상 계속되었다. 일이 이렇게 되면 과장·국장 선에서의 문제가 아니었다. 건설부 장관과 현대건설 사장과의 흥정이었고 당연히 청와대도 개입이 되었을 것이다.

김의원이 쓴 『실록 건설부』에 의하면 건설부는 이때 일본으로부터 수리모형시험의 세계적인 권위자로 알려진 요시가와(吉川秀夫) 교수를 초빙해서 최초로 한강수리모형시험을 실시했고 그 결과에 따라 기왕에 쌓은 제방의 위치를 62m 후퇴시켰다고 한다. "한강의 홍수에 대비하기 위해서는 절대로 원상회복을 시켜야 한다"는 건설부의 주장이 관철되었던 것이다. 현대건설은 이미 쌓아두었던 제방의 토사를 다른 곳으로 옮기는 수모를 감수해야 했다. 이 공사가 준공된 것은 1972년 12월 말이었다. 총매립면적은 4만 8,072평이었고 그 중 도로용지 6,657평과 제방용지 1,412평은 국가소유로 귀속되었고 현대건설이 차지한 것은 4만 3평뿐이었다.

이 문제에 관하여 건설부가 왜 이렇게 완강한 태도로 일관했는지 그 이유는 알 길이 없다. 당초에 면허된 면적보다 더 많이 매립한 사례가 전혀 없었던 것이 아니다. 수자원개발공사가 동부이촌동을 매립했을 때 1만 8천 평을 더 쌓았던 적이 있었다. 그런데 그때는 별로 문제가 없이 준공이 되었다. 건설부가 진실로 한강홍수를 걱정했다면 이 매립면허를 전후해서 반포지구·구의지구·잠실지구에 연거푸 공유수면 매립면허를 내린 것을 납득할 수가 없다. 내가 추측할 수 있는 것은 당시 경인·경부 고속도로 건설에서의 현대건설 정주영 사장의 독주, 박정희 대통령이 주원 건설부장관의 의견보다 현대건설 정주영 사장의 의견을 더 중시했다는 데 대한 반감 등이 작용하지 않았나 하는 것인데 그것은 어디까지나 나의 추측에 불과하다.

현대건설(주)이 이 매립면허를 신청할 당초에는 "건설공사용 각종 콘크리트 제품공장 건설을 위한 대지조성 및 강변도로 설치에 일익을 담당"하는 것으로 되어 있었다. 그러나 그 매립목적은 실시계획 인가과정에서 택지조성으로 변경되었다. 현대건설이 이 지구에 현대아파트 23동 1,562가구를 건설한 것은 1975년에서 1977년에 걸쳐서였다.

가구당 면적이 넓고 호화로워서 온 세인을 놀라게 한 이 아파트단지는 그후 동서로 더 확장되어 모두 76개 동 5,909가구의 현대아파트단지로 발전했다. 이 거대한 아파트단지는 현대백화점·현대고등학교와 더불어 '압구정동'이라는 마을이름을 이 나라 안의 부력·권력자의 집합지 및 사치와 유행의 발상지를 상징하는 대명사가 되었다.

이 공유수면 매립공사는 '이 나라 안 최대의 민사소송사건'이란 후유증도 낳았다.

저자도가 현대적 등기부에 최초로 등재되었을 때 이 섬의 소유자는 친일귀족인 후작 박영효였다. 갑신정변 때 정부에 몰수되었던 것을 일제 때 다시 박영효에게 돌려주었던 것이다. 그후 어떤 경로를 거쳤는지는 알 수 없으나 이 섬이 압구정동 매립공사에 의해 수몰될 당시의 등기권리자는 김종호였다. 1973년에 김종호가 사망하자 그의 어머니인 전경순이 단독 상속인이 되었으며 전경순은 1976년 1월 12일에 '매립공사로 인한 손해배상 채권 및 부당이득 반환채권'을 이순화와 진태인에게 양도했다. 그로부터 이 소송의 원고는 이순화이고 진태인은 당사자 참가인으로 소송에 참가했다.

이 소송이 제기된 것은 1974년이었다. 이순화가 청구한 금액은 11억 3,200여만 원이었고 진태인은 1억 9,700여만 원을 청구했다. 이·진 두 원고의 소송대리인(변호사)은 6명이나 되었고 피고 현대건설(주)의 소송 대리인은 3명이었다. 이 소송의 쟁점은 저자도의 흙을 파내어갈 당시 이 저자도가 개인소유권의 대상인 섬이었던가, 국유하천의 일부에 지나지 않았던가라는 점이었다. 즉 "하수(河水)가 계속하여 흐르고 있는 토지 (……) 매년 1·2회 이상 상당한 유속으로 (강물이) 흐른 형적을 나타낸 토지"였던가 아닌가였다.

1976년 10월 28일에 있었던 서울지방법원 제14부의 제1심 판결은 원고의 승소였다. 그후 1984년 3월 22일에 서울고등법원 민사 제7부에 의한 최종판결이 내려질 때까지 장장 10년간에 걸쳐 이 송사는 계속되었다. 대법원을 두 번이나 왔다갔다한 이 소송은 인지대만 1억 원을 넘었고 원고승소, 피고승소를 되풀이했다. 제1심 감정인 이동구의 위증죄 성립 등 부산물도 낳았다. 1984년 3월 22일의 최종판결은 이 저자도 바로 상류에 있는 뚝섬수위표 지점에서 실시한 17년간(1945~64년의 20년간 중 6·25 때 3년간 결측)의 수위측정 기록이 증거로 채택되었다.

즉 17년간의 수위측정 결과 뚝섬 옆 한강에는 해발 10.51m보다 높은 수위의 물이 매년 1회씩, 해발 9.77m보다 높은 수위의 물이 매년 2회씩, 그리고 해발 9.2m보다 높은 수위의 물이 (17년간) 65회 이상 흐르고 있었다는 사실에서 현대건설(주)이 토사를 채취할 당시 가장 낮은 지점이 해발표고 4.1m터, 가장 높은 지점이 해발표고 7.94m였던 대상토지(저자도)는 이미 개인의 소유물이 아니었고 국유하천의 일부로 봐야 한다는 판결이었다. 종로구 당주동에 주소지를 둔 이순화, 서대문구 연희동에 주소지를 둔 진태인이 각각 어떤 인물이었는지를 알 수가 없다. 그러나 천하의 현대건설과 싸우기에는 역부족이었음을 실감케 하는 재판이었다.

반포지구

지금의 동작대교 남단, 지하철 4호선 동작역의 동쪽일대에도 한강제방이 없었다. 1936년에 발간된 「대경성정도」(6천분의 1 지도)에 의하면 동부이촌동 앞 한강백사장이 이 지역까지 연결되어 크게 반원형의 모래사장을 형성하고 있음을 알 수가 있다.

삼부토건(주) 대표 조정구, 현대건설(주) 대표 정주영, 대림산업(주) 대표 이재준 등 3인의 명의로 이곳 18만 9,997평의 공유수면 매립면허신청이 서울시에 접수된 것은 1970년 1월 7일이었다. 그리고 서울시를 경유한 이곳의 매립면허가 건설부로부터 내린 것은 1970년 2월 19일이었고 실시계획인가는 그해 7월 16일에 내렸다.

1960년대에서 70년대의 전반에 걸쳐 아직 우리나라 기업이 다양하게 발전하고 있지 않았던 시기, 청와대 및 집권당인 공화당에 대한 정치자금 제공의 단골손님은 큰 건설업자들이었다. 정부와 국영기업체, 정부투자기관의 공사를 주로 맡아 하는 것이 건설회사였으니 정치권력과의 유착은 그들의 숙명이요 생존수단이었다. 현대건설·대림건설·삼부토건은 당시 이 나라 최대의 건설업자들이었다.

이 3대 건설회사는 이 지구 매립면허를 받은 즉시 '경인개발(주)'이라는 회사를 설립하여 이 매립공사를 전담시킨다. 경인개발(주)은 3개 회사가 3분의 1씩 출자한 형식을 취했으나 사실상은 공사구간을 3등분하여 각각의 건설회사에서 나누어 시공하는 형식이었고 경인개발(주)이라는 회사는 창구일원화를 위한 임시적인 법인체에 불과했다.

이 공사는 1970년 7월 25일에 착공되어 2년 후인 1972년 7월 24일에 준공되었다. 총매립면적 18만 9,356평 중 16만 241평이 매립자에게 귀속되었고 제방 및 도로용지 2만 9,115평이 국유화되었다. 그리고 16만 평이 넘는 이 광활한 택지는 1973년에 주택공사에 일괄 매각되었고 주택공사는 1974년부터 이곳에 5·6층짜리 아파트 99동 3,650가구를 지어 일반에게 분양 또는 임대했다.

생각해보면 공유수면 매립공사라는 것은 정말 땅 짚고 헤엄치는 장사라 아니할 수 없다. 국유하천을 막아 제방을 쌓고 택지를 조성한다. 그것도 건설업 비수기인 겨울철, 12월부터 4월까지는 놀고 있을 중장비와 노동력을 이용하여 우선 첫해에는 제방만 쌓아놓고 쉬었다가 다음해 건설 비수기에 모래를 갖다 퍼부어 택지를 조성한다. 이렇게 조성된 땅은 국영기업체나 정부투자기관에서 일괄 매수해간다. 이 나라 굴지의 건설회사들은 이런 장사를 되풀이 해가면서 제3·4·5·6으로 정권이 바뀔 때마다 몇십억·몇백억 원의 정치자금을 뿌리면서 비대해졌고, 그룹이 되고 재벌이 되고 마침내 국가경제 전반을 좌지우지하게 되었으며 법원에서 유죄판결이 나도 구속도 되지 않고 자유롭게 외국을 돌아다닌다. 그들은 과연 어떤 사주팔자를 타고났을까.

구의지구와 서울시 택지

뚝섬에서 광나루까지는 1960년대 말까지 제방이 없었다. 그러므로 홍수 때가 되면 광나루길까지 즉 오늘날의 지하철 2호선 구의역 남쪽에서 광나루까지가 온통 물바다를 이루었다. 광나루길이 제방이었던 셈이다. 광나루길은 건국대학교와 어린이대공원 사이의 경계를 이루면서 광나루까지 가는 길을 말한다.

잠실대교 북단을 중심으로 하는 양쪽 일대의 땅은 '화양추가지구'라는 이름으로 1971년에서 73년까지에 걸쳐 서울시에서 구획정리를 했다. 뚝섬(영동대교 북단)에서 잠실대교 약간 위까지의 강변도로는 이 구획정리

강변역 앞 현대아파트

사업의 일환으로 서울시 구획정리1과에서 조성을 했다. 이 화양추가지
구가 끝나는 곳, 지금의 지하철 2호선 강변역 일대의 땅, 알기 쉽게 이야
기하면 지금 동서울종합터미널이 있고 그 동쪽으로 가서 광장 현대아파
트가 있는 일대까지의 지역이 구의동 공유수면매립지구이다.

건설부 산하 수자원개발공사가 오늘날의 강변역을 중심으로 한 일대,
제방길이 1,746m, 총매립면적 16만 8,860평에 대한 공유수면 매립면허
신청을 서울시에 제출한 것은 1968년 4월 25일이었고 그해 12월 12일
에 매립면허가 내려졌다. 그러나 이 공유수면 매립공사는 1970년 여름
이 되어도 착수되지 않았다. 서울시가 공유수면 매립방식으로 잠실개발
을 추진할 계획으로 있었으므로 수자원개발공사에 의한 구의지구 토사
채취를 불허한 때문이었다.

뒤에서 잠실개발을 설명할 때 상세히 설명되겠지만 서울시가 잠실지

구 약 75만 평을 공유수면 매립에 의해 시가지화하겠다는 계획을 세운 것은 1968년부터의 일이고 1969년 1월 21일자로 건설부에 공유수면 매립면허신청을 제출하고 있다. 서울시가 잠실지구를 매립하려면 엄청나게 많은 자갈·모래가 필요해진다. 그 토량의 확보를 위해 잠실대안인 구의지구 매립공사는 추진할 수 없다는 것이 서울시의 입장이었다. 수자원개발공사가 건설부 산하기관이기는 했으나 하천관리의 책임관청이 서울시였으니 서울시의 강한 요청을 꺾을 방법이 없었다.

서울시가 수자원개발공사에 대해 "구의지구 토사채취를 중지하라"는 공문을 낸 것은 1971년 3월 6일이었다. 수자원공사에 의한 이 지구 공유수면 매립면허가 효력을 상실한 것은 그해 11월 13일이었다. 공유수면 매립법 제25조 1항 2호 "기간 내에 매립에 관한 공사를 착수하지 아니한" 때문이었다. 그후 매립면허 효력회복, 착수기간 연기, 면허 효력상실, 면허 효력회복을 되풀이하다가 마침내 면허가 취소되었다. 1973년 10월 4일이었다. 그동안 이 문제를 둘러싸고 수자원공사-건설부와 서울시 간에 여러 가지 흥정이 오갔지만 1973년 봄부터는 수자원공사 스스로가 공사를 포기하겠다는 의사를 명백히 하고 있었다. 이 시점에는 사실상 한강에 구의지구를 매립할 토사가 거의 남아 있지 않았다. 잠실개발주식회사에 의한 잠실지구 매립공사 때문에 한강의 모래·자갈이 거의 바닥이 나 있었던 것이다.

그러나 서울시의 입장에서는 이 지구 매립공사를 그대로 방치할 수 없었다. 한강개발사업의 일환으로 광나루까지의 강변도로를 완성해야 했기 때문이다. 서울시는 1973년부터 일반회계예산으로 우선 강바닥에 남은 모든 자갈·모래를 긁어모아 제방부터 쌓고 강변도로 1,750m를 완성했다. 이 제방고속화도로가 준공된 것은 수자원개발공사 매립면허가 정식으로 취소되기보다 5개월이나 앞선 1973년 5월이었다.

제방도로는 완성되었으나 택지가 조성된 것은 아니었다. 한강의 자갈 모래가 없어졌으니 택지조성을 할 수가 없었다. 궁리 끝에 서울시가 생각한 것은 쓰레기를 가져다 메우는 일이었다. 시내 전역에서 배출되는 쓰레기가 모두 이곳에 모아졌다. 다행히 당시의 쓰레기는 연탄재가 대종을 이루고 있을 때였으니 하루가 다르게 메워져갔다. 그러나 쓰레기만으로 택지가 될 수는 없었다. 마침 그때 지하철 1호선 공사가 한창 진행되고 있었다. 지하철공사장에서 나온 흙이 이 쓰레기더미를 덮었다. 1974년 8월 15일에 지하철 1호선이 완전 개통되었을 때 이 구의지구 택지조성사업도 거의 완료되었다.

나는 1973~75년에 서울시 도시계획국장의 자리에 있으면서 여러 차례 이 지구 매립현장을 답사했다. 산더미같이 쌓이는 쓰레기의 양도 볼 수 있었고 하루에 수백 대씩의 흙이 쓰레기더미를 덮어가는 것도 볼 수 있었다. 한마디로 장관이었다.

하천제방도 서울시가 쌓고 택지도 서울시에서 조성했으니 국유지로 있던 폐천부지는 당연히 서울시에 귀속되었다. 1978년 5월부터 1983년 5월에 걸쳐 모두 13만 7,800평의 국유지가 서울시에 양도되었다. 그러나 쓰레기로 매립된 지역이었으니 당장 건축행위를 할 수는 없었다. 쓰레기의 부식에서 발생되는 메탄가스로 화재가 날 수도 있고 특히 아파트를 지으려면 어느 정도 지반이 다져지는 시간이 필요했기 때문이다.

지하철 2호선 강변역이 생기고 이곳에 지하철이 개통된 것은 1980년 10월 31일이었다. 그런데 이 강변역은 그후 6년간 거의 한 사람도 타고 내리는 승객이 없는 '무인 정거장'일 수밖에 없었다. 이 지역에 아파트가 건설되기 시작한 것은 매립이 끝난 지 12년이 지난 1986년부터였다.

시민의 목소리로 탄생한 경희궁공원

여기서 별로 유쾌하지 않은 이야기를 한 토막 하고 끝을 맺어야겠다. 서울시 종로구 신문로2가에 지난날 경희궁이 들어서 있던 약 3만 평의 땅이 있다. 현재 서울시립박물관이 들어서 있고 앞으로 몇 개의 궁전은 복원될 것이다. 현재 이곳의 정식명칭은 '경희궁공원'이다.

1910년에 일제가 이 땅을 완전 강점할 당시만 하더라도 이곳에는 정문인 흥화문을 비롯하여 7·8개의 궁전이 남아 있었다. 한반도를 강점한 일제는 이 궁전건물들을 하나씩 철거 이전하면서 이곳에 일본인 자제가 다니는 경성중학교를 건립했다. 1910년의 일이었다. 광복이 되고난 뒤에는 서울중·고등학교가 되어 많은 영재를 배출했으며 1980년 초까지 서울고등학교로 존립했다.

도심부에 있는 중·고등학교 교외이전은 1970년대 초부터 일어났고 서울고등학교도 어차피 교외로 나가게 되었다. 1977년에 서울시 교육위원회가 이곳 경희궁터 서울고등학교 땅을 매각하고 서초구로 이전할 계획을 세웠을 때 서울시도 별로 관심이 없었고 일반 민간기업체도 선뜻 그 땅을 사겠다고 나서지 않았다. 땅값이 100억 원이 넘어 당시로 봐서는 엄청난 거액이었기 때문이었다.

중앙정부와 서울시가 현대건설(주)에 이 땅을 사라고 권유했다. 현대건설(주)은 "별 생각이 없는데 정부가 권유하니까 인수하겠다"는 태도로 이 땅을 샀다. 서울시 교육위원회와 현대건설(주) 간에 정식 매매계약이 성립된 것은 1978년 5월 10일이었고 2만 9,841평의 땅값은 110억 4,600만 원이었다. 매매계약이 성립될 당시의 서울시장은 구자춘이었고 그는 서울시 교육위원회의 당연직 의장도 겸하고 있었다. 다시 말하면 이 땅을 이렇게 팔아버린다는 것을 결정하는 회의의 사회를 맡고 있었던 것이다.

서울고등학교가 서초구에 새 교사를 짓고 이전해간 것은 1980년 신학기부터였고 구 교사자리는 '인력개발원'이라는 간판을 달고 현대그룹 사원연수원으로 활용되었다. 이때 이미 현대그룹은 이곳에 28층짜리 대형건물을 지어 그룹본사의 사옥 겸 외국 바이어 전용호텔로 사용할 계획을 세우고 있었고 그 구상은 ≪매일경제신문≫ 1977년 7월 15일자 신문지상에 발표되기도 했다.

이곳에 20층이 넘는 대규모의 현대사옥이 들어선다는 것을 일반시민이 알게 되자 여론이 들끓기 시작했다. 우선 문화재 관련인사들이 들고 일어났다. "안 된다. 그 자리에 경희궁을 복원해야 한다"는 의견이었다. 일반시민은 "그 노른자위 땅에 현대사옥이 들어서서는 안 된다. 서울시가 인수하여 공원으로 해야 한다"고 외치기 시작했다. 신문이 사설을 썼고 TV가 보도했다. 반대여론은 점점 더 번져나갔다. 마치 요원의 불길이 번져가는 것 같았다. 서너 사람이 모인 자리에서는 으레 화제가 되었고 한결같이 '시민을 위한 공원화'를 주장했다.

신문로 서울고등학교 자리가 이렇게 큰 화제가 되고 반대여론의 초점이 된 데는 다분히 시민감정이 섞여 있었다. 첫째는 일을 그렇게 처리한 서울시 처사에 대한 감정이었다. 둘째는 20~30년도 안 되는 단시일에 국내 제일의 대재벌로 성장한 현대그룹의 경제력에 대한 질투심이었다. 그러나 그보다 더한 것이 있었다. 제5공화국 전두환 정권에 대한 감정이었다.

1980~84년의 한국사회는 바로 정치의 암흑시대였다. 1979년의 10·26과 12·12, 1980년의 5·18광주항쟁 등을 통해 막강한 독재권력을 구축한 전두환 정권은 철저한 언론탄압·야당탄압을 자행했다. 1980년대 전반, 야당지도자 중 한 사람인 김영삼은 상도동 자택에 감금되어 외부

와의 접촉이 단절되어 있었다. 또 한 사람의 지도자인 김대중은 1980년
에 내란을 음모했다는 죄명으로 군사재판에서 사형이 언도된 뒤 1982년
에 형 집행정지를 받고 미국으로 추방되어간 후, 일체의 동정이 일반국
민에게 알려지지 않고 있었다.

국민 모두가 매우 답답한 심정이었다. 그러나 정치이야기를 하다가는
어느 귀신이 잡아갈지 모를 그러한 시대였다. 마음이 이렇게 답답했을
때 서울고등학교 부지문제가 터졌던 것이다. 시민들은 그동안 울적하고
답답했던 심기를 이 문제를 향해서 쏟아부었다. 정치이야기는 못하지만
"현대로부터 빼앗아 공원으로 하라"는 소리는 아무리 크게 외쳐도 잡아
가지 않았다.

이렇게 여론이 비등하자 현대에서는 사옥건설계획을 보류하고 사태
의 추이를 바라볼 수밖에 없게 되었다. 궁지에 몰린 것은 서울시 당국이
었다. 이 무렵 이 땅을 노리는 측은 그 밖에도 있었다. 과천에 있는 국립
현대미술관의 입지가 부당하니 서울고등학교 터로 옮겨와야 한다는 주
장이 미술계에서 일어나고 있었다. 또 문화공보부는 '예술의 전당'을 이
곳에 지었으면 하는 생각을 하고 여기저기 타진하고 있었다. 경찰측에서
는 경찰청 청사를 이곳에 지었으면 하는 간절한 생각을 하고 있었다.

이 땅은 그만큼 금싸라기 땅이었던 것이다. 그러나 어떤 기관도 강력
하게 추진할 자신이 없었다. 시민여론이 어떻게 움직일지 전망이 서지
않았던 것이 그 첫째 이유였고, 이 땅의 감정가격이 과연 얼마나 나오고
현대측에서 어떤 조건을 제시해올지에 대한 전망 또한 서지 않았던 것이
그 둘째 이유였다. 그러면서 세월은 흘러 1985년이 되었다. 제12대 국회
의원 총선거를 2월 12일에 실시한다는 발표가 있은 것은 1985년 1월
14일이었다. 그리고 그날, 서울특별시장 염보현을 비롯한 서울시 간부일
행이 청와대로 가서 1985년도 중요 업무계획을 전두환 대통령에게 보고

하는 자리에서 다가오는 선거에 대비한 민심수습책이 논의되었고 그 방안의 하나로 경희궁터 공원화계획이 거론되었다.

염보현 서울시장이 기자회견을 열어 "서울고등학교자리를 공원화하겠다. 세부계획을 서둘러 마련하여 4월 말까지 발표하겠다"고 언명한 것은 청와대 연두보고 후 3일이 지난 1월 17일이었다. 2월 12일에 치른 국회의원 총선거에서 김영삼·김대중이 배후 조종한 신생야당 신민주당은 일거에 50명의 국회의원을 당선시켰다. 막강한 제일야당의 등장이었다.

서울고등학교 자리를 되팔아달라는 서울시의 요구는 저자세가 될 수밖에 없었다. 반대로 현대건설은 고자세일 수 있었다. 현대측이 요구한 것이 구의지구에 서울시가 갖고 있는 택지였다. 서울고등학교 자리 2만 9,841평과 구의지구 택지를 감정가격으로 맞바꾸자(등가교환)는 것이 현대측 요구였다. 서울시가 이에 응하지 않을 수 없었다. 경희궁터의 감정가격은 498억 8,700만 원이었다. 강변역 주변 5만 621평의 땅이 현대측에 양도되었다. 이 등가교환이 이루어진 날짜를 조사해봤더니 1986년 2월 24일이었다. 같은 값으로 맞바꾸었으니 현대측은 양도소득세를 낼 필요도 없었고 취득세를 낼 필요도 없었다.

서울시와 서울시교육위원회가 별도의 살림살이 같지만 그 근본은 같다. 서울시교육위원회 재정의 상당부분이 서울시 일반회계로부터의 전입금이기 때문이다. 말하자면 서울시는 110억 원에 판 땅을 7년후에 500억 원을 주고 되사야 한 것이다.

현대건설은 바로 지하철역 옆에 위치한 5만 평의 땅에 아파트를 지어 분양했다. 지하철 2호선 강변역에서 도보로 10분 이내, 앞에는 한강이 흐르고 뒤에는 아차산을 등져 경치가 매우 좋은 아파트는 불티나게 분양되었고 현대의 경제력은 한층 더 커질 수가 있었다.

오늘날 많은 시민은 지하철 강변역이나 동서울종합터미널역에서 그 주변일대에 들어선 수많은 현대아파트를 볼 수가 있다. 누가 잘했다 잘못했다를 따지려는 것이 아니다. 그러한 일이 저질러진 시대를 살아와야 했던 나 스스로가 불쌍한 것 같은 느낌이 든다는 것이다.

(1996. 8. 30. 탈고)

참고문헌

건설부. 1967, 『水資源開發 및 利用計劃』, 건설부.

_____. 1980, 『水資源長期綜合開發計劃』, 건설부.

_____. 1987, 『國土建設二十五年史』, 건설부.

京城電氣(株). 1958, 『京城電氣60年沿革史』, 京城電氣(株).

「公有水面埋立工事臺帳」, 서울특별시 하수과.

「국회건설위원회 회의록」, 1966~68.

김병익. 1991, 『열림과 일굼』, 文學과知性社.

김의원. 1996, 『實錄建設部』, 景仁文化社.

서울시시사편찬위원회. 1985, 『漢江史』, 서울시시사편찬위원회.

_____. 1996, 『서울 600年史 제6권』, 서울시시사편찬위원회.

서울특별시. 1966, 「서울근교 한강연안 토지이용계획예비조사 보고서」, 서울특별시.

_____. 1968, 『漢江建設』, 서울특별시.

_____. 1987, 『서울특별시 조직변천사』, 서울특별시.

_____. 1996, 「서울특별시 관내 하천대장작성 및 한강하류부 한천개수 기본 보고서」, 서울특별시.

이기수. 1968, 『首都行政의 發展論的考察』, 법문사.

李元煥. 1995, 『河川計劃管理論』, 東明社.

이종범. 1994, 『전환시대의 행정가』, 나남출판.

日本中央日韓協會. 1981, 『朝鮮電氣事業史』, 日本中央日韓協會.

「楮子島訴訟 제1심 판결문」(1976. 10. 28).

「同 上 최종심 판결문」(1984. 3. 22).

中央選擧管理委員會. 1968, 『大韓民國選擧史』, 中央選擧管理委員會.

韓國電力(株). 1982, 『韓國電力20年史』, 韓國電力(株).

서울시 팸플릿, 당시의 관보·신문, 각종 연표, 시정개요, 서울시 연도별 예산서,
　　　서울시교육위원회 연도별 예산서.

■지은이

손정목

1928년 경북 경주에서 태어나 경주중학(구제), 대구대학(현 영남대학교) 법과 전문부(구제)를 졸업하였다. 고려대학교 법정대학 법학과에 편입하자마자 6·25 전쟁이 발발하여 학업을 포기하고 서울을 탈출, 49일 만에 경주에 도착하였다. 1951년 제2회 고등고시 행정과에 합격하여 공직 생활을 시작하고 1957년 예천군에 최연소 군수로 취임하였다. 1966년 잡지 ≪도시문제≫ 창간에 관여, 1988년까지 23년간 편집위원을 맡았다. 1970년부터 1977년까지 서울특별시 기획관리관, 도시계획국장, 내무국장 등을 역임하였다. 1977년 서울시립대학(당시 서울산업대학) 부교수로 와서 교수·학부장·대학원장 등을 거쳐 1994년 정년퇴임하였다. 중앙도시계획위원회 위원, 서울시 시사편찬위원회위원장 등을 역임하였다. 한국의 도시계획 분야에 큰 발자취를 남기고 2016년 5월 9일 향년 87세를 일기로 타계하였다.

저서
『조선시대 도시사회연구』(1977),
『한국개항기 도시사회경제사연구』(1982),
『한국개항기 도시변화과정연구』(1982),
『한국 현대도시의 발자취』(1988),
『일제강점기 도시계획연구』(1990),
『한국지방제도·자치사연구』(상·하)(1992),
『일제강점기 도시화과정연구』(1996),
『일제강점기 도시사회상연구』(1996),
『서울 도시계획이야기』(1~5)(2003),
『한국도시 60년의 이야기』(1·2)(2005),
『손정목이 쓴 한국 근대화 100년』(2015)

1982년 한국 출판문화상 저작상,
1983년 서울시문화상 인문과학부문 등 수상

서울 도시계획 이야기 1
서울 격동의 50년과 나의 증언

ⓒ 손정목, 2003

지은이 ｜ 손정목
펴낸이 ｜ 김종수
펴낸곳 ｜ 한울엠플러스(주)

초판 1쇄 발행 ｜ 2003년 8월 30일
초판 16쇄 발행｜ 2024년 12월 5일

주소 ｜ 10881 경기도 파주시 광인사길 153 한울시소빌딩 3층
전화 ｜ 031-955-0655
팩스 ｜ 031-955-0656
홈페이지 ｜ www.hanulmplus.kr
등록번호 ｜ 제406-2015-000143호

Printed in Korea.
ISBN 978-89-460-3741-0 03980

* 가격은 겉표지에 있습니다.